南海红树林生态现状与碳汇潜力研究

杨振雄　郭治明　贾后磊◎主编

2025年·北京

图书在版编目（CIP）数据

南海红树林生态现状与碳汇潜力研究 / 杨振雄，郭治明，贾后磊主编. -- 北京 ：海洋出版社，2025. 3.

ISBN 978-7-5210-1515-7

Ⅰ．S718.54

中国国家版本馆CIP数据核字第20254EP443号

审图号：GS京（2025）0401号

责任编辑：程净净

责任印制：安　淼

海洋出版社 出版发行

http://www.oceanpress.com.cn

北京市海淀区大慧寺路 8 号　　邮编：100081

侨友印刷（河北）有限公司印刷　　新华书店经销

2025年3月第1版　　2025年3月第1次印刷

开本：787mm×1092mm　　1 / 16　　印张：16

字数：310千字　　定价：256.00元

发行部：010-62100090　　总编室：010-62100034

海洋版图书印、装错误可随时退换

《南海红树林生态现状与碳汇潜力研究》

指导委员会

主　　任：雷　波

副主任：陈怀北　谢　健　刘树勇

委　　员：林建全　李团结　严金辉　吴玲玲　王　平

　　　　　曲念东　张志强　李祝理　林少奕　杨　磊

编写委员会

主　　编：杨振雄　郭治明　贾后磊

副主编：王晓娟　黄华梅

编　　委：熊春晖　李伟巍　张杨梅　周梓华　许彤妃

　　　　　王业磷　高　阳　吕向立　马东东　陈耀辉

　　　　　何　薇　董　迪　姜广甲　邱　洪　王伟娜

　　　　　麦　祺

序　言

红树林，作为近海三大典型海洋生态系统之一，既是三大蓝碳生态系统的重要组成部分，又被誉为"海上森林"，在维护海洋生态平衡、促进可持续发展方面具有不可替代的价值。南海区作为我国红树林最主要的分布区域，拥有全国 95% 以上的红树林面积，是我国生态文明建设的重要窗口和实践基地。

近年来，随着海洋经济的迅猛发展，人类活动对红树林生态系统的影响日益加剧。此外，病虫害、有害藤本植物、互花米草入侵等自然威胁因素也对红树林生态系统造成了严重破坏，导致局部区域生物多样性下降、群落稳定性减弱。红树林生态系统正面临着前所未有的挑战，如何科学保护和合理修复这一珍贵资源，已成为新时代生态文明建设的重要课题。

国家高度重视红树林保护和修复工作。2017 年 4 月，习近平总书记在广西考察时指出，保护珍稀植物是保护生态环境的重要内容，一定要尊重科学、落实责任，把红树林保护好；2023 年 4 月，习近平总书记在考察广东湛江红树林国家级自然保护区时又指出，这片红树林是"国宝"，要像爱护眼睛一样守护好。加强红树林保护和修复，是我国海洋生态文明建设和国土空间生态保护修复的重要内容。2020 年，自然资源部、国家林草局发布《红树林保护修复专项行动计划（2020—2025 年）》，明确了我国未来红树林保护修复的基本原则、行动目标、重点行动和保障措施。2021 年 10 月，国务院印发《2030 年前碳达峰行动方案》，明确提出提升红树林等海岸带蓝碳生态系统的固碳能力。

为践行习近平生态文明思想和习近平总书记关于红树林保护修复的重要指示精神，落实国家有关红树林保护修复的总体部署，自 2018 年起，特别是"十四五"期间，自然资源部南海局持续开展南海区红树林生态系统调查监测评估和碳储量研究工作，基本掌握了南海区红树林分布情况、群落特征、生境状况及退化情况，为南海海区红树林生态系统保护修复和海洋空间规划等提供了技术支撑。2021 年，南海局牵头编制《红树林生态系统碳储量调查与评估技术规程》，指导了广东湛江、广西山口、海南东寨港等红树林生态系统碳储量调查工作，并于 2022 年 4 月首次系统评估了南海区红树林生态系统碳储量和碳汇潜力，对推动蓝碳交易和碳汇经济的发展、助力国家"双碳"目标的实现提供了第一手的参考数据。

《南海红树林生态现状与碳汇潜力研究》的编撰是对国家"双碳"目标和生态文明建设的积极响应，也是自然资源部南海局对南海区红树林生态调查工作的系统总结。本书通过多学科交叉、多部门协作，结合历史研究积累和最新调查成果，以翔实的数据和严谨的分析为基础，系统介绍了南海区红树林资源的面积分布、生态现状及变化趋势，并首次展示了红树林生态分级预警案例。同时，科学估算了南海区红树林的碳储量、碳汇本底及增汇潜力，全面探讨了红树林生态的本底状况、蓝碳功能、威胁因素及保护修复措施。这些内容不仅为相关专业人士提供了宝贵的信息和启发，也为推进红树林生态保护与修复提供了重要参考。

　　本书付梓之际，正值自然资源部南海局成立 60 周年，是献给南海局 60 周岁的生日礼物。希望本书不仅成为记录南海红树林生态的科学档案，更成为唤醒全社会生态意识的启蒙读本。感谢无数生态守护者，用脚步丈量滩涂、用数据诠释责任、用技术赋能保护。红树林保护任重道远，希望本书的成果能成为一把钥匙，开启更多创新性探索，也期待与各位同仁携手谋划共进。

2025 年 3 月

目　录

第1章
红树林概述

1.1 红树林生态系统介绍

红树林（Mangroves）是生长在热带、亚热带地区海岸潮间带，受周期性潮水浸淹，以红树植物为主体的常绿灌木或乔木组成的潮滩湿地木本生物群落，属于常绿阔叶林，主要分布于淤泥深厚的海湾或河口盐渍土壤上。红树林素有"海底森林"之称，与珊瑚礁、海草床并称"三大典型海洋生态系统"。

"红树林"这一名称的由来在于红树林的主要树种——红树科植物通常富含单宁酸，其在空气中氧化后呈红褐色，使这类植物的树皮和木材被割破或砍伐后经常呈现出红褐色（图 1.1），由此得名"红树"；由红树植物组成的森林，也就自然地被称为"红树林"。

图 1.1　暴露在空气中被氧化变红的树皮

1.1.1 红树林的生态特征

红树植物通常具有以下几个主要生态特性（图 1.2），以适应潮间带周期性海水浸淹和波浪侵袭的恶劣环境（陈鹭真等，2019）。

红海榄的支柱根

秋茄的板状根

白骨壤的指状呼吸根

秋茄的胚轴

木榄的胚轴

白骨壤叶片的泌盐现象

图 1.2　红树植物的生态特性

一是红树植物具有特殊的根系，可分为支柱根、板状根、膝状根、呼吸根、表面根等，从而适应长期潮水浸淹和波浪侵袭的生境，强化植株的牢固程度和气体运输能力。

二是红树植物具有奇特的"胎生"现象，可分为显胎生和隐胎生两种。显胎生是指一些红树植物的果实成熟后，种子直接在母体上萌发，突破果皮形成胎生小苗（胚轴），成熟后脱离母株，下坠插入淤泥中发育为新株，常见的显胎生红树植物有秋茄、木榄、红海榄、海莲等。隐胎生是指有些红树植物种子虽然在母体上萌发，但未突破果皮，而是形成短小的胚轴，隐胎生红树植物主要有白骨壤、桐花树等。胎生的机制缩短了种子离开母体后独立生活的时间，且可以更好地适应潮间带风浪潮水的冲击，迅速地生长。

三是红树植物具有强大的避盐机制。如秋茄、海莲、木榄等种类的根系具有非常高效的过滤系统，能过滤掉根系所吸收水中的大部分盐分，属于拒盐植物；而桐花树、白骨壤等种类的拒盐能力较低，但它们的茎、叶上发育出专门分泌盐分的盐腺，可将盐分分泌到体外，减少或避免了高盐分对植物体的伤害，这类植物属于泌盐植物。

四是红树植物含有的单宁酸可以起到一定的防虫害和防腐蚀作用，还可与重金属等有毒物质反应，使其毒性消失。

就生态类群而言，可以根据对气温的适应范围，将红树植物划分为 3 种生态类群：嗜热窄布种、嗜热广布种和抗低温广布种（林鹏，1997）。嗜热窄布种包括正红树（*Rhizophora apiculata*）、红榄李（*Lumnitzera littorea*）、水椰（*Nypa fructicans*）、杯萼海桑（*Sonneratia alba*）、卵叶海桑（*Sonneratia ovata*）等，仅自然分布于海南岛东南岸与台湾高雄以南海岸，这一类群适应的最低月平均气温高于 20℃。嗜热广布种以木榄（*Bruguiera gymnorrhiza*）、角果木（*Ceriops tagal*）、红海榄（*Rhizophora stylosa*）、海莲（*Bruguiera sexangula*）、海漆（*Excoecaria agallocha*）、榄李（*Lumnitzera racemosa*）、卤蕨（*Acrostichum aureum*）等为代表，主要分布于防城港至厦门沿岸及海南岛西北岸、台湾高雄以北海岸，这一类群适应的最低月平均气温为 12~16℃。抗低温广布种有秋茄（*Kandelia obovata*）、白骨壤（*Avicennia marina*）、桐花树（*Aegiceras corniculatum*）等，为福建厦门以北海岸区的优势种，能成功引种到浙江的仅有秋茄一种，这一类群能适应的最低月平均气温低于 11℃。

由海南岛向北，随着纬度逐渐升高，气候带由中热带（海南岛南部）、北热带（海南岛北部、雷州半岛及台湾岛南部）、南亚热带（广西、广东、台湾北部及福建南部沿海地区）到中亚热带（福建北部及浙江沿海地区），红树林分布面积及树种数都显著减少，林相也由乔木变为灌木，树高降低，充分显示了温度对红树林分布的宏观控制作用。

1.1.2　红树林的种类分布

红树林区的植物可以分为真红树植物、半红树植物和伴生植物。广义的红树林种类组成包括真红树植物（只能在潮间带生境生长的木本植物）和半红树植物（可在潮间带沿岸陆地生长，并可在潮间带形成优势种群的两栖性木本植物）。除长期生存于林下的蕨类外，红树林群落内外的草本植物和藤本植物一般不被列入红树植物范畴，而属于红树林伴生植物。

全球的红树林有两个分布中心，分别是以亚洲、大洋洲和非洲东海岸为主的东方群系，以及以北美洲、西印度群岛和中南美洲为主的西方群系。其中，东方群系的红树植物种类较丰富，西方群系的红树植物种类较少。印度—马来半岛是全球红树植物物种多样性最丰富的地区。

据陈鹭真等（2019）的统计，全世界的真红树植物种类有18科32属80种（或变种）。其中，东方群系63种，西方群系19种，东、西方类群交迭仅有2种，其余种类均不同（表1.1）。我国红树林属于东方类群的亚洲沿岸和东太平洋群岛区的东北亚沿岸。虽然我国大陆红树林面积仅占世界的0.14%，但真红树植物种类约占世界的1/3（林鹏，1997）。

表 1.1　全球真红树种类数量

	东方群系	西方群系	全球合计
科	17	9	18
属	24	11	32
红树种数	54	17	69
杂交种数	9	2	11
总物种数	63	19	80

最新资料显示，我国现有原生红树植物21科38种，其中真红树植物11科15属26种，半红树植物10科12属12种（罗柳青等，2017；Zhong et al., 2020）。我国目前的所有原生真红树种类在地处热带的海南均有分布，此外，无瓣海桑（*Sonneratia apetala*）和拉关木（*Laguncularia racemosa*）两种外来真红树物种（图1.3），适应性强，生长迅速，被大量引种，已成为我国常见红树物种（廖宝文和张乔民，2014）。

无瓣海桑　　　　　　　　　　　　　拉关木

图 1.3　我国的外来红树植物

　　我国红树林主要分布于广东、广西和海南的海岸，南海 3 省（区）红树林面积占全国红树林总面积的 97%。其中，海南自然分布的红树植物种类最为齐全，共 37 种；广东为 20 种；广西为 18 种。

　　此外，福建是我国红树林自然分布的北限，福建的红树林主要分布在云霄漳江口、九龙江口及宁德地区的一些港湾，以秋茄、桐花树和白骨壤为主。香港的红树林主要分布于深圳湾米埔、大埔汀角、西贡和大屿山岛等地，以秋茄、桐花树和白骨壤最为常见。澳门红树林主要分布于凼仔跑马场外侧，凼仔与路环之间的大桥西侧等地的海滩上，主要是桐花树、白骨壤和老鼠簕（*Acanthus ilicifolius*）。台湾的红树林主要分布在台北淡水河口、新竹红毛港至仙脚石海岸，以秋茄和白骨壤为主（王文卿和王瑁，2007）。

1.1.3　红树林的生态功能

　　作为典型的海岸带生态系统，红树林具有以下几个主要功能。

1.1.3.1　维持和促进生物多样性

　　红树林生态系统具有高生产率、高分解率和高还原率的"三高"特性，以及生境的高异质性，是许多生物的栖息地、繁殖地、索饵场、越冬场和幼苗库，被称为"世界四大最富生物多样性的海洋生态系统之一"。据调查，仅我国的红树林湿地，有记录的生物就达 2854 种之多，单位面积物种丰度是所有海洋生态系统平均水平的 1766 倍（何斌源等，2007）。

红树林作为河口海区生态系统初级生产者，支撑着广阔的陆域和海域生命系统，为海区和海陆交界带的生物提供食物来源，也为鸟类、昆虫、鱼虾贝类等提供栖息繁衍场所，并构成复杂的食物链和食物网关系（卢昌义等，1995；Mitra，2020）。红树植物的凋落物，特别是凋落叶，直接或者间接地为红树林生态系统内和邻近系统的大型底栖动物提供食物来源。红树植物叶片是红树林内的螃蟹，特别是相手蟹科（Sesarmidae）物种的主要摄食来源（Robertson，1986；陈顺洋等，2014）。此外，红树林植被可以直接为一些底栖动物提供栖息场所，红树林植被对潮间带不利环境的改善也有利于一些底栖动物的分布（McGuinness，1994；陈光程等，2013）。例如，红树植物的根系、枝干和枝条可以为大型底栖动物提供栖息和附着场所，因此吸引了大量的大型底栖动物群落，包括海绵、水螅虫、海葵、双壳类动物和海鞘类动物等，这些动物同时又为其他无脊椎动物和鱼类提供食物来源（Hendy et al., 2014）。在一些研究中，研究人员发现红树林内大型底栖动物的丰富度高于邻近的其他生境类型。如在佛罗里达的 Rookery Bay，红树林区大型底栖动物的密度显著高于邻近的海草床和无植被区域（Sheridan，1997），而在波多黎各的红树林内，大型底栖动物的生物量超过邻近海草床内底栖动物生物量的 7 ~ 61 倍（Kolehmainen et al., 1974）。

1.1.3.2　过滤污染、净化水质

红树林生态系统对污水中的重金属和氮（N）、磷（P）等营养物有较强的吸收容纳力。红树林湿地通过植物和微生物等对 N 元素和 P 元素等的吸收以及土壤对 N 元素和 P 元素的滤过作用，实现对水中的富营养物质的排除。

研究发现，红树植物在吸收重金属离子后，体内大量的单宁分子会和其吸收的重金属发生化学反应，导致其毒性消失。红树林内所具有的多种微生物能够对林内污水中的有机物质（包括多环芳烃、苯并芘、石油、甲胺磷等）和重金属进行分解，并释放出一定的营养物质，供红树林生态系统内的各种生物吸收，从而起到净化环境的作用（骆苑蓉等，2005；Maiti and Chowdhury，2013）。

1.1.3.3　碳汇及调节气候功能

红树林湿地是全球 CO_2 的重要吸收源，红树林湿地有较高的固碳能力。红树林通过植物光合作用固定大气中的 CO_2，同时释放 O_2，对维持大气中的 O_2 和 CO_2 的动态平衡，减缓温室效应，有着不可替代的作用。

我国的红树林属于东方类群，其初级生产力比全球其他红树林高（林鹏等，1990），

如深圳福田红树林的初级生产力为 15.92 t/(hm^2·a)(以 C 计),凋落物生产量达到 11.49 t/(hm^2·a)(以 C 计)(Li,1997)。福建九龙江口红树林湿地植被净生产力为 16.17 t/(hm^2·a)(以 C 计),扣去土壤排放的 CO_2[2.59 t/(hm^2·a)(以 C 计)],湿地每年净吸收大气 CO_2 相当于 13.58 t/(hm^2·a)(以 C 计),说明红树林湿地是一个强的碳汇(Chen et al.,2016)。

红树植物复杂的地上结构(地表支柱/呼吸根和茂密的植株)发挥的消浪作用有利于促进潮水中颗粒有机碳的沉降。植物凋落物(枯枝落叶)和死亡的根系分解后部分也能埋藏到沉积物中。红树林湿地沉积物缺氧的状态限制了有机碳的好氧分解,有机碳得以长期保存。据估算,单位面积红树林[226 g/(m^2·a)(以 C 计)]的碳埋藏速率远远高于陆地森林(Mcleod et al.,2011)。研究发现,热带地区的红树林生态系统中(包括植物体和土壤)储存的有机碳远远高于热带、寒带和温带陆地的森林(Donato et al.,2011)。

1.1.3.4 保护海岸、防浪减灾

红树林通过网罗碎屑的方式促进土壤沉积物的形成,抵抗潮汐和波浪的冲击,成片的红树林可以有效降低风浪对海岸的冲击,对减小台风、风暴潮等海洋灾害对海岸带的破坏起了重要作用。

红树林是海岸带极其重要的防护林,具有抗御 40 年一遇强台风的能力,能有效保护海堤免于冲毁,减少堤内经济损失(韩维栋等,2000)。在 2004 年的印度洋海啸中,海啸周边国家和地区 23 万人死亡,而印度泰米尔纳德邦的瑟纳尔索普渔村,得益于海滩生长着茂密的红树林,距离海岸仅几十米的 172 户家庭幸免于难(徐新明等,2007)。有研究表明,波浪经过红树林内较短的距离后波能降低得非常迅速(林缘波高为 0.35~0.40 m):40 m 处降低 50% 左右;超过 40 m 后波能持续减低,但降幅较小。华南沿海红树林覆盖度大于 0.4%,林带宽度大于 100 m,树高在小潮差区域大于 2.5 m、在大潮差区域大于 4.0 m,红树林的消波系数可达 80% 以上(张乔民等,1997)。

1.1.3.5 植物本身的作用和景观价值

红树植物本身的生产物具有重要价值,包括木材、薪炭、食物、药材和其他化工原料等。此外,红树林具有自然景观旅游资源和人文景观旅游资源价值(图 1.4),使人们从观赏、娱乐、知识和教育等多个角度达到旅游的目的。因此,开展红树林研究和保护,不仅有重要的理论意义,还有现实的经济价值。

图 1.4　航拍下的红树林风光

左：广西北仑河口；右：海南东寨港

1.1.4　红树林生态系统退化形势严峻

红树林在全世界 123 个热带和亚热带国家均有分布（王荣丽，2015），1980 年全球范围内红树林面积约为 $1980 \times 10^4 \ hm^2$，1990 年减少至 $1500 \times 10^4 \ hm^2$，十年间减少了 $480 \times 10^4 \ hm^2$。1980—2005 年，亚洲红树林损失面积最高，达 $190 \times 10^4 \ hm^2$；北美洲和南美洲红树林减少约 $70 \times 10^4 \ hm^2$；非洲损失最少，仅 $5 \times 10^4 \ hm^2$（FAO，2007）。1990—2020 年全球红树林面积呈现出先下降后上升的趋势，2015—2020 年，全球红树林退化趋势有所改善，2020 年后全球红树林整体上呈现改善趋势（常云蕾等，2024）。

我国红树林主要分布在华南地区的沿海海岸，红树林资源曾经较为丰富，历史数据记载我国红树林面积曾达到 $25 \times 10^4 \ hm^2$（王荣丽，2015）。1956 年我国红树林面积为 $4.0 \times 10^4 \sim 4.2 \times 10^4 \ hm^2$，但在过去的几十年里我国红树林资源快速衰退，面积大幅度减少，截至 20 世纪 90 年代初期，我国红树林面积仅余 $1.5 \times 10^4 \ hm^2$，2000 年约为 $2.2 \times 10^4 \ hm^2$，2019 年恢复至约 $2.9 \times 10^4 \ hm^2$（自然资源部，2019）。

红树林生态系统退化会导致海岸鸟类栖息地消失、鱼类产卵场消失和渔业资源退化等问题，也会导致海岸侵蚀、海浪破坏等灾害加剧，是引起海岸带生态系统退化的重要原因之一。虽然近年来我国及世界范围内红树林面积有所回升，但其退化形势依旧不容乐观。

当前我国红树林生态系统面临的问题主要有以下几个方面，这些问题是导致我国红树林退化的主要原因。

1.1.4.1　原生红树林资源缩减严重

遥感数据显示，1973—2013 年我国红树林面积变化先减后增，广东、广西和福建红树林面积年际增减变化较大,而海南红树林面积保持相对稳定(图1.5)。20世纪60年代以来的大规模围海造田和造塘是造成我国红树林面积减少的重要原因,目前,我国原生林面积不到总面积的10%(张乔民和隋淑珍,2001)。2000年以后,随着国家对红树林湿地保护与修复的重视,人工种植红树林面积大幅度提升,但大多数均为种类单一的红树人工种植林(范航清和王文卿,2017)。

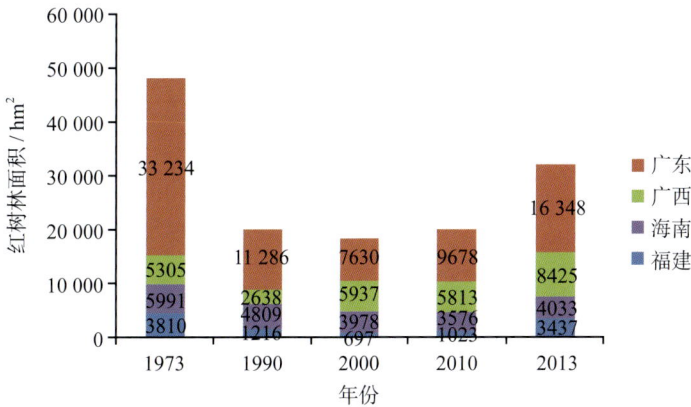

图1.5　1973—2013年我国红树林面积变化图(贾明明,2014)

1.1.4.2　红树种群结构简单,且红树植物多处于珍稀濒危状态

我国红树植物种群结构简单,目前主要有木榄群系、红树群系、秋茄群系、桐花树群系、白骨壤群系、海桑群系和水椰群系7个植物群系。其中,白骨壤和桐花树又是我国红树林的主体,其总面积超过全国红树林面积的70%,并且低矮红树林占优,而且人工种植的本土红树植物又常以白骨壤和桐花树为主,这加剧了我国红树植物种群结构简单的状况。

我国38种原生红树植物中,根据世界自然保护联盟(IUCN)的标准,有17种红树植物处于珍稀濒危状态,比例为45%。其中,26种真红树植物中处于濒危状态的物种有11种,比例为42%;12种半红树植物中处于濒危状态的物种有6种,比例为50%,远高于我国高等植物的平均水平(15%～20%),也高于世界真红树植物的平均水平(24%)。红榄李、海南海桑、卵叶海桑3种真红树植物不仅分布地狭窄,野外种群数量不超过100株,且存在繁殖障碍,处于极度濒危状态。拟海桑、小花老鼠簕、瓶花木、尖叶卤蕨、海滨猫尾木、莲叶桐、水芫花等分布区狭窄,种群数量少,处于严重濒危状态。木果楝、水椰、正红树、尖瓣海莲、银叶树、钝叶臭黄荆、玉蕊等种类虽然野

9

外个体数量较多，但分布区域狭窄，栖息地受破坏，种群脆弱，处于易危状态（王文卿，2016）。

1.1.4.3　红树林生境受到严重威胁，人类活动影响大

尽管我国大部分红树林被以保护区的形式加以保护，但红树林生境状况受到严重威胁。"虾塘－海堤－红树林"已成为我国红树林海岸的主要景观格局，海堤将红树林向陆迁移演替路径阻断（范航清等，2018）；红树林滩涂挖捕、渔业捕捞、捕鸟等破坏性活动严重；红树林周边海鸭和水产养殖等养殖规模居高不下，大量含有高营养物质及其他有害物质的废水破坏周边红树林物质能量平衡，危害红树林生态系统健康并导致红树林团水虱、浒苔等灾害频发；沿海工业、生活产生的持久性有机污染物（POPs）、重金属、微塑料等通过物理、化学的方式留在红树林中，对树木及其他生物造成不利影响；红树林病虫害、红树附着污损生物，以及互花米草入侵等生态问题危害严重；城市建设、寒害和海平面上升等对红树林影响也不容忽视。

1.1.4.4　红树林区生物多样性下降

巨大的天然海鲜市场使我国红树林区滩涂挖捕、围网、电鱼、炸鱼、毒鱼和捕鸟等破坏性活动在局部红树林区域长期得不到有效缓解，而电鱼和炸鱼等捕捞方式可谓"断子绝孙"，对红树林资源破坏严重。强烈的人为干扰导致红树林矮化、稀疏化及生物多样性的大幅度下降。例如，在北部湾沿海，中华乌塘鳢（*Bostrychus sinensis*）、拟穴青蟹（*Scylla paramamosain*）、中国鲎（*Tachypleus tridentatus*）等经济动物野生资源量比20世纪80年代下降85%以上（范航清和王文卿，2017）。2004—2010年，海南东寨港鱼类种类和单网渔获物数量均下降30%以上（范航清和王文卿，2017）。生物多样性的下降，尤其是沉积物底内动物的减少会降低根系含氧量，不仅不利于红树林的生长，还会弱化食物链而导致红树林虫害和蛀木生物团水虱的暴发。例如，中华乌塘鳢可捕食团水虱，因此，中华乌塘鳢种群的萎缩就意味着团水虱天敌的减少，增加了团水虱暴发的风险（范航清等，2014）。

1.1.4.5　生态修复和恢复成本高，技术难度大

目前，我国红树林生态系统修复和恢复手段主要包括自然修复、改造保育、人工造林和重建修复，但无论哪种方式均面临成本高、难度大等局限性（范航清和王文卿，2017）。

自然修复方面，需要先清除或缓解胁迫因素（病虫害、污损生物、外来物种入侵、

污染、工程建设、垃圾等），由于胁迫因素复杂多样，目前的科研和技术能力尚未实现根除所有胁迫因素，一些红树群落威胁因素的防治仍处于研究起步阶段或实践探索阶段。

改造保育方面，改造前的红树林往往遭受不同程度的破坏，因此，常常需要采取科学的工程措施予以改造，如挖沟填滩、开沟引水、改良土壤等，大大增加了修复的成本。

人工造林和重建修复方面，主要的技术局限包括以下几个方面。

（1）宜林地稀缺，滩涂扩种空间有限；困难光滩改造工程的成本较大。

（2）红树林处在潮间带，其生存环境相对恶劣，为造林带来一定的困难。

（3）树种选择方面，外来种生长快，成林快，但容易导致树种单一化；乡土种生长周期较长，成林速度慢，需要更多保育和管理成本。

（4）目前，仍较缺乏完善而优质的造林修复技术，红树林造林的保存率较低。

（5）虾塘生态改造与产业提升、红树林人工鱼礁等造林与整个生态系统重建修复相结合的方式目前仍在起步阶段，且需要的技术成本、经费投入很高。

（6）部分造林工程选择的树种较单一，生态系统较脆弱，造林后难以发挥红树林完整的生态功能。

（7）造林后管理不当，易遭受如外来物种入侵、人为干扰等威胁，导致造林成活率较低。

1.2 国内外红树林监测与评价方法

1.2.1 红树林监测规范

1.2.1.1 《红树林生态系统监测方案》

阿曼环境信息中心项目技术文件《红树林生态系统监测方案》的制定是为了监测受自然和人为影响威胁的红树林生态系统的状况，并根据监测结果实施保护和管理措施。通过监测构成和维持红树林生态系统的各种组成部分，以综合方式评估红树林生态系统的状况。它包括对红树群落、动物群落和环境状况的监测，此外还包括定期的检查监控，以监测是否存在人为或自然威胁。《红树林生态系统监测方案》的监测方法大纲见表1.2。

该方案提出了红树林健康状况的评价指标、利用遥感技术来监测红树林的健康状况的方法、各类监测指标的监测频率，以及测定了潮位的信息，其中潮位信息在全球海平面上升的大背景下是很有必要测定的指标，以上几点都可在我国红树林生态系统监测体系和监管体系的构建过程中加以借鉴。

表1.2 《红树林生态系统监测方案》的监测方法大纲

监测项目		方法 / 参数	监测频率
红树林群落	生长指标	树高、胸径	1 次 / a 2 次 / a（第一年）
	健康指标	叶 / 分枝密度；叶片；树顶枯死；花	1 次 / a 2 次 / a（第一年）
	遥感监测	1 次 / a	
动物区系		鱼类、底栖动物、鸟类等	2 次 / a
		指示物种	
环境条件	水	水温、盐度、pH、溶解氧（DO）、化学需氧量（COD）、无机盐	2 次 / a
	土壤	土壤质地、土壤颜色、土壤温度、氧化还原电位（Eh）、电导率（EC）、盐度、pH、硝酸盐、磷酸盐	2 次 / a
	地形	照片监控	6 次 / a
		滩涂沉积监控	6 次 / a
	水位	潮位	6 次 / a
现场巡查		通过目视检查识别生态威胁	6 次 / a

1.2.1.2 《红树林碳评估及监测规范》

《红树林碳评估及监测规范》（*Mangrove Carbon Estimator and Monitoring Guide*），由联合国粮食与农业组织（FAO）和国际自然保护联盟（IUCN）于 2016 年共同起草，是主要针对亚洲地区编制的规范。其中，监测部分主要运用卫星照片分析手段监测红树林的分布状况、覆盖度、高度、密度等，以及对红树林区的巡查（包括外来物种入侵、人类活动等，计算人工种植的幼苗成活率等）。

1.2.1.3 《红树林健康监测规范》

《红树林健康监测规范》（*Monitoring Mangrove Forest Health*），是澳大利亚昆士兰政府 2018 年制定的官方监测规范。该规范主要是针对昆士兰地区红树林健康监测制定的规范，内容包括收集并称量红树林凋落物（叶、细枝、枝干、花、胚轴等），评估红树林的生产力；幼苗茎干直径、树高和叶片数量的测量；覆盖度、叶面积指数的测量；红树林区蟹洞的计数；群落结构参数（种类组成、树高、胸径、幼苗数量、覆盖度等）。

1.2.1.4 澳大利亚国家红树林观测系统

澳大利亚陆地生态系统研究网络（TERN）提出了国家红树林观测系统概念，主要包括现场调查、近实时观测、数据库建立、机载数据、遥感影像、环境数据、预警系统、原因与结果等方面的内容。通过现场调查可以获取红树林结构特征、土壤组分、滩涂高程变化等方面信息，通过资料收集获取环境数据，通过机载数据和遥感数据获得红树林分布范围，以及近地覆盖和比例信息、植物种类组成、郁闭度、林冠高度、类别改变情况（干扰、再生、枯梢）的信息（表 1.3）。该系统建立的目标是，在认识红树林生态系统在环境、社会和经济方面重要作用的情况下，促进对澳大利亚红树林生态系统的保护和可持续管理。

澳大利亚陆地生态系统研究网络建立了全方位、多层次的红树林监测体系。首先，其监测体系的整体构建方面是值得我们借鉴的；其次，它在各指标的监测过程中运用了多种先进技术，如利用 SET-MH 技术监测滩涂高程的变化、遥感技术在红树林监测中的应用、红树林生物量数据库的建立等，这些技术同样也可以用在我国的监测体系中。

表 1.3　澳大利亚红树林观测系统监测项目及指标

监测项目		指标
现场数据	红树林结构特征	地理位置和名称
		盐度
		类别（红树林、盐沼、海藻和非植被）
		物种（在混生群落标出典型的优势种）
		平均树高
		叶面积指数（LAI）
		胸高断面积
		郁闭度
	凋落物	凋落物产量
	土壤	土壤有机碳
	滩涂高程	滩涂沉积速率
近实时观测（ODK 移动应用程序）		红树林土地覆盖分类
		环境变量的检索

续表

监测项目		指标
植被生物量库（APBL）		植被生物量和结构数据库建立
		植被生物量密度
机载数据	正射影像	红树林范围、现状、冠层高度模型（CHMs）
	多光谱和高光谱影像	红树林植被和不同种类的红树林比例信息
	激光雷达	红树林的冠层高度模型（CHM）、基础数字地形模型（DTM）
	无人机遥感	红树林分布范围，以及近地覆盖以及比例信息、植物种类组成、郁闭度、林冠高度、类别改变情况（干扰、再生、枯梢）
数字地球		红树林分布区、面积、红树林消亡和恢复程度观测
雷达观测		
高分影像		
环境数据	地面数据集	地表温度、水淹（频率和周期）、地貌环境、非红树林分布
	海洋数据集	海平面（本地到全球）、海面温度、潮水淹没、海平面压力、洋流、盐度等
	气候数据集	温度、雨量、湿度、飓风和热带风暴
预警系统		归一化差分植被指数（NDVI）、冠层高度等
原因和结果		红树林类型、面积等发生变化的原因和结果

1.2.1.5 《太平洋岛屿地区红树林监测指南》

《太平洋岛屿地区红树林监测指南》最早于 2007 年为南太平洋区域环境项目（SPREP）编写，最近于 2012 年进行了更新，将国际上认可的红树林监测方法应用于太平洋岛屿环境。它可以生成基线调查数据来监测变化，并在更广泛的太平洋红树林地区进行比较。

该指南记录了有关红树林的背景资料、太平洋岛屿区域红树林的一些综合数据（如每个国家的红树林种类和覆盖面积）。所描述的方法覆盖了 3 个不同级别的监测，并且每个监测都在前面的基础上进行构建，具体监测层级及项目内容见表 1.4。

表 1.4　太平洋岛屿地区红树林监测层级及项目内容

监测层级	项目	内容
1	断面监测	断面上红树林生态系统受影响的程度
		断面上红树林生态系统受影响的类型
2	固定样方监测	群落结构、树高、胸径、幼苗密度
3	凋落物生产力和沉积速率监测	凋落物生产力
		滩涂沉积速率

该指南的监测内容较为简单，但其中所列的关于红树林凋落物生产力和滩涂沉积速率的监测，对于了解红树林的生态过程是很有必要的，在我国红树林生态系统监测体系，尤其是碳汇监测体系的构建过程中可加以借鉴。

1.2.1.6 《牙买加红树林监测和评价手册》

《牙买加红树林监测与评价手册》作为"牙买加红树林提供的海岸保护服务评价和经济评估"项目的一部分，是世界银行应牙买加国家环境和规划局（NEPA）及备灾和应急管理办公室（ODPEM）的要求，于 2017 年启动的技术工作成果。该手册包括 3 个方面的监测内容，分别为社会经济监测、生态监测和物理监测（表 1.5）。

表 1.5　牙买加红树林监测项目及内容

项目	指标
社会经济监测	受益于红树林生存的生计数量
	红树林对保护沿海基础设施的影响
生态监测	红树林物种组成和相对丰度
	红树林胸径
	红树林高度和冠幅
	支柱根 / 气生根网络
	生态系统服务：利用捕光器收集鱼苗和其他水体动物的渔业生产情况
物理监测	洪水和海岸侵蚀
	滩涂沉积速率测定
	风力数据
	水位和压力
	水质（溶解氧、pH、盐度、导电性、总溶解质、水温）
	水深测量和海岸动力学
	土壤健康（土壤质地等）
	土壤 - 空气碳通量
	土壤碳生物地球化学（土壤有机质和有机碳、土壤有机碳储量、地上生物量和碳储量）

首先，该手册特别关注了红树林所带来的社会经济效益，由于牙买加是受飓风影响特别严重的国家，而红树林在防风消浪方面能起到很大的作用，因此，它进行了社会经济方面的监测，这启示我们要因地制宜地开展红树林的监测工作，使监测结果能够给我们提供最大的帮助；其次，它设置了像海岸侵蚀、土壤空气通量、土壤碳储量等方面内容，这对于了解红树林的威胁因素、生态过程、碳收支是很有用的，这些指标也可以在我国红树林生态系统监测体系的构建过程中加以借鉴。

1.2.1.7 《红树林生态监测技术规程》（HY/T 081—2005）

《红树林生态监测技术规程》（HY/T 081—2005）为我国现行红树林监测行业标准，由国家海洋环境监测中心起草，规定了红树林生态系统中水环境（水温、盐度、pH、悬浮物、溶解氧和营养盐）、沉积环境（沉积物粒度、土壤盐分、有机碳和硫化物）、栖息地（包括红树林分布面积和覆盖度）、生物指标（包括红树林群落、底栖动物群落和鸟类群落）的指标和方法。

1.2.2　红树林监测手段

从调查监测的角度，红树林的分布特点使得传统实地调查方法有时难以进行，常规手段进行准确定位和描绘较为困难，且周期长、时效性差，对其生态系统进行野外调查、制图等工作，难度较大。因此，国内外逐渐开始利用遥感技术监测红树林湿地，以期达到节省时间、人力、财力和物力，并进行快速而准确制图的目的。遥感技术监测使用地理信息系统技术结合生态学原理，从时间轴的水平和垂直两个方向，定量分析不同地域的红树林生态系统景观空间模式的变化，进行综合对比分析，从而得到较长时间序列上红树林整体的时空变化特性，将红树林湿地作为开放的系统，综合自然因素和红树林周边社会经济发展因素，以定性和定量分析相结合的方式，探讨红树林时空动态变化的驱动机制，以期为红树林湿地保护、利用和生态恢复提供科学依据，为红树林保护区的管理提供理论依据，为促进生态环境与社会经济协调发展提供参考。

欧美发达国家凭借技术优势，在利用遥感技术对红树林湿地进行调查与评估等方面的研究起步较早。Lorenzo 等（1979）利用 Landsat MSS 数据监测菲律宾某地红树林湿地的退化情况，第一次将遥感技术应用于红树林湿地动态变化监测中。进入 21 世纪以来，米级和厘米级高分辨率数据、SAR 雷达数据和高光谱数据的应用进一步提高了红树林遥感图像信息的质量。

目前，遥感监测手段在红树林中的应用主要有以下几个方面。

一是红树林的分布与动态监测。遥感监测在宏观、区域尺度上开展红树林监测具有天然优势，基于地物的光谱特征差异识别红树林与其他地物类型，对陆域沿岸、河口、海岛分布的红树林进行分布情况、面积及变化情况的分析，并进行驱动力因素研究。

二是红树林物种分类监测。红树林植物种类繁多且具有不同的光谱、纹理等特征，因此，通过其特征差异进行种类识别与分类是最常见的办法。

三是红树群落结构监测。群落结构监测是通过遥感影像对红树林叶面积指数、平均冠幅、冠层高度等要素进行分析，从而得到红树林的结构信息，为进一步评估判断红树林不同的生长状态、受环境影响变化等提供参考依据。

四是红树林生物量监测。红树林生物量监测的遥感技术应用将传统的植物生物量测算方法由点转换为区域或全球尺度的研究方法，这有利于探讨大尺度生物量分布的空间异质性、空间分布规律及其驱动因素。生物量监测的方法主要有光学遥感方法和雷达遥感方法。在光学遥感方法中常采用NDVI提取生物量，利用不同类型的植被在植株间隔、树叶形状、土壤背景及含水率等方面存在的差异，建立归一化差分植被指数与生物量之间的回归模型。雷达遥感的方法主要是依据红树林群落在植株直径、冠幅和结构上的不同来建立雷达波段后向散射系数与生物量之间的回归模型。

五是红树林灾情灾害监测。红树林灾情灾害监测主要涉及病虫害监测、灾害影响监测，以及灾害后的恢复评估等。病虫害监测是探讨红树林生长是否健康的重要依据，其基于虫害对红树林叶片的影响所导致的光谱特征改变实现健康红树林与病虫害红树林之间的区分。

1.2.3 红树林生态状况评价方法

1.2.3.1 国内外相关研究概述

近年来，红树林的评价与管理已成为国际海洋环境领域热点。Samoura 等（2007）在战略环境评价（SEA）基础上，研究了红树林管理中所面临的各类压力，其结果为红树林可持续管理提供了决策依据。Kaplowitz（2001）在墨西哥沿海地区评价了红树林生态系统产品及服务功能，调研发现当地红树林受益者并不认为提供木材及木制品是红树林最重要的服务功能。Adeel 和 Pomeroy（2002）在一些亚太地区发展中国家（柬埔寨、印度尼西亚、马来西亚等），以 GIS 技术为基础研究了不同沿海开发和管理方式对红树林生态系统的健康、生物多样性和服务价值的影响。Geselbracht（2005）将红树林生态系统的生物生态学特征引入评价指标体系，建立了佛罗里达州河口健康评价模型。Holguin 等（2006）以墨西哥 Ensenada de La Paz 潟湖地区为例，研究了城市发展对干旱地带红树林生态系统健康的影响。

国内红树林生态系统健康评价研究起步稍晚。陈铁晗（2001）以漳江口红树林湿地为研究对象，从多样性、稀有性、典型性、脆弱性等9个方面，对其生态质量予以评价。

区庄葵等（2003）从典型性、多样性、稀有性、自然性等各方面，就珠海淇澳岛红树林生态系统质量进行了评价。徐福留等（2004）在香港吐露港的红树林生态系统健康评价中，提出了海岸带生态系统健康评价5个步骤，所选用的评价指标包括应力指标和响应指标，涵盖物理的、化学的、生物的，以及一般生态系统和生态系统服务功能各方面。

1.2.3.2　相关技术规程

1)《近岸海洋生态健康评价指南》（HY/T 087—2005）

《近岸海洋生态健康评价指南》（HY/T 087—2005）是由国家海洋环境监测中心起草，国家海洋局发布的海洋行业标准。其中，红树林生态系统健康评价指标包括水环境（盐度年度变化、pH、活性磷酸盐、无机氮）、生物残毒（汞、镉、铅、砷、石油类）、栖息地（5年内红树林面积、土壤盐度年度变化）和生物（5年内红树林覆盖度、5年内红树林密度、底栖动物密度、底栖动物生物量、病害发生面积），用指标赋值法计算生态系统健康指数，根据健康指数值确定生态系统的健康状况。

2)《红树林湿地健康评价技术规程》（LY/T 2794—2017）

《红树林湿地健康评价技术规程》（LY/T 2794—2017）是由中国林业科学研究院林业新技术研究所和海南清澜港红树林自然保护区管理站起草，原国家林业局发布的林业行业标准。该标准规定红树林湿地健康评价指标体系包括生物群落与结构（天然林比例、生态序列完整性、幼树中优势种比例、郁闭度、植物多样性、鸟类多样性、底栖动物多样性）、水土环境（土壤盐度、水质污染综合指数、营养状态质量指数）、外部威胁与干扰（湿地退化率、湿地开垦率、游客量、海堤建设率）、生物安全（外来入侵种种类、外来种入侵面积、病虫害种类、病虫害危害面积）等。评价方法也是运用指标赋值法计算红树林湿地健康指数，根据健康指数值确定红树林湿地的健康状况。

3)《海岸带生态系统现状调查与评估技术导则 第3部分：红树林》（T/CAOE 20.3—2020）

《海岸带生态系统现状调查与评估技术导则 第3部分：红树林》（T/CAOE 20.3—2020）为自然资源部2020年出台的团体标准。该导则提出红树林生态状况评估指标包括但不限于红树植被指标（面积、破碎化程度、物种多样性、生长情况、自我更新能力）、典型生物物种多样性（大型底栖动物多样性、鸟类多样性）、生境指标（冲淤环境变化、沉积物质量、水环境质量）、威胁因素指标（人为干扰强度、海堤岸线、极端气候事件、海洋漂浮垃圾影响、外来物种入侵、污损生物影响、病虫害影响），建立了分项和综合评价体系，并给出了各评价指标的具体计算方法。

4）《滨海蓝碳——红树林、盐沼、海草床碳储量和碳排放因子评估方法》

《滨海蓝碳——红树林、盐沼、海草床碳储量和碳排放因子评估方法》是由保护国际基金会（CI）、国际自然保护联盟（IUCN）、联合国教科文组织政府间海洋学委员会（IOC-UNESCO）共同发起并编制的，问世于2014年。该评估方法用于指导"蓝碳"（固定在红树林、盐沼和海草床等生态系统中的碳）监测和评估工作，是"蓝碳"领域最具影响力的国际计划。目前，该评估方法已由国内权威专家学者译成中文并出版，系统介绍了测定红树林等滨海"蓝碳"生态系统碳储量的必要性和重要性、碳储量野外采样监测和评估的方法、二氧化碳排放的估测方法，以及相关的遥感监测、制图方法和数据管理方法，对开展红树林等生态系统碳储量、碳排放监测评价具有重要的指导意义，也是目前开展相关监测研究乃至业务化工作较为权威的参考依据。

1.3 我国已开展的红树林调查研究工作

1.3.1 红树林相关调查研究

1.3.1.1 自然资源部南海局相关业务开展情况

1）监测方案与评价方法研究

自然资源部南海局（以下简称"南海局"）在2009年立项的"红树林生态系统监测方案优化及环境质量综合评价方法研究"中，通过搜集南海区红树林生态系统调查和监测资料，分析了南海区红树林生态系统的环境质量状况现状与历史演变趋势，同时根据项目需求开展了补充调查与红树林遥感试点监测，初步构建了红树林生态系统评价方法和评价指标体系，并在此基础上对该评价方法进行了示范验证和对监测方案进行了初步优化。初步满足了管理需求和业务化运行需要。

2）外来物种入侵调查

在2011年的"外来物种生态安全研究"项目中，南海局对广西北海山口红树林区互花米草入侵进行了调查监测，开展了水环境、土壤环境、潮间带底栖生物、红树群落和互花米草群落等项目的调查，其调查结果汇编入2012年《南海海洋环境质量综合评价方法技术报告》中。

3) 滨海湿地试点监测

南海局在2014—2017年连续开展了一年一度的滨海湿地试点监测，选取了广西北海山口红树林区（2014年）和广西北仑河口红树林区（2015—2017年）作为红树林监测试点，以人工现场监测、资料收集和遥感解译相结合的方式，对红树林面积和分布、红树林群落（植物种类、密度、株高、胸径、盖度）、沉积物环境、大型底栖生物、栖息地状况（珍稀生物种类、数量）、生态威胁因素（养殖、污染、围垦等人类活动，以及病虫害、互花米草入侵等）等项目进行了调查监测。

4) 生态损害核查

2018年，自然资源部国土空间生态修复司印发的《关于开展全国海洋生态损害状况核查工作的函》和自然资源部南海局制定的《南海区海洋生态损害状况核查工作实施方案》中，红树林是核查的重点内容。技术人员通过遥感调查、资料收集、现场调查等方法，对红树林分布情况、群落特征、生境状况（底栖动物、沉积物环境、生物质量和水环境）和退化情况（面积、生物多样性等）进行了生态损害核查。其中，资料收集来源包括"我国近海海洋综合调查与评价"项目数据资料、公开发表文献、南海区海洋环境状况公报等。在广东、广西和海南分别选取一个红树林典型区域开展现场调查，其中，广东选取湛江红树林，广西选取合浦县山口红树林，海南选取东寨港红树林。

此次核查掌握了南海区红树林损害状况，核查清楚了南海区红树林分布情况、群落特征、生境状况（底栖动物、沉积物环境、生物质量和水环境），以及退化情况（面积、生物多样性等），为开展红树林生态修复和海洋空间规划等提供了支撑。

5) 生态系统预警监测

2019年开始的典型生态系统预警监测中，南海局选取了广西北仑河口红树林区作为红树林生态系统预警监测试点，2020—2023年陆续开展了珠海淇澳岛、深圳福田、惠州范和港、广西铁山港、文昌清澜港、三亚青梅港、海口东寨港等红树林区的生态系统预警监测，调查监测的方式和内容以滨海湿地试点监测的相关内容为基础，并对调查项目进行了优化和细化，更加关注对生态问题和威胁因素的监测梳理，为后续开展威胁因素预警夯实了基础。

6）遥感监测红树林分布及互花米草入侵

2019 年，南海局基于覆盖广东、广西和海南 3 省（区）海岸带地区的 10 m 分辨率光学卫星影像，联合目视解译和计算机自动识别方法，提取了南海区红树林分布信息。2020 年，南海局基于覆盖广东、广西和海南 3 省（区）海岸带地区的优于 3 m 分辨率国产光学卫星影像，联合目视解译和计算机自动识别方法，提取了南海区红树林分布信息。南海局基于 2016—2018 年的光学和雷达卫星影像数据，提出了一种红树林和互花米草自动提取算法，对福建漳江口的红树林分布和互花米草入侵情况进行了监测与分析。

1.3.1.2 单位、科研院校等监测研究工作开展情况

目前，国内开展红树林生态系统调查、监测、研究的研究单位、高等院校、科研院所等主要分成以下两类：一是涉及海岸带生态系统或林业方面研究的高校和其他科研院所，如广西红树林研究中心、厦门大学、中山大学、中国科学院南海海洋研究所、自然资源部第三海洋研究所、自然资源部第四海洋研究所、中国林业科学研究院热带林业研究所等，这类单位主要以科学研究为目的开展调查和监测；二是地方自然资源监测单位和全国各级红树林保护区，主要是每年的生态监控区监测任务，以及日常或定期的保护区内生态系统监测调查以及红树林养护保育、灾害防治等保护和管理工作，现已积累了 10 年以上的监测经验和相关数据。

1）资源本底调查

全国范围内的红树林资源本底调查主要包括 2001 年的全国红树林资源调查和 2009—2013 年的中国湿地资源调查。

国家林业局于 2001 年在红树林分布省份组织开展了一次全面调查，采用了先进的 3S（RS、GPS、GIS）技术结合传统的调查方法，对红树林资源数量、质量、结构、分布、生长和环境状况及动态变化进行了全方位的专项调查，其成果为红树林资源保护、发展提供了可靠的科学依据。此次调查显示，2001 年我国红树林总面积为 22 024.9 hm^2。

2009—2013 年，国家林业局组织开展了第二次全国湿地资源调查工作。此次资源调查结果显示，我国红树林湿地分布范围北起浙江温州乐清湾，西至广西中越边境的北仑河口，南至海南三亚，海岸线长度超过 14 000 km，现有红树林湿地面积 34 472.14 hm^2，行政区划涉及浙江、福建、广东、广西和海南 5 省（区）的 50 余个县级单位。按省（区）

统计，红树林分布面积从高到低依次为广东、广西、海南、福建和浙江，分别占全国红树林面积的比例为 57.30%、25.47%、13.74%、3.43% 和 0.06%。

2）生态系统调查与健康评价

2003 年 9 月，国家海洋局部署开展了"我国近海海洋综合调查与评价专项"，历时 8 年完成了调查与评价工作，针对红树林生态系统，引用多年来实地调查、查阅的大量资料和数据，结合遥感图像解译，获得滨海湿地主要变化类型及分布图，建立了红树林生态系统评价指标体系（表1.6），构建了压力－状态－响应（PSR）综合评价模型，选取了我国所有省级以上红树林保护区（16 个）作为评价样地，深入分析了各省（区）红树林生态系统健康状况，对有针对性地开展红树林保护修复工作发挥了很大作用。

表1.6　红树林生态系统评价指标体系层次结构

项目层	要素层	指标层
压力	人口状况	人口数量、人口增长速度、人口密度
	经济发展水平	GDP、人均 GDP、GDP 增长速度、工业总产值
	资源利用现状	耕地面积、养殖区面积
	环境污染程度	环境污染等级
状态	红树林状况	红树林面积、覆盖度、种类、中大树的比重、平均高度、平均胸径、平均冠幅
	红树林其他生物状况	外来物种入侵程度、底栖动物多样性、鸟类多样性、鱼类多样性
	红树林生境状况	自然性、景观破碎度、海岸植被覆盖度、滩涂侵蚀面积、岸线人工化程度、土地利用强度
响应	大众意识	大众文化素质、大众环境保护意识、环境保护宣传教育
	保护区情况	保护区级别、保护区人员数量、保护区人员素质、保护区年经费、保护区面积、保护区年造林面积
	科研水平	国际合作项目、国内合作项目、发表论文数、接待科研考察数

3）野外科学观测研究站建设

（1）国家林业和草原局生态定位站。

国家林业和草原局生态定位站包括海南东寨港红树林湿地生态系统国家定位观测研究站和广东湛江红树林湿地生态系统国家定位观测研究站等。国家林业和草原局湿地生态站开展红树林湿地的生态系统结构、生态过程和生态功能的监测、评估与保护和恢复研究，立足于红树林湿地生态系统的水文（潮汐）、气象、植物群落、土壤等各项常规生态环境要素的长期定位监测，结合我国沿海防护林建设工程，监测和评估红树林防风消浪、水质净化等生态效益，试验红树林生态系统组分和过程与其特殊生境的关系，示范退化红树林的保护和恢复。生态定位站主要研究方向有红树林生态系统组分和过程与其特殊生境的关系、红树林生物多样性维持机制、红树林保护与生态恢复，以及红树林与全球变化关系等。

（2）自然资源部及福建省野外科学观测站。

除国家林业和草原局生态定位站外，自然资源部和福建省等也建有野外科学观测研究站，自然资源部野外科学观测研究站包括北部湾滨海湿地生态系统野外科学观测研究站和海峡西岸海岛海岸带生态系统野外科学观测研究站等；福建省野外科学观测研究站包括漳江口红树林湿地生态系统福建省野外科学观测研究站和漳州海岛海岸带野外科学观测研究站等。它们的依托单位、建立时间见表1.7。

表1.7 涉及红树林监测的野外科学观测研究站

序号	名称	类型	依托单位	建立时间
1	北部湾滨海湿地生态系统野外科学观测研究站	自然资源部野外科学观测研究站	自然资源部第三海洋研究所、自然资源部第四海洋研究所、广西红树林研究中心	2013年9月
2	海峡西岸海岛海岸带生态系统野外科学观测研究站		自然资源部第三海洋研究所、自然资源部海岛研究中心、厦门海洋环境监测中心站、河海大学	2014年1月
3	漳江口红树林湿地生态系统福建省野外科学观测研究站	福建省野外科学观测研究站	厦门大学	2018年12月
4	漳州海岛海岸带野外科学观测研究站		自然资源部第三海洋研究所	2018年

4）相关科研院所、高等院校的研究

科研院所、高等院校的相关监测研究内容涉及多个方面（表1.8），如"中国红树林之父"——厦门大学已故林鹏院士的研究团队开拓了我国红树林生物量、生产力、物流能流等生态系统方面的研究，方向涉及红树植物适应潮间带环境的机制、污染生态学、微生物生态学、红树林生物多样性维持机制、分子生态学等多方面。广西红树林研究中心的研究方向主要是红树林及相关生境协同演化、红树林生态修复与功能利用、红树林及邻近水域生物监测与生态安全评估等方面。厦门大学王文卿教授团队的研究方向涉及红树植物对潮间带环境的综合适应、红树林湿地生物多样性维持机制、红树林与全球变化、滨海耐盐植物资源筛选及应用、滨海湿地生态恢复等方面。中国林业科学研究院热带林业研究所红树林湿地生态系统研究团队的研究方向主要是红树林湿地生态系统结构与功能、红树林湿地生物多样性、红树林湿地固碳增汇技术、红树林湿地恢复技术等方面。

表 1.8　国内主要科研院所、高等院校红树林相关研究方向

所属单位	学科带头人	主要研究方向
厦门大学生命科学学院	林鹏	红树植物适应潮间带环境的机制、污染生态学、微生物生态学、红树林生物多样性维持机制、分子生态学
广西红树林研究中心	范航清	红树林及相关生境协同演化、红树林生态修复与功能利用、红树林及邻近水域生物监测与生态安全评估
厦门大学环境与生态学院	王文卿	红树植物对潮间带环境的综合适应、红树林湿地生物多样性维持机制、红树林与全球变化、滨海耐盐植物资源筛选及应用、滨海湿地生态恢复
中国林业科学研究院热带林业研究所	廖宝文	红树林湿地生态系统结构与功能、红树林湿地生物多样性、红树林湿地固碳增汇技术、红树林湿地恢复技术

1.3.2　红树林相关科学研究

我国针对红树林生态系统的相关系统性研究起步于 20 世纪 50 年代中期,经过近 70 年的发展,已涉及多领域、多方面,监测研究手段也愈发多样化。目前,我国有关红树林生态系统的研究包括但不限于以下几个方面。

1.3.2.1　红树林群落生态学

红树林群落生态学包括红树植物的种类及群系分布、红树群落的特征和演替、红树林面积及分布等方面。

近年来,随着遥感技术的发展,利用遥感技术所具有的观测范围广、信息量大、获取信息快、更新周期短、可比性强等优点,对红树林群落进行遥感分类在实际应用中具有较大的意义。如王树功等(2005)使用 SAR 与 TM 主成分融合图像应用神经网络分

类方法，对珠海淇澳岛红树林区的红树林群落进行分类，取得了较好的效果。

遥感技术手段还普遍应用于红树林面积和分布监测研究中，如吴培强等（2013）利用 Landsat 系列和 HJ-1 卫星数据对全国红树林进行监测，结果显示，2000 年和 2010 年，全国红树林面积分别为 1.6054×10^4 hm^2 和 2.4578×10^4 hm^2。贾明明（2014）利用 Landsat 数据进行的全国红树林监测结果表明，2010 年全国红树林面积为 20 778 hm^2。但由于这些研究所用的数据源、时相、分类方法、解译尺度等方面的差异，研究结果之间差异较大。

1.3.2.2　红树植物生理生态学

红树植物生理生态学包括红树植物的生理生态特点、红树植物的抗盐生理生态学、红树植物的抗寒性、光照水平对红树植物生长发育的影响等方面。

例如，抗寒性研究方面，卢昌义等（1994）研究了从海南岛引种到福建九龙江口的红树植物木榄、海莲和尖瓣海莲在低温敏感阶段（两年内幼树期）的生物量和高生长的差异及其与水分代谢和光合作用密切相关的蒸腾强度和气孔导度的日变化，表明这些红树植物经引种驯化，在较高纬度有不同程度的生理生态适应能力，可以进行大面积的引种工作。

光照强度影响研究方面，杨盛昌等（2003）的试验表明，秋茄幼苗在遮光率分别为 0、50% 和 85.7% 的环境中，随着光强减弱，枝条高度变高、枝条基径变小、比叶重下降、横向生长减弱、叶片变薄等，并随着光照水平的降低，秋茄幼苗的相对生长率降低。该现象在天然红树林内亦有相应的表现：生长在林外的秋茄幼苗基径比林内的更大，叶面积、生物量和叶片数均更高，但植株较后者要矮。对于木榄和红海榄，充足的光照是苗期生长十分重要的条件，解除荫蔽条件可明显促进幼苗的生长。

1.3.2.3　红树林区生物多样性

红树林区的生物类群包括藻类、浮游生物、微生物、底栖动物、昆虫、鸟类和陆生动物等（何斌源等，2007）。目前，监测研究较多的生物类群主要是底栖动物和鸟类。

底栖动物是我国红树林湿地最为丰富多样的生物类群。红树林湿地底栖动物群落多以珠带拟蟹守螺为优势种，这种贝类经济价值不高，常被用作养殖虾蟹的新鲜蛋白补充，但它是食物链的重要中间环节，支撑起更高级别的营养类群。一些蟹类，如相手蟹，还可以红树植物凋落物为食，是红树林生态系统碎屑食物网中的重要一环。底栖动物中经济种类很多，如可口革囊星虫、裸体方格星虫、团聚牡蛎、缢蛏、红树蚬、文蛤、青蛤、脊尾白虾、锯缘青蟹和各种底栖虾虎鱼、弹涂鱼等（王文卿和王瑁，2007；范航清等，2018）。

红树林区的鸟类就像是一种载体，在食物网中作为捕食者与被捕食者不断往来于陆侧与海侧，带动并维持了两侧生境之间的物质和能量交流。我国重要的红树林湿地分布区均开展过鸟类调查，已记录有 19 目 58 科 421 种，占我国 1331 种鸟类的 31.6%。国家一级保护鸟类有 6 种：黑鹳、白鹤、东方白鹳、中华秋沙鸭、白肩鸣鹃鹃和遗鸥，二级保护鸟类有黑脸琵鹭等 63 种（周放，2010）。

1.3.2.4　红树林分子生态学

目前，红树分子生态学研究主要应用于红树植物的遗传多样性和系统发育研究，以及逆境条件下（高盐、污染、低温等）红树的分子生态学机制研究。

例如，红树植物的遗传多样性和系统发育研究多采用等位酶、限制性内切酶片段长度多态性（RFLP）、扩增片段长度的多态性（AFLP）和随机扩增多态 DNA（RAPD）等手段，研究红树植物种群的遗传变异和生态分化问题。葛菁萍等（2003）应用测定等位酶的方法对中国木榄 3 个种群的遗传多样性和生态分化进行研究，分析了 7 种酶的 12 个等位酶位点，结果表明，海南东寨港、深圳福田和福建九龙江口的木榄种群有较高的遗传多样性。周涵韬和林鹏（2001）等运用 RAPD 技术对福建九龙江口龙海红树林的白骨壤、桐花树、无瓣海桑、秋茄、木榄、海莲、尖瓣海莲 7 种红树植物进行了遗传多样性分析，将其分为白骨壤、桐花树、无瓣海桑，以及秋茄、木榄、海莲、尖瓣海莲两个大组，与传统分类学的遗传亲缘关系相吻合。

1.3.2.5　红树林生态威胁因素

红树林生态威胁因素包括红树林的污染生态学、病虫害、污损生物和互花米草入侵等多方面。

例如，病虫害方面，我国大部分红树林的主要虫害种类基本相近，但各地区的害虫种类在不断增加，以往不常见或威胁性不大的害虫出现频率越来越高，且威胁越来越严重，存在潜在暴发的可能。对红树林主要害虫及其防治的研究报道是 2000 年以后陆续出现的，尤其是广东、福建、广西各省（区）都开展了红树林主要害虫种类、生物学和生态学防治技术等方面的研究，主要防治措施包括化学防治、生物防治、物理防治和综合治理等（王友绍，2013）。

在污损生物防治方面，何斌源等（2013）以 3 个树高规格的桐花树苗木与茳芏、沟叶结缕草、芦苇和南水葱4种盐沼草为材料，在广西北仑河口区高程约为220 cm的新造潮间带裸滩上进行树–草混种，结果表明，混种茳芏和沟叶结缕草可有效减轻桐花树苗木受污损程度，这两类树–草混种处理区苗木的高度、叶数、枝数、枝下高和存活率等指标均较优于其他处理区。综合而言，茳芏混种桐花树构建"盐沼草–红树协同生态修复体系"对裸滩红树林防污有较高应用价值。

1.3.2.6　红树林保护与生态恢复研究

红树林生态系统具有开放性、脆弱性和复杂性等特点，因其位于人为干扰强度大的沿海地区，人为活动对其分布产生直接的影响，90%以上的红树林受不同程度的人为干扰，但保护区的建立在一定程度上缓解了红树林的消失。通过对景观格局指数变动的分析，2000年后虽然红树林的面积明显增加，但景观破碎程度并没有改善。我国红树林斑块不断碎片化，形状趋于不规则，复杂度增加，红树林斑块离散程度增大，连通性降低，景观结构变化，在一定程度上影响其生态系统功能。

在今后的研究和管理方式上，应把握红树林生态系统及其变动规律，并以此提出一系列量化指标，掌握红树林的重要物种、重要过程、重要机制，并建立红树林管理体系。采取综合措施，加强对红树林的管理与保护研究，开展对红树林退化及敏感生态区域的污染治理和生态修复，恢复红树林功能和其生物多样性，提高湿地净化功能，优化湿地生态系统。同时，加大对红树林地区的动态监测，并在对红树林湿地资源调查和监测的基础上，建立和更新红树林地区的综合环境监测档案，以便长周期比较。

参考文献

常云蕾，廖静娟，张丽，2024. 全球红树林时空变化及演变趋势 [J]. 生态学报，44(9): 3830–3843.

陈光程，余丹，叶勇，等，2013. 红树林植被对大型底栖动物群落的影响 [J]. 生态学报，33(2):327–336.

陈鹭真，钟才荣，陈松，等，2019. 海口湿地·红树林篇 [M]. 厦门：厦门大学出版社.

陈顺洋，陈光程，陈彬，等，2014. 红树林湿地相手蟹科动物摄食生态研究进展 [J]. 生态学报，34(19):5349–5359.

陈铁晗，2001. 福建漳江口红树林湿地自然保护区生态系统现状与评价 [J]. 福建林业科技，

28(4):25−26.

范航清,刘文爱,钟才荣,等,2014. 中国红树林蛀木团水虱危害分析研究 [J]. 广西科学,21(2):140−146.

范航清,陆露,阎冰,2018. 广西红树林演化史与研究历程 [J]. 广西科学,25(4):343−351.

范航清,王文卿,2017. 中国红树林保育的若干重要问题 [J]. 厦门大学学报(自然科学版),56(3):323−330.

葛菁萍,蔡柏岩,林鹏,2003. 红树科(Rhizophoraceae)木榄属(*Bruguiera*)植物 3 个种的遗传多样性及其亲缘关系 [J]. 黑龙江大学自然科学学报,20(4):108−113.

韩维栋,高秀梅,卢昌义,等,2000. 中国红树林生态系统生态价值评估 [J]. 生态科学,19(1):40−46.

何斌源,范航清,王瑁,等,2007. 中国红树林湿地物种多样性及其形成 [J]. 生态学报,27(11): 4859−4870.

何斌源,赖廷和,王欣,等,2013. 盐沼草对桐花树人工林污损动物危害的生物防治研究 [J]. 广西科学,20(3):185−192.

贾明明,2014. 1973—2013 年中国红树林动态变化遥感分析 [D]. 长春:中国科学院东北地理与农业生态研究所.

廖宝文,张乔民,2014. 中国红树林的分布、面积和树种组成 [J]. 湿地科学,12(4):435−440.

林鹏,卢昌义,王恭礼,等,1990. 海莲红树林的生物量和生产力 [J]. 厦门大学学报(自然科学版),29(2):209−213.

林鹏,1997. 中国红树林生态系 [M]. 北京:科学出版社.

卢昌义,林鹏,王恭礼,等,1994. 引种的红树植物生理生态适应性研究 [J]. 厦门大学学报(自然科学版),(S1):50−55.

卢昌义,林鹏,叶勇,等,1995. 全球气候变化对红树林生态系统的影响与研究对策 [J]. 地球科学进展,(4):341−347.

罗柳青,钟才荣,侯学良,等,2017. 中国红树植物 1 个新记录种——拉氏红树 [J]. 厦门大学学报(自然科学版),56(3):346−350.

骆苑蓉,胡忠,郑天凌,等,2005. 红树林沉积物中的微生物对苯并 [a] 芘的降解研究 [J]. 厦门大学学报(自然科学版),44(z1):75−79.

区庄葵,郑全胜,黄俊泽,等,2003. 珠海淇澳岛湿地红树林自然保护区现状评价 [J]. 广东林勘设计, (4):1-4.

王瑁, 张尽函, 施富山, 2007. 海南东寨港红树林区的渔具及渔获物调查 [J]. 水产科技情报, 31(1):6-9.

王荣丽, 2015. 东寨港红树林退化动态及恢复技术研究 [D]. 北京：中国林业科学研究院.

王树功, 杨海生, 周永章, 等, 2005. 湿地植物生长模型在红树林湿地人工恢复调控中的应用——以珠江口淇澳岛红树林湿地恢复为例 [J]. 西北植物学报, 25(10):2024-2029.

王文卿, 王瑁, 2007. 中国红树林 [M]. 北京：科学出版社.

王文卿, 2016. 中国珍稀濒危红树植物资源调查报告 [R]. 厦门大学.

王友绍, 2013. 红树林生态系统评价与修复技术 [M]. 北京：科学出版社.

吴培强, 张杰, 马毅, 等, 2013. 近 20 a 来我国红树林资源变化遥感监测与分析 [J]. 海洋科学进展, 31(3):1-9.

徐福留, 赵珊珊, 杜婷婷, 等, 2004. 区域经济发展对生态环境压力的定量评价 [J]. 中国人口·资源与环境, 14(4):32-38.

徐新明, 杰森·奥巴多夫, 2007. 用红树林抗御海啸 [J]. 中国林业, 1(4):58.

杨盛昌, 中须贺常雄, 林鹏, 2003. 光强对秋茄幼苗的生长和光合特性的影响 [J]. 厦门大学学报（自然科学版）, 42(2):242-247.

张乔民, 隋淑珍, 2001. 中国红树林湿地资源及其保护 [J]. 自然资源学报, 16(1):28-36.

张乔民, 于红兵, 陈欣树, 等, 1997. 红树林生长带与潮汐水位关系的研究 [J]. 生态学报, 17(3):258-265.

周放, 等, 2010. 中国红树林区鸟类 [M]. 北京：科学出版社.

周涵韬, 林鹏, 2001. 中国红树科 7 种红树植物遗传多样性分析 [J]. 水生生物学报, 25(4):362-369.

自然资源部, 2019. 全国红树林资源和适宜恢复地专项调查报告 [R]. 北京：自然资源部, 国家林业和草原局.

ADEEL Z, POMEROY R, 2002. Assessment and management of mangrove ecosystems in developing countries[J]. Trees Structure and Function, 16(2-3): 235-238.

CHEN G, CHEN B, YU D, et al., 2016. Soil greenhouse gas emissions reduce the contribution of mangrove plants to the atmospheric cooling effect[J]. Environmental Research Letters, 11(12):1-10.

DONATO D C, KAUFFMAN J B, MURDIYARSO D, et al., 2011. Mangroves among the most carbon-rich forests in the tropics[J]. Nature Geoscience, 4(5):293-297.

FAO, 2007. The words mangroves 1980-2005[R]. Food and Agriculture Organization of the United Nations.

GESELBRACHT L, 2005. Marine/Estuarine Site Assessment for Florida[J]. Framework, 9:1-11.

HENDY I W, LAURA M, TAYLOR B W, 2014. Habitat creation and biodiversity maintenance in mangrove forests: teredinid bivalves as ecosystem engineers[J]. Peerj, 2(1):1-19.

HOLGUIN G, GONZALEZ-ZAMORANO P, DE-BASHAN L, et al., 2006. Mangrove health in an arid environment encroached by urban development—a case study[J]. Science of the Total Environment, 363(1-3): 260-274.

KAPLOWITZ M D, 2001. Assessing mangrove products and services at the local level: the use of focus groups and individual interviews[J]. Landscape & Urban Planning, 56(1):53-60.

KOLEHMAINEN S, MARTIN F D, SCHROEDER P B, 1974. Thermal studies on tropical marine ecosystems in Puerto Rico[J]. Vienna: Thermal Discharges at Nuclear Power Stations.

LAURA A L, JR J W D, ZAPATA G V, et al., 2005. Structure of a unique inland mangrove forest assemblage in fossil lagoons on the Caribbean Coast of Mexico[J]. Wetlands Ecology & Management, 13(2):111-122.

LI M S, 1997. Nutrient Dynamics of a Futian Mangrove Forest in Shenzhen, South China[J]. Estuarine Coastal & Shelf Science, 45(4):463-472.

LORENZO E N, DE JESUS B R J, JARA R S, 1979. Assessment of mangrove forest deterioration in Zamboanga Peninsula, Philippines using LANDSAT MSS data[M]. Quezon: Ministry of Natural Resources, Natural Resources Management Center.

MAITI S K, CHOWDHURY A, 2013. Effects of Anthropogenic Pollution on Mangrove Biodiversity: A Review[J]. Journal of Environmental Protection, 4(12):1428-1434.

MCGUINNESS K A, 1994. The climbing behaviour of Cerithidea anticipata (Mollusca: Gastropoda): The roles of physical and biological factors[J]. Australian Journal of Ecology, 19(3):2-12.

MCLEOD E, CHMURA G L, BOUILLON S, et al., 2011. A blueprint for blue carbon: toward an improved understanding of the role of vegetated coastal habitats in sequestering CO_2[J].

Frontiers in Ecology and the Environment, 9(10):552−560.

MITRA A, 2020. Water of Indian Sundarban Mangrove System[J]. Current science, 97(10): 1445−1452.

POMEROY A R, 2002. Assessment and management of mangrove ecosystems in developing countries[J]. Trees-Structure&Function, 16: 235−238.

ROBERTSON A I, 1986. Leaf-burying crabs: Their influence on energy flow and export from mixed mangrove forests (Rhizophora spp.) in northeastern Australia[J]. Journal of Experimental Marine Biology & Ecology, 102(2−3):237−248.

SAMOURA K, BOUVIER A L, WAAUB J P, 2007. Strategic environmental assessment for planning mangrove ecosystems in guinea[J]. Knowledge Technology & Policy, 19(4):77−93.

SHERIDAN P, 1997. Benthos of Adjacent Mangrove, Seagrass and Non-vegetated Habitats in Rookery Bay, Florida, U.S.A.[J]. Estuarine Coastal & Shelf Science, 44(4):455−469.

ZHONG C R, LI D L, ZHANG Y, 2020. Description of a new natural Sonneratia hybrid from Hainan Island, China[J]. Phyto keys, 154(2):1−9.

第2章
南海区红树林资源状况

2.1 南海区红树林种类

2.1.1 红树植物种类

我国所有红树种类在南海区均有分布，共有原生红树植物 21 科 38 种，其中，真红树植物 11 科 14 属 26 种（表 2.1 和图 2.1），半红树植物 10 科 12 属 12 种（表 2.2）。局部地区分布有外来红树物种无瓣海桑和拉关木。

表 2.1 南海区的真红树植物种类

科名	中文名	学名	生长型	海南	广西	广东
凤尾蕨科 Pteridaceae	卤蕨	*Acrostichum aureum*	蕨类	+	+	+
	尖叶卤蕨	*Acrostichum speciosum*	蕨类	+		+
楝科 Meliaceae	木果楝	*Xylocarpus granatum*	乔木	+		
大戟科 Euphorbiaceae	海漆	*Excoecaria agallocha*	乔木、灌木	+	+	+
海桑科 Sonneratiaceae	杯萼海桑	*Sonneratia alba*	乔木	+		
	海桑	*Sonneratia caseolaris*	乔木	+		+
	海南海桑	*Sonneratia × hainanensis*	乔木	+		
	卵叶海桑	*Sonneratia ovata*	乔木	+		
	拟海桑	*Sonneratia × gulngai*	乔木	+		
	无瓣海桑	*Sonneratia apetala*	乔木	+	+	+
	钟氏海桑	*Sonneratia × zhongcairongii*	乔木	+		

续表

科名	中文名	学名	生长型	海南	广西	广东
红树科 Rhizophoraceae	木榄	*Bruguiera gymnorhiza*	乔木	+	+	+
	海莲	*Bruguiera sexangula*	乔木	+		
	尖瓣海莲	*Bruguiera sexangula* var. *rhymchopetala*	乔木	+		
	角果木	*Ceriops tagal*	乔木、灌木	+		+
	秋茄	*Kandelia obovata*	乔木、灌木	+	+	+
	正红树	*Rhizophora apiculata*	乔木	+		
	红海榄	*Rhizophora stylosa*	乔木	+	+	+
	拉氏红树	*Rhizophora* × *lamarckii*	乔木	+		
使君子科 Combretaceae	红榄李	*Lumnitzera littorea*	乔木	+		
	榄李	*Lumnitzera racemosa*	乔木、灌木	+	+	+
	拉关木	*Laguncularia racemosa*	乔木	+		
紫金牛科 Myrsinaceae	桐花树	*Aegiceras corniculatum*	乔木、灌木	+	+	+
马鞭草科 Avicenniaceae	白骨壤	*Avicennia marina*	乔木、灌木	+	+	+
爵床科 Acanthaceae	老鼠簕	*Acanthus ilicifolius*	亚灌木	+	+	+
	小花老鼠簕	*Acanthus ebreacteatus*	亚灌木	+	+	+
茜草科 Rubiaceae	瓶花木	*Scyphiphora hydrophyllacea*	灌木	+		
棕榈科 Arecaceae	水椰	*Nypa fruticans*	灌木	+		

注：无瓣海桑和拉关木为外来红树种类。

此外，海南海口东寨港于 1998 年从澳大利亚和墨西哥分别引种了红茄苳（*Rhizophora mucronata*）和美洲大红树（*Rhizophora mangle*），数量不多，虽能开花结果，但在 2008 年和 2016 年的寒潮中受害严重，种群不稳定，故不作为中国记录种（罗柳青等，2017）。

正红树 *Rhizophora apiculata*

海莲 *Bruguiera sexangula*

杯萼海桑 *Sonneratia alba*

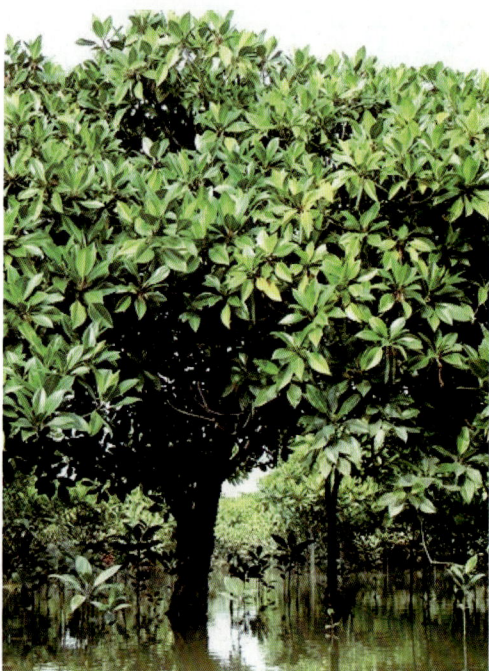

木榄 *Bruguicra gymnorrhiza*

图 2.1 南海区常见真红树植物

角果木 *Ceriops tagal*

榄李 *Lumnitzera racemosa*

海漆 *Excoecaria agallocha*

卤蕨 *Acrostichum aureum*

图 2.1　南海区常见真红树植物（续）

秋茄 *Kandelia obovata*

桐花树 *Aegiceras corniculatum*

水椰 *Nypa fruticans*

白骨壤 *Avicennia marina*

红海榄 *Rhizophora stylosa*

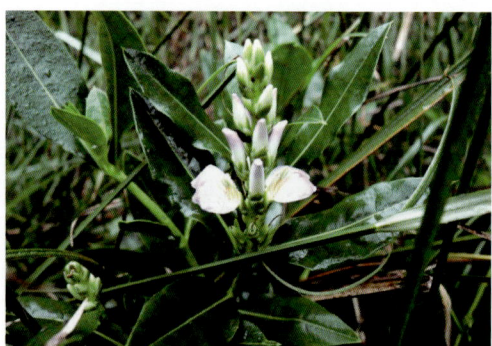

老鼠簕 *Acanthus ilicifolius*

图 2.1　南海区常见真红树植物（续）

表 2.2　南海区的半红树植物种类

科名	中文名	学名	生长型	海南	广东	广西
莲叶桐科 Hernandiaceae	莲叶桐	*Hernandia nymphiifolia*	乔木	+		
豆科 Leguminosae	水黄皮	*Pongamia pinnata*	乔木	+	+	+
锦葵科 Malvaceae	黄槿	*Hibiscus tilisceus*	乔木、灌木	+	+	+
	杨叶肖槿	*Thespesia populnea*	乔木	+	+	+
梧桐科 Sterculiaceae	银叶树	*Heritiera littoralis*	乔木	+	+	+
千屈菜科 Lythraceae	水芫花	*Pemphis acidula*	乔木、灌木	+		
玉蕊科 Barringtoniaceae	玉蕊	*Barringtonia racemosa*	乔木	+		
夹竹桃科 Apocynaceae	海杧果	*Cerbera manghas*	乔木	+	+	+
马鞭草科 Verbenaceae	苦郎树	*Clerodendrum inerme*	灌木	+	+	+
	钝叶臭黄荆	*Premna obtusifolia*	乔木、灌木	+	+	+
紫薇科 Bignoniaceae	海滨猫尾木	*Dolichandron spathacea*	乔木	+	+	
菊科 Compositae	阔苞菊	*Pluchea indica*	灌木	+	+	+

2.1.2　红树群落和演替特征

　　根据种类组成、外貌特征和演替特征，目前，我国红树林主要分为 7 个植物群系：木榄群系、红树群系、秋茄群系、桐花树群系、白骨壤群系、海桑群系和水椰群系（王友绍，2013）。

2.1.2.1　木榄群系

　　木榄群系主要分布于海南、广东雷州半岛和广西钦州地区，为灌木或乔木群落。植株高一般为 3～4 m，最高可达 15 m，具有发达的膝状气根，可与尖瓣海莲、红海榄、角果木、榄李、秋茄、桐花树等组成多种群落。木榄群系属于红树林群落演替后期的群落类型。

2.1.2.2　红树群系

红树群系主要分布于海南、广东雷州半岛和广西钦州地区，为高大稠密的灌木林。植株高一般为 1.5 ~ 3 m，最高可达 14 m，具有发达的支柱根，常分布于宽阔的滩面上，可与角果木、榄李、秋茄、桐花树等组成多种群落。红树群系属于红树林群落演替中期的群落类型。

2.1.2.3　秋茄群系

秋茄群系分布最广，我国东南沿海绝大部分地区都有分布，为最耐寒的红树群落，通常为小乔木群落。植株高一般为 1.5 ~ 4 m，最高可达 10 m，具有不发达的支柱根或板状根。秋茄群系基本属于红树林群落演替中后期的群落类型。

2.1.2.4　桐花树群系

桐花树群系分布较广，我国东南沿海绝大部分地区都有分布，为灌木群落。植株高一般为 1 ~ 2 m，具有支柱根或很矮的板状根。桐花树群系属于红树林群落演替中前期的群落类型。

2.1.2.5　白骨壤群系

白骨壤群系分布较广，我国东南沿海绝大部分地区都有分布，为灌木或乔木群落。植株高一般为 1 ~ 2 m，在南方海岸可高达 4 m，具有从榄状匍匐根上伸出地面的指状呼吸根，多生长于外海盐度较高的地段。白骨壤群系属于红树林群落演替最前期的群落类型。

2.1.2.6　海桑群系

海桑群系主要分布于海南，为灌木或乔木群落。植株高一般为 2 ~ 3 m，在河口三角洲地区可高达 5 m 以上，具有一些笋状呼吸根，在河口或咸、淡水交汇处均有分布。海桑群系属于红树林群落演替前期阶段和后期阶段的群落类型。

2.1.2.7　水椰群系

水椰群系仅分布于海南，为灌木群落。植株高一般为 4 ~ 7 m，最高可达 9 m。属于两栖类型，既可生长在高潮浸渍的泥滩上，又可生长在沉积泥滩上。水椰群系属于红树林群落演替后期的群落类型。

2.2 南海区红树林面积分布

第三次全国国土调查及 2022 年国土变更调查结果显示，南海区红树林面积约 276 km²，其中，广东约 110 km²，广西约 104 km²，海南约 62 km²。

广东红树林主要分布在湛江、水东港、海陵湾和镇海湾等地，广西红树林主要分布在珍珠湾、防城港、廉州湾、大风江和丹兜海等地，海南红树林主要分布在东寨港、清澜港、花场湾、新英湾和后水湾等地。

参考文献

罗柳青，钟才荣，侯学良，等，2017. 中国红树植物 1 个新记录种——拉氏红树 [J]. 厦门大学学报（自然科学版），56(3):346−350.

王友绍, 2013. 红树林生态系统评价与修复技术 [M]. 北京：科学出版社 .

第3章
南海区红树林生态状况

3.1 南海区红树林生态现状调查

3.1.1 红树林群落特征及长期变化

李皓宇等（2016）对粤东深圳湾至饶平县柘林湾之间的区域沿海红树林物种组成与群落特征进行了研究，共记录了真红树植物 12 种，半红树植物 6 种，伴生植物 7 种。与 1985 年的报道相比，该地区记录的红树林植物种类从 20 种增加至 25 种，说明该地区的保护和造林工作对红树林种群恢复具有一定的积极作用。但新增记录的 7 种红树林植物中有 3 种为人工造林引种的外来物种，钝叶豆腐木、海南草海桐等伴生种群的消失则说明了陆地开发和建设正逐渐蚕食红树林生境。粤东地区分布的真红树植物中，秋茄、桐花树和海漆分布最广，海榄、榄李和银叶树仅在惠州至海丰交界处的考洲洋、小漠港沿线有分布。目前，引种的海桑仅存在于汕头韩江三角洲地区；无瓣海桑分布在粤东的所有地级市海岸；拉关木在粤东地区以外的珠江口、水东湾电白均有分布。在真红树植物的种类数量上，以雷州半岛为代表的粤西沿海记录了真红树植物 13 种，该地区的角果木、尖叶卤蕨和小花老鼠簕等嗜热类群在粤东地区没有分布。

对广西全区红树林群落特征的研究文献较少。李丽凤等（2013）调查发现，在广西钦州湾的红树植物主要有 8 科 11 种，分别为卤蕨、木榄、秋茄、红海榄、老鼠簕、榄李、海漆、桐花树、白骨壤、海桑和无瓣海桑；半红树植物有 4 科 4 种，分别为银叶树、海杞果、黄槿和钝叶臭黄荆。桐花树群丛和秋茄 + 桐花树群丛的面积占比最大，分别为 39.2% 和 22.8%。广西海岸从 2002 年开始大规模引种无瓣海桑，新建的无瓣海桑 + 红海榄混交林面积 284.4 hm^2，分布于钦州市茅尾海。无瓣海桑和无瓣海桑 + 红海榄人工林面积占到了钦州湾红树林面积的 18.0%。

王丽荣等（2010）选取海南岛东寨港、三亚河和青梅港红树林自然保护区为研究对象，在 1959 年和 2008 年的调查数据基础上，分析了近 50 年海南岛红树林种类、群落和面积的变化与环境之间的关系。在 50 年内，3 个研究区域的红树植物相对灭绝种类比例小，只有三亚河种类变化较大，从 26 种减少为 20 种（另有 2 个引入种），东寨港和青梅港则分别仅减少 1 种。2008 年实地调查结果显示，东寨港、三亚河和青梅港红树林自然保护区内现有红树和半红树植物 21 科 26 属 35 种，其中，东寨港 18 科 29 种，三亚河 16 科 22 种，青梅港 17 科 26 种。其中，分布在红树带外缘（向海）的外缘种有海榄雌、桐花树、秋茄、角果木、红海榄和正红树等；分布在红树带内缘（近陆）的内缘种有海莲、尖瓣海莲、木榄、海漆和水椰等。气温和海水表层温度差异形成红树林群落类型和分布格局分异。三亚河和青梅港虽然气候条件一致，但由于青梅港是近山地的、由潟湖演变成的小流域河口地貌，群落以榄李、正红树、角果木等向陆内缘红树植物群落为主，且有单优群落向混合优势型群落演化，而三亚河则以红海榄、正红树和海榄雌等外缘红树植物群落为主。

3.1.2 大型底栖动物、鸟类群落特征及长期变化

3.1.2.1 大型底栖动物

红树林是陆地和海洋的重要过渡地带，为多种生物的生存提供了营养物质和保护场所。红树林湿地内生物复杂多样，大型底栖动物不仅在红树林生态结构和功能上扮演着重要角色，而且也是物质交换、能量流动的参与者和推动者。

就生物量和种类而言，红树林内占优势的大型底栖动物为甲壳类和软体动物，其在红树林生态系统中至少具有如下的重要性：①为林区更高营养级消费者包括鸟类和经济鱼类提供主要的食料；②对作为红树林食物网基础的红树林碎屑的物质循环和能量流动具有显著的作用；③大型底栖动物在林下的造穴运动，改善了土壤的通气条件，促进有机物的矿化作用，对红树林的生长也是有利的；④对红树植物繁殖体、叶片和木材的啃食作用还对红树林的植被结构有修饰作用。大型底栖动物的多样性和丰度可反映红树林生态系统的地位和功能，对天然的和人工的红树林的生境变化均具有潜在的生物/生态指示作用。

2020 年，自然资源部南海局组织完成了南海区 8 个重点区域的红树林生态系统预警监测现场调查工作，共布设了 23 个底栖动物调查断面 66 个站位，在每个调查站位采集底栖样品，数据汇总见表 3.1。

表 3.1　南海区各调查区域红树林底栖动物数据汇总

省/区	区域	地点	种类数	栖息密度/(ind.·m⁻²)		生物量/(g·m⁻²)		物种多样性指数 H′		均匀度指数 J′		物种丰富度指数 D	
				范围	平均值	范围	平均值	范围	平均值	范围	平均值	范围	平均值
广东	珠江口	珠海淇澳岛	11	4.2~50.0	17.9	0.57~50.44	16.33	0~1.12	0.63	0~1.00	0.69	0~0.79	0.43
		深圳福田	6	0~24.0	9.8	0~56.16	10.33	0~0.69	0.30	0~1.00	0.44	0~0.36	0.15
	大亚湾	惠州范和港	10	40.0~128.0	74.7	6.46~83.35	38.00	0~1.24	0.65	0~0.90	0.57	0~0.77	0.43
广西	铁山港	沙尾	25	16.0~100.0	47.6	20.76~180.08	67.54	1.52~2.52	1.93	0.62~1.00	0.87	0.90~1.36	1.01
		丹兜海	22	12.0~44.0	28.4	19.80~70.96	36.52	0.81~1.91	1.56	0.79~1.00	0.89	0.36~0.94	0.74
		英罗港	19	28.0~77.0	42.8	5.48~138.52	57.72	0.50~2.24	1.60	0.50~0.99	0.83	0.23~1.20	0.76
海南	海南东海岸	文昌清澜港	15	4.0~184.0	45.8	27.95~377.43	91.24	0~1.77	0.71	0~0.97	0.70	0~1.59	0.53
		三亚青梅港	10	8.0~52.0	30.3	1.54~24.19	9.35	0~1.10	0.42	0~1.00	0.44	0~0.80	0.31

1）种类组成

南海区各调查区域红树林底栖生物样品合计鉴定共 5 大门类 77 种（含少数未鉴定到种的种类），其中节肢动物种类最多，有 42 种，占总种数的 54.5%；软体动物次之，有 22 种，占总种数的 28.6%；环节动物有 8 种，占总种数的 10.4%；脊索动物有 4 种，占总种数的 5.2%；星虫动物仅 1 种，占总种数的 1.3%。详细的种类组成如图 3.1 所示，生物种类组成以近岸暖水性潮间带大型底栖生物种类为主。

就各省（区）的种类数分布而言，广东 3 个红树林调查区域共采得底栖动物 4 大门类 22 种；广西 3 个红树林调查区域共采得底栖动物 5 大门类 44 种；海南两个红树林调查区域共采得底栖动物 3 大门类 20 种（图 3.2）。海南红树林底栖生物种类较少的原因与设置的调查区域、断面和站位较少有关。

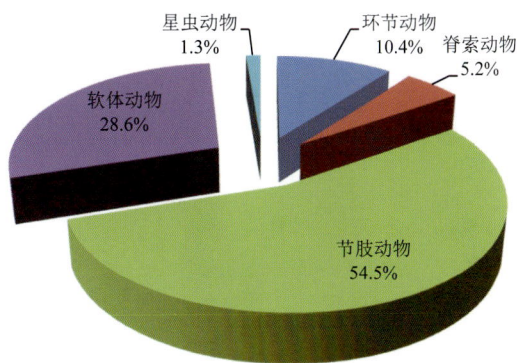

图 3.1 南海区调查区域红树林底栖生物种类组成

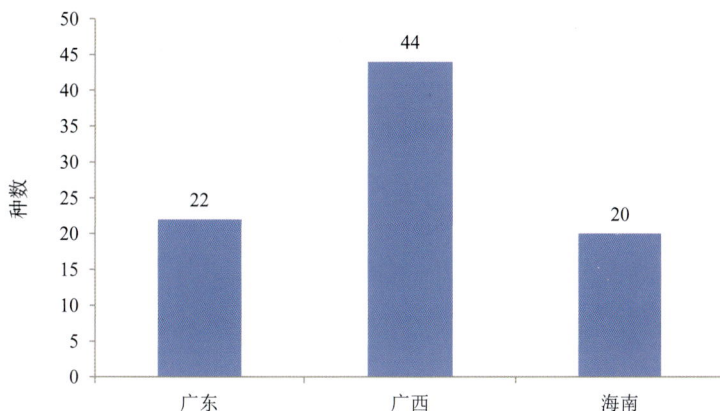

图 3.2 南海区各省（区）调查区域红树林底栖生物种类数

南海区各调查区域红树林底栖动物种类数情况统计见表 3.1。由表 3.1 可知，8 个区域底栖动物种类数变化范围为 6～25 种，其中，种类最多的区域为广西铁山港沙尾，种类最少的区域为深圳福田。

2）栖息密度及生物量

南海区各调查区域红树林底栖动物的平均栖息密度为 37.2 ind./m^2，平均生物量为 40.88 g/m^2。如图 3.3 所示，其中，广东 3 个调查区域底栖动物的平均栖息密度为 34.1 ind./m^2，平均生物量为 21.55 g/m^2；广西 3 个调查区域底栖动物平均栖息密度为 39.7 ind./m^2，平均生物量为 53.93 g/m^2；海南两个调查区域底栖动物平均栖息密度为 38.1 g/m^2，平均生物量为 50.30 g/m^2。

南海区各调查区域红树林底栖动物栖息密度和生物量统计情况见表 3.2。由表 3.1 可知，8 个区域中底栖动物平均栖息密度变化范围为 9.8～74.7 ind./m^2，深圳福田的平均栖息密度最低，惠州范和港的平均栖息密度最高；8 个区域中底栖动物平均生物量变化范围为 $9.35 \sim 91.24$ g/m^2，最低值出现在三亚青梅港，最高值出现在文昌清澜港。

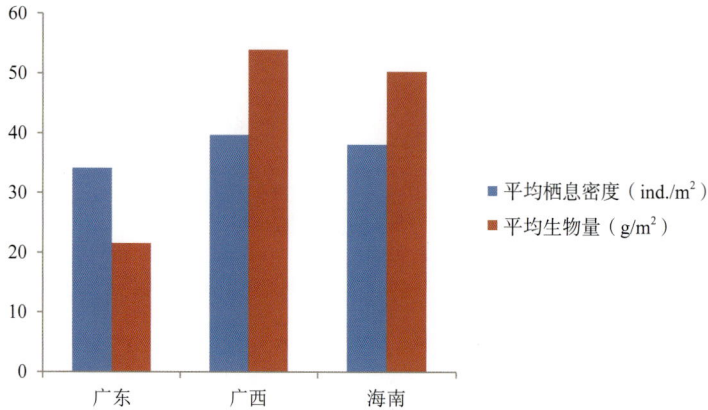

图 3.3　南海区各省（区）调查区域红树林底栖生物平均栖息密度和平均生物量

3）优势种

南海区各调查区域红树林底栖动物的主要优势种统计情况见表 3.2 和图 3.4。各调查区域红树林底栖动物的优势种主要以栖息在潮间带泥滩的穴居蟹类为主，另有若干潮间带螺类和双壳类，环节动物和鱼类最少。较常出现的优势类群有相手蟹属、拟闭口蟹属和招潮蟹属的蟹类，均是红树林区较有代表性的常见蟹类。除深圳福田外，其他调查区域的主要优势种组成均至少有一种蟹类，仅深圳福田的主要优势种组成为鱼类和多毛类，说明深圳福田红树林调查区域底栖生物的优势种组成与其他区域差异最大。

表 3.2　南海区各调查区域红树林底栖动物主要优势种

省（区）	区域	地点	主要优势种
广东	珠江口	珠海淇澳岛	淡水泥蟹、明显相手蟹、悦目大眼蟹
		深圳福田	弹涂鱼、中蚓虫
	大亚湾	惠州范和港	浓毛拟闭口蟹、扁平拟闭口蟹
广西	铁山港	沙尾	红树蚬、褶痕相手蟹、双齿相手蟹
		丹兜海	褶痕相手蟹、扁平拟闭口蟹
		英罗港	褶痕相手蟹、双齿相手蟹、扁平拟闭口蟹、弧边招潮蟹
海南	海南东海岸	文昌清澜港	中国绿螂、凹指招潮蟹、双齿相手蟹、环纹清白招潮蟹
		三亚青梅港	纵带滩栖螺、黑口滨螺、双齿相手蟹

扁平拟闭口蟹

浓毛拟闭口蟹

凹指招潮蟹

双齿相手蟹

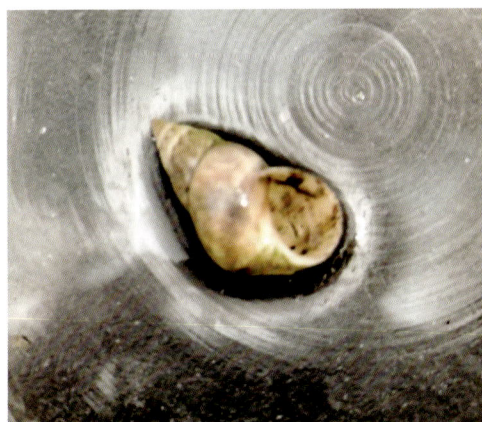

黑口滨螺

环纹清白招潮蟹

图 3.4　南海区红树林底栖生物主要优势种

中国绿螂

淡水泥蟹

红树蚬

弹涂鱼

图 3.4　南海区红树林底栖生物主要优势种（续）

4）物种多样性指数、均匀度指数和物种丰富度指数

南海区各调查区域红树林底栖动物的物种多样性指数 H' 的平均值为 0.98，均匀度指数 J' 的平均值为 0.68，物种丰富度指数 D 的平均值为 0.55。总体上，南海区红树林底栖动物的物种多样性指数、均匀度指数和物种丰富度指数均处于较低水平。

各省（区）红树林底栖动物物种多样性指数 H'、均匀度指数 J' 和物种丰富度指数 D 平均值如图 3.5 所示，可见南海区 3 个省（区）间红树林底栖动物多样性指数 H'、均匀度指数 J' 和物种丰富度指数 D 从大到小排列基本上均为广西、海南、广东。

南海区各调查区域红树林底栖动物的物种多样性指数 H'、均匀度指数 J' 和物种丰富度指数 D 平均值统计情况见表 3.1。可见各区域红树林底栖动物物种多样性指数 H' 的平均值变化范围为 0.30～1.93，最低值出现在深圳福田，最高值出现在铁山港沙尾；均匀度指数 J' 的平均值变化范围为 0.44～0.89，最低值出现在深圳福田和三亚青梅港，最高值出现在铁山港丹兜海；物种丰富度指数 D 的平均值变化范围为 $0.15 \sim 1.01$，最低值出现在深圳福田，最高值出现在铁山港沙尾。

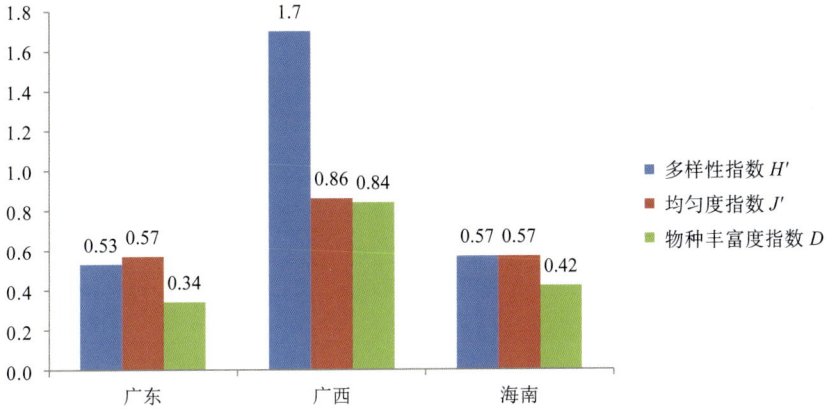

图 3.5　南海区各省（区）调查区域红树林底栖动物物种多样性参数

3.1.2.2　鸟类

红树林具备多种生态功能，其中之一就是作为鸟类的生存、繁衍栖息地，或作为候鸟迁徙过程中的临时休憩地。同时，鸟类也是红树林生态系统中不可或缺的重要组成部分，具有重要的生态价值。红树林生长的潮滩往往含有大量的有机残物，为生活在红树林滩涂的底栖动物提供大量的能量来源。而底栖动物的增加又为生活在红树林的鸟类和鱼类等脊椎动物提供了丰富的饵料来源，由于有了充足的食物资源和栖息场所，红树林生态系统中的鸟类通常具备较高的多样性。

通过搜集资料，南海区各调查区域红树林鸟类种类情况统计见表3.3。可以看出，南海区3省（区）鸟类种类数从多到少排列为广西、广东、海南。鸟类种类数与调查年份、季节、频次和红树林面积大小均有关系。南海区各红树林调查区域不乏濒危珍稀鸟类。资料显示，大亚湾红树林区鸟类富有特色，其中有2种国家Ⅰ级保护鸟类（中华秋沙鸭和黑鹳）和4种国家Ⅱ级保护鸟类，6种国家保护鸟类中有5种属于冬候鸟。三亚青梅港红树林区鸟类中，被列入 CITES 公约附录Ⅱ的有黑鸢、黑翅鸢、褐耳鹰、日本松雀鹰4种。被列入《中国濒危动物红皮书》的鸟类有5种，其中，黑翅鸢、原鸡、褐翅鸦鹃3种为易危种，岩鹭、褐耳鹰2种为稀有种。

鸟类对红树林生态系统的稳定和相对平衡起着一定的调控作用。在自然界中，鸟类可以抑制昆虫的过度繁殖，也可以调节小型兽类的数量，在一定程度上还可以控制鱼类疾病的蔓延，对农、林、牧、渔业都有一定的保护作用。同时，鸟类可以传播植物的种子，对一些植物的更新有着积极作用。但近年来红树林的生境受到了一定程度的人为侵扰。红树林群落主要沿着海堤分布，被海水养殖池塘分割成带状斑块，而且红树林群落的外围大多为海水养殖池塘。鸟类天然栖息的环境减少，必然会导致水鸟的种类和数目减少。保护鸟类资源以及增加鸟类种类与数量对保护和管理红树林生态系统是不可缺少的一项重要工作。

表 3.3　南海区各调查区域红树林鸟类种类情况统计

省（区）	调查区域	调查时间	鸟类种类数
广东	深圳福田	1990 年	95 种
		2015 年	10 目 15 科 47 种（仅水鸟）
	珠海淇澳岛	2005—2007 年	12 目 23 科 63 种
		2006 年	99 种
	大亚湾	2005—2012 年	73 种
广西	铁山港	2005—2006 年	12 目 36 科 118 种
海南	文昌清澜港	2000 年	9 目 19 科 52 种
	三亚青梅港	2003—2009 年	11 目 23 科 50 种

注：广西铁山港的资料为山口红树林保护区的资料。

3.1.3　环境因子特征及长期变化

在南海区 8 个红树林调查区域各站位采集了沉积物样品，进行底质粒度、有机碳、硫化物和氧化还原电位（Eh）分析，其中各层次沉积物样品均进行底质粒度和有机碳的分析，硫化物和 Eh 分析则只用表层样品开展分析。

3.1.3.1　沉积物粒度

整体来看，南海区红树林生态系统底质类型大多以粉砂和砂为主，组分中粉砂和砂含量占绝对优势。省（区）间底质类型存在差异：广东 3 个调查区域主要底质类型均为粉砂；广西 3 个调查区域主要底质类型较多样，主要有粉砂质砂和黏土质粉砂；海南 2 个调查区域砾的含量明显高于广东和广西，主要底质类型为砾质砂、砂质砾和砂等。

3.1.3.2　沉积物有机碳

南海区各红树林调查区域沉积物中有机碳含量平均值变化范围为 0.78% ~ 2.96%，

平均值最高的区域为深圳福田，最低的区域为铁山港沙尾。各省（区）沉积物有机碳含量由高到低分别为广东、海南、广西。由于采样层次较多和底质类型多样，各区域各站位沉积物有机碳含量波动较大，且有机碳含量与离岸距离和取样深度之间的关系不明确，总体上有机碳含量随离岸距离增加而减少，随取样深度变化则未呈现较为一致的规律。

红树林湿地是世界上最高产的生态系统之一，红树林通过凋落物和根系系统更新等自身能够产生有机质，也能够通过特殊复杂的气生根和支柱根结构捕捉水体中的悬浮物质及促进来自海草床等系统外有机碳的固定或陆源有机质的沉积，成为热带海岸生态系统养分和有机碳的重要来源。因此，红树林生态系统沉积物中的有机碳含量通常较高。

3.1.3.3 沉积物硫化物

红树林沉积物中普遍富含硫。由于沉积物中共生的大量底栖生物和红树植物发达的呼吸根消耗了 O_2，随着沉积物深度的增加，生物可利用的 O_2 浓度逐渐降低。在有氧层，O_2 是最重要的氧化剂，有机物的降解主要通过微生物的有氧呼吸来实现；而在缺氧层，SO_4^{2-} 是最重要的氧化剂，有机物主要通过微生物驱动的硫酸盐还原来分解。微生物能够将包括还原反应产生的硫化氢（H_2S）在内的硫化物（HS^-/S^{2-}）氧化为单质硫，然后单质硫被歧化为 SO_4^{2-} 和 HS^-/S^{2-}，从而保留在沉积物中。

南海区各红树林调查区域沉积物中表层硫化物含量平均值变化范围为 $36 \times 10^{-6} \sim 288 \times 10^{-6}$，平均值最高的区域为深圳福田，最低的区域为三亚青梅港。各省（区）沉积物表层硫化物含量由高到低分别为广东、广西、海南。与有机碳类似，各区域各站位沉积物表层硫化物含量的波动也较大。硫化物的分布受到多个因素的影响，如沉积物中的氧气、存在的还原过程及氧化还原环境，因此，各区域各站位表层硫化物随离岸距离的变化未呈现出较为一致的规律。

3.1.3.4 沉积物氧化还原电位

Eh 是多种氧化物质和还原物质发生氧化－还原反应的综合结果，反映了体系中所有物质表现出来的宏观氧化－还原性，它表征介质氧化性或还原性的相对强弱。

南海区各红树林调查区域沉积物中表层 Eh 平均值变化范围为 $-176 \sim 179$ mV，平均值最高的区域为深圳福田，最低的区域为铁山港沙尾。各省（区）沉积物表层 Eh 平均值由高到低分别为广东、海南、广西；广西 3 个调查区域的表层 Eh 平均值远低于广东和海南，为负值，总体上呈现出强还原状态；广东和海南的调查区域 Eh 平均值在 −100～+200 mV 范围内，呈现出中度还原状态。由于红树林沉积物的 Eh 受沉积物中的氧气含量、易分解有机质的含量、易氧化 − 还原的无机物质，以及微生物活动的强弱等多个因素的影响，各区域各站位沉积物表层 Eh 值的波动较大，且 Eh 值与离岸距离之间也未呈现较为一致的规律。

3.1.3.5　小结

整体上，南海区红树林生态系统底质类型大多以粉砂和砂为主，组分中粉砂和砂含量占绝对优势。广东 3 个调查区域主要底质类型均为粉砂；广西 3 个调查区域主要底质类型有粉砂质砂和黏土质粉砂；海南 2 个调查区域主要底质类型为砾质砂、砂质砾、砂等。

南海区各红树林调查区域沉积物中有机碳含量平均值变化范围为 0.78%～2.96%，平均值最高的区域为深圳福田，最低的区域为铁山港沙尾。各省（区）沉积物有机碳含量由高到低分别为广东、海南、广西。总体上有机碳含量随离岸距离增加而减少，随深度变化则未呈现出较一致的规律。

南海区各红树林调查区域沉积物中表层硫化物含量平均值变化范围为 36×10^{-6}～288×10^{-6}，平均值最高的区域为深圳福田，最低的区域为三亚青梅港。各省（区）沉积物表层硫化物含量由高到低分别为广东、广西、海南。各区域各断面表层硫化物随离岸距离的变化未呈现出较为一致的规律。

南海区各红树林调查区域沉积物中表层 Eh 平均值变化范围为 −176～179 mV，平均值最高的区域为深圳福田，最低的区域为铁山港沙尾。各省（区）沉积物表层 Eh 平均值由高到低分别为广东、海南、广西。广西 3 个调查区域的表层 Eh 平均值为负值，总体上呈现强还原状态；广东和海南的调查区域 Eh 平均值在 −100～+200 mV 范围内，呈现出中度还原状态。

3.2　广东

3.2.1　红树林群落特征

3.2.1.1　大亚湾红树林生态系统

2020 年，在大亚湾范和港共布设 2 条断面，每条断面按高、中、低潮带设置 3 个站位开展红树林植被调查。

本次调查共发现 6 种红树植物，分别是秋茄、桐花树、木榄、白骨壤、无瓣海桑和老鼠簕。调查区域红树植物平均密度为 8773 ind./hm²，平均盖度为 29.2%，平均胸径为 9.5 cm，平均株高为 282.6 cm；老鼠簕和白骨壤为优势种，为老鼠簕＋白骨壤＋桐花树群落。群落以小树或幼树为主，并有大量幼苗分布，呈现明显的分层，处于上升期，为增长型红树群落。

3.2.1.2　珠江口红树林生态系统

2020 年，在珠海淇澳岛红树林保护区布设 4 条断面 9 个站位、在深圳福田红树林保护区布设 3 条断面 9 个站位，开展珠江口红树林植被群落调查。

淇澳岛共发现 4 种红树植物，为白骨壤、无瓣海桑、老鼠簕和木榄。调查区域红树植物平均密度为 6425 ind./hm²，平均盖度为 63.3%；大树全部为无瓣海桑，平均胸径为 15.6 cm，平均株高为 553.2 cm；人工引种的无瓣海桑大树和老鼠簕小树占绝对优势，为无瓣海桑＋老鼠簕群落。有大量无瓣海桑和老鼠簕的小树及幼苗，上层为无瓣海桑大树，下层为灌木状的老鼠簕小树和无瓣海桑及老鼠簕的幼苗，为典型的无瓣海桑＋老鼠簕为主的人工林群落。

深圳福田共发现 9 种红树植物，为秋茄、桐花树、木榄、白骨壤、无瓣海桑、老鼠簕、卤蕨、海桑和半红树——海杧果。调查区域红树植物平均密度为 179 233 ind./hm²，平均盖度为 67.2%，平均胸径为 17.9 cm，平均株高为 425.1 cm；以老鼠簕小树占绝对优势，其他较常见的乡土树种为秋茄和桐花树，主要为老鼠簕＋秋茄群落。群落呈明显的 3 级分层，即以秋茄等乡土树种的大树为上层，以密集的老鼠簕小树为中层，下层则是秋茄和老鼠簕等种类的成片幼苗，为乡土小乔木＋灌木的混合型群落。

3.2.1.3　深汕合作区红树林生态系统

2022 年，在小漠港红树林密集分布区布设 1 条断面，随机选取 3 个斑块进行红树林植被群落调查。

调查共发现 4 种红树植物，为白骨壤、桐花树、秋茄和海漆。调查区域红树植物平均密度为 7267 ind./hm²，平均盖度为 94.7%，平均胸径为 11.3 cm，平均株高为 215.2 cm；白骨壤为主要优势种，桐花树为次优种，群落类型相对单一，以白骨壤大树和桐花树小树为主，为较为稳定的白骨壤＋桐花树群落。

3.2.2　大型底栖动物、鸟类群落特征

3.2.2.1　珠江口红树林生态系统

1）深圳福田

1996 年，在深圳湾福田潮间带和香港米埔潮间带进行了冬季、春季、夏季和秋季 4 个季度的大型底栖动物生态监测，共采集到大型底栖动物 33 种，其中，刺胞动物和扁形动物各 1 种、多毛类 14 种、寡毛类 1 种、腹足类 6 种、双壳类 3 种、甲壳类 5 种、昆虫类 1 种（未详细分类，下同）和脊索动物（底栖鱼类）1 种。深圳湾 A、B、C 3 条断面的大型底栖动物总平均栖息密度为 11 964 ind./m²。冬季、春季和夏季均是多毛类栖息密度占优势，分别占当季的 46.24%、40.85% 和 44.89%，秋季则是腹足类占优势，占当季的 62.99%。深圳湾 A、B、C 3 条断面的大型底栖动物总平均生物量为 152.14 g/m²。

1999 年，在深圳湾福田潮间带和香港米埔潮间带进行了冬季、春季、夏季和秋季 4 个季度的大型底栖动物生态监测，共采集到大型底栖动物 27 种，其中，多毛类 12 种、寡毛类 1 种、腹足类 5 种、双壳类 2 种、甲壳类 5 种、昆虫类 1 种和脊索动物（底栖鱼类）1 种。深圳湾 A、B、C 3 条断面的大型底栖动物总平均栖息密度为 8727 ind./m²，深圳湾 A、B、C 3 条断面的平均栖息密度分别为 14 344 ind./m²、6100 ind./m²、5737 ind./m²。1999 年冬季和夏季，大型底栖动物栖息密度由甲壳类占优势，分别占当季大型底栖动物栖息密度的 39.89% 和 40.02%；春季和秋季则是多毛类栖息密度占优势，分别占当季大型底栖动物栖息密度的 46.23% 和 40.04%。深圳湾 A、B、C 3 条潮间带断面的大型底栖动物总平均生物量为 75.53 g/m²。

2002 年，在深圳湾福田潮间带进行了冬季、春季、夏季和秋季 4 个季度的大型底栖动物生态监测，共采集到大型底栖动物 31 种，其中，扁形动物 1 种、多毛类 14 种、寡毛类 2 种、腹足类 5 种、双壳类 1 种、甲壳类 6 种、昆虫类 1 种和脊索动物（底栖鱼类）1 种。深圳湾福田潮间带 A、D、E 3 条断面的大型底栖动物总平均栖息密度为 39 802 ind./m²。A、D、E 3 条断面的平均栖息密度分别为 42 516 ind./m²、43 601 ind./m²、33 289 ind./m²。A、D、E 3 条断面大型底栖动物栖息密度的优势类群均为寡毛类，其栖息密度分别占各自断面大型底栖动物栖息密度的 56.26%、63.63%、88.77%。深圳湾福田潮间带大型底栖动物总平均生物量为 132.27 g/m²。

2005 年，在深圳湾福田潮间带进行了冬季、春季、夏季和秋季 4 个季度的大型底栖动物生态监测，共采集到大型底栖动物 33 种，其中，刺胞动物 1 种、多毛类 13 种、

寡毛类 1 种、腹足类 5 种、双壳类 4 种、甲壳类 7 种、昆虫类 1 种和脊索动物（底栖鱼类）1 种。深圳湾福田潮间带 A、H、F 3 条断面的大型底栖动物总平均栖息密度为 24 494 ind./m²。冬季大型底栖动物栖息密度由多毛类占优势，占冬季大型底栖动物栖息密度的 41.73%；春季、夏季和秋季则是寡毛类栖息密度占优势，分别占当季大型底栖动物栖息密度的 59.38%、77.17% 和 64.57%。深圳湾福田潮间带大型底栖动物总平均生物量为 118.85 g/m²。

2007 年 4 月、10 月和 2008 年 1 月、7 月在深圳湾福田潮间带进行了春季、秋季、冬季和夏季 4 个季度的大型底栖动物生态监测，共采集到大型底栖动物 31 种，其中，刺胞动物 1 种、多毛类 11 种、寡毛类 1 种、腹足类 6 种、双壳类 4 种、甲壳类 6 种、昆虫类 1 种和脊索动物（底栖鱼类）1 种。2007 年的两个季节和 2008 年的两个季节，深圳湾福田潮间带 A、H、F 3 条断面的大型底栖动物总平均栖息密度为 11 762 ind./m²。冬季和秋季大型底栖动物栖息密度由腹足类占优势，分别占当季大型底栖动物栖息密度的 32.36% 和 41.55%；春季和夏季则是寡毛类栖息密度占优势，分别占当季大型底栖动物栖息密度的 54.49% 和 57.05%。深圳湾福田潮间带大型底栖动物总平均生物量为 128.63 g/m²。

2011 年 4 月、7 月、10 月和 2012 年 1 月，在深圳湾福田潮间带进行了冬季、春季、夏季和秋季 4 个季度的大型底栖动物生态监测，共采集到大型底栖动物 45 种，其中，刺胞动物、扁形动物和纽形动物各 1 种，多毛类 17 种，寡毛类 1 种，腹足类 9 种，双壳类 5 种，甲壳类 8 种，昆虫类 1 种，脊索动物（底栖鱼类）1 种。深圳湾福田潮间带 A、H、F 3 条断面的大型底栖动物总平均栖息密度为 8810 ind./m²。冬季大型底栖动物栖息密度由寡毛类占优势，占该季大型底栖动物栖息密度的 65.75%；春季和夏季则是多毛类栖息密度占优势，分别占当季大型底栖动物栖息密度的 34.10% 和 41.63%；秋季大型底栖动物栖息密度由腹足类占优势，占该季大型底栖动物栖息密度的 51.19%。深圳湾福田潮间带大型底栖动物总平均生物量为 89.66 g/m²。

2014 年 1 月、4 月、7 月和 10 月，在深圳湾福田潮间带进行了冬季、春季、夏季和秋季 4 个季度的大型底栖动物生态监测，共采集到大型底栖动物 43 种，其中，刺胞动物、扁形动物和纽形动物各 1 种、多毛类 17 种、寡毛类 1 种、腹足类 5 种、双壳类 5 种、甲壳类 10 种、昆虫类 1 种和脊索动物（底栖鱼类）1 种。深圳湾福田潮间带 A、H、F 3 条断面的大型底栖动物总平均栖息密度为 3423 ind./m²。冬季和秋季大型底栖动物栖息密度由寡毛类占优势，分别占当季大型底栖动物栖息密度的 72.05% 和 55.01%；春季则是甲壳类栖息密度占优势,占该季大型底栖动物栖息密度的69.97%,夏季大型底栖动物栖息密度由多毛类占优势,占该季大型底栖动物栖息密度的34.65%。深圳湾福田潮间带大型底栖动物总平均生物量为48.17 g/m^2(蔡立哲,2015)。

2020年,在深圳福田开展红树林生态系统外业调查工作,共鉴定4大门类6种,其中,节肢动物种类最多,有3种,约占总种数的50.0%;软体动物、环节动物和脊索动物次之,各有1种,分别占总种数的16.7%。4个类群的栖息密度存在一定的差异(表3.4),栖息密度最高的类群是节肢动物,占总栖息密度的36.3%;脊索动物次之,占总栖息密度的27.3%;环节动物和软体动物各占总栖息密度的18.2%。生物量组成结构差异较大,节肢动物比重较大,占总生物量的75.1%,软体动物和节肢动物次之,环节动物比例很低。

表 3.4 深圳福田红树林底栖生物种类栖息密度和生物量

类群	栖息密度 / (ind.·m^{-2})	栖息密度 百分比 / %	生物量 / (g·m^{-2})	生物量 百分比 / %
环节动物	1.8	18.2	0.2	1.5
脊索动物	2.7	27.3	7.8	75.1
节肢动物	3.6	36.3	1.2	12.0
软体动物	1.8	18.2	1.2	11.4

2)珠海

珠海市位于珠江出海口,海域内陆岸线长15.8 km,海岛岸线长601.2 km,滩涂宽阔,适合红树林生长的潮间带生境约有171 km^2。珠海市淇澳岛(22°23′40″—22°27′38″N,113°36′40″—113°39′15″E)位于珠江口西岸的唐家湾珠江水系横门河口,面积24 km^2。

2020年,在淇澳岛设置4条断面9个站位开展红树林生态系统预警监测。淇澳岛红树林底栖生物样品鉴定共3大门类11种,其中,节肢动物种类最多,有5种,约占总种数的45.4%;软体动物次之,有4种,占总种数的36.4%;脊索动物有2种,占总种数的18.2%,详细的种类组成如图3.6所示。

3个类群的栖息密度差异较大(表3.5),栖息密度主要类群是节肢动物,占总栖息密度的70.3%;软体动物次之,占总栖息密度的21.6%;脊索动物的比重较低,占总栖息密度的8.1%。生物量组成结构与栖息密度相似,节肢动物占比较大,软体动物和脊索动物次之。

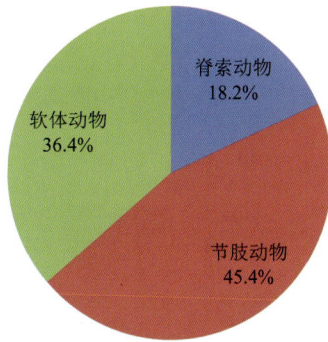

图 3.6　淇澳岛红树林底栖生物种类组成

表 3.5　淇澳岛红树林底栖生物种类栖息密度和生物量的组成

类群	栖息密度 / (ind.·m⁻²)	栖息密度 百分比 / %	生物量 / (g·m⁻²)	生物量 百分比 / %
脊索动物	1.4	8.1	2.5	16.6
节肢动物	12.0	70.3	9.6	64.0
软体动物	3.7	21.6	2.9	19.5

　　根据对淇澳岛红树林底栖生物定量数据的分析，优势种见表 3.6。优势种共有 3 种节肢动物。第一优势种是明显相手蟹，每个优势种的优势度和站位覆盖率都不高。

表 3.6　淇澳岛红树林底栖生物优势种及优势度

优势种	优势度	站位覆盖率 / %
淡水泥蟹	0.060	22.2
明显相手蟹	0.072	33.3
悦目大眼蟹	0.036	33.3

　　2010—2011 年，在广东省珠海市鹤州北鹤州水道沿岸人工种植红树林区湿地开展多次红树林调查，共采集到大型底栖动物 35 种，隶属于 5 门 8 纲 30 科，其中，软体动物 10 种，约占 29%；甲壳动物 10 种，约占 29%；环节动物 7 种，约占 20%；鱼类 1 种，约占 3%；其他无脊椎动物 7 种，占 20%。鹤州北湿地大型底栖动物类群的种群数量差别很大，物种分布十分不均匀。其中，甲壳动物的栖息密度最高，集中分布在短叶茳芏、老鼠簕两个站位，除秋茄站位分布很少外，其他站位栖息密度居中；环节动物在芦苇（B3）站位分布最多，其余各站位栖息密度相差不大；软体动物分布最不均衡，在无瓣海桑林栖息密度最大，其余各站位则鲜有分布。中小型原足目动物麦克碟尾虫是本研究中唯一在 6 个站位和 4 个季节均有分布的物种，且栖息密度很高。羽须鳃沙蚕在多数站

位均有分布。

2013—2014 年，在横琴岛西北角的芒洲湿地区域开展多次红树林调查，共采集大型底栖动物 67 种，隶属于 5 门 12 纲 41 科。主要生物类群包括脊索动物门的鱼纲、软体动物、环节动物、节肢动物门甲壳纲动物和其他种类（主要为昆虫幼虫），其中，环节动物门 9 种、软体动物 20 种、甲壳动物 16 种、脊索动物门鱼纲 14 种和其他（纽形动物门及昆虫纲动物等）共 8 种。季节变化的总体趋势为春季和夏季所采得的物种比秋冬要少；天然林区在春季、夏季、秋季所采到的物种数少于恢复区的两个区域。采样点优势种及优势度都集中在少数几个 r- 对策者，例如，瘤蜷、乌苏里圆田螺、麦克碟尾虫、脊尾白虾和谭氏泥蟹。

资料显示，1986 年在珠江口区域一共记录到 102 种鸟类，这是该区域最早的鸟类记录；1990 年在深圳福田红树林记录到 95 种鸟类。此后近 30 年，诸多学者在珠江口范围内各区域的红树林开展了详细的鸟类研究和记录，虽然调查方法和时间存在一定的差异性和间断性，但总体可以反映出珠江口区域红树林鸟类的情况。珠江口区域红树林鸟类的研究主要集中在深圳福田红树林保护区，对比在 1990—2015 年的报道（表 3.7）发现，该区域的鸟类种类数总体呈现出下降趋势。

2005—2007 年，淇澳岛共记录到鸟类 12 目 23 科 63 种，其中，水禽和陆禽分别占 28.6% 和 71.4%。2006 年，淇澳岛鸟类调查中发现鸟类 99 种，其中，有 52 种鸟类属于东洋界，30 种鸟类属古北界，17 种为广布种。

表 3.7 珠江口红树林湿地鸟类历史研究资料

调查区域	调查时间	鸟类种数	文献来源
深圳福田红树林	1990 年	95 种	关贯勋和邓巨燮，1990
	1992—1993 年	85 种	王勇军等，1993
	1992—1993 年	10 目 27 科 87 种	王勇军等，1999
	1992—1994 年	10 目 15 科 86 种（仅水鸟）	王勇军和张炯尧，1995
	1994 年	5 目 19 科 55 种（仅陆鸟）	陈桂珠等，1995
	1997—1998 年	8 目 22 科 47 种	王勇军等，1999
	2015 年	10 目 15 科 47 种（仅水鸟）	陈志鹏等，2016
珠海淇澳岛	2005—2007 年	12 目 23 科 63 种	彭逸生等，2008
	2006 年	99 种	雷振胜等，2008
深圳湾	2007—2011 年	13 目 40 科 141 种	林石狮等，2017
担杆岛	2008—2009 年	10 目 25 科 74 种	范洪敏等，2011

3.2.2.2 大亚湾红树林生态系统

大亚湾作为省级水产资源自然保护区，是我国目前水域生物多样性保存良好的重要海湾之一，也是广东省重要的水产养殖基地。1983年，广东省人民政府批准建立省级大亚湾水产种质资源自然保护区（粤府〔1983〕63号）。保护区范围包括由深圳大鹏半岛西涌经青洲至惠东大星山角连线以内的整个大亚湾海域，面积约900 km²，是多种珍稀水生种类的集中分布区。保护区内生物种类达1300余种。大亚湾水产种质资源自然保护区主要保护对象有大亚湾梭子蟹、马氏珠母贝、绿海龟、玳瑁、棱皮龟、石斑鱼类、龙虾、鲍鱼、珊瑚，以及多种名贵鲷科鱼类、贝类资源等。保护区内纳入《濒危野生动植物种国际贸易公约》名录的有白海豚、江豚及其他鲸类、海龟、石珊瑚，其中，国家一级保护动物有白海豚，国家二级保护动物有绿海龟、棱皮龟、太平洋丽龟、玳瑁、灰海豚、江豚及其他鲸类、文昌鱼、克氏海马等。

2020年10月，开展大亚湾红树林生态系统调查，在大亚湾主要红树林分布区之一——范和港（惠东红树林保护区内）布设2条断面。红树林底栖生物样品经鉴定共有3大门类10种。其中，节肢动物种类最多，有6种，占总种数的60%；环节动物和脊索动物次之，各有2种，分别占总种数的20%，详细的种类组成如图3.7所示，生物种类组成以近岸暖水性潮间带大型底栖生物种类为主。

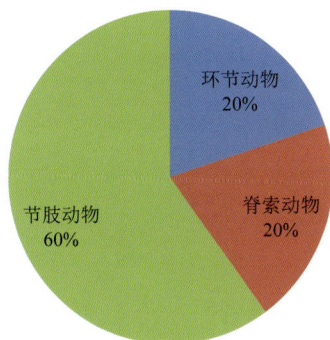

图 3.7　大亚湾红树林底栖生物种类组成

本次调查红树林底栖生物的平均栖息密度为74.7 ind./m²，平均生物量为38.0 g/m²。3个类群的栖息密度差异较大（表3.8），栖息密度主要类群是节肢动物，占总栖息密度的91.1%；脊索动物和环节动物的占比较低，分别为5.4%和3.6%。生物量组成结构与栖息密度相似，各类群差异更大，节肢动物占绝大部分，其他类群占比很低。

表 3.8　红树林底栖生物种类栖息密度和生物量的组成

类群	栖息密度 / (ind.·m⁻²)	栖息密度 百分比 / %	生物量 / (g·m⁻²)	生物量 百分比 / %
环节动物	2.7	3.6	0.1	0.3
脊索动物	4.0	5.4	4.2	11.1
节肢动物	68.0	91.1	33.6	88.5

优势种共有两种节肢动物，其中，第一优势种是浓毛拟闭口蟹，是该调查区域常见种，优势度和站位覆盖率都较高。大亚湾红树林底栖生物的物种多样性指数 H' 为 0～1.24，平均值为 0.65；均匀度指数 J' 为 0～0.90，平均值为 0.57；物种丰富度指数 D 为 0～0.77，平均值为 0.43。统计结果表明，大亚湾红树林底栖生物多样性指数、均匀度指数和物种丰富度指数平均值均处于很低的水平。总体而言，低潮带的底栖生物多样性参数要小于高、中潮带。

据文献报道，大亚湾红树林湿地区域生活的湿地水鸟共 73 种，其中涉禽 48 种，占总数的 65.75%；游禽 25 种，占总数的 34.25%。湿地鸟类主要有苍鹭、大白鹭、小白鹭、池鹭、夜鹭、白鹤翎、赤颈鸭、绿翅鸭、斑嘴鸭、斑背潜鸭、金斑鸻、蒙古沙鸻、弯嘴滨鹬等。大亚湾红树林湿地以冬候鸟居多，占湿地记录鸟类的 58.9%。鸟类富有特色，其中，有 2 种国家Ⅰ级保护鸟类和 4 种国家Ⅱ级保护鸟类，6 种保护鸟类中 5 种属于冬候鸟。国家Ⅰ级保护鸟类——中华秋沙鸭，在国际自然保护联盟（IUCN）红皮书中被列为濒危种，于 2006 年首次发现，此后数年相继发现该越冬种群，数量达到 20～31 只。此前，该种群个体数量达到 30 只以上的，全国只在江西发现。另一种国家Ⅰ级重点保护鸟类——黑鹳，其种群数量还需进一步观测。

3.2.3　环境因子特征

3.2.3.1　珠江口红树林生态系统

淇澳岛红树林沉积物呈黑色，为中度还原环境，含有较多还原性有机物。粒度组分有砂、粉砂、黏土等，且以粉砂为主，沉积类型为粉砂（T），未表现出随着深度增加粉砂含量规律变化的特征。有机碳含量随离岸距离的增大而减少；QAD1-01、QAD1-03、QAD4-01、QAD4-02 随深度增加，有机碳含量增加；QAD1-02 有机碳含量中部高于浅部和深部；QAD3-02、QAD5-01、QAD5-02随深度增加，有机碳含量减少。硫化物含量呈现出 QAD4 < QAD3 < QAD1 < QAD5 的情况，且远岸点位硫化物含量大多高于近岸点位，表明沉积物中硫化物含量随离岸距离增加而减少。表层沉积物 Eh 呈现出 QAD1 < QAD5 < QAD3 < QAD4 的情况，且远岸点位 Eh 大多小于近岸点位，表明离岸越远沉积物还原性越强。整个区域而言，Eh 的值与硫化物含量呈现出一定的负相关关系，这意味着硫化物含量越高的区域或层位处于越强还原性状态。

深圳福田红树林沉积物呈灰色，为中度还原环境，含有较多还原性有机物。粒度组分有砾、砂、粉砂、黏土等，且以粉砂为主，沉积类型为粉砂（T），区域内未表现出随着深度增加粉砂含量规律变化的统一特征。沉积物有机碳含量范围为 1.68% ~ 6.29%，平均值为 2.96%；断面 FT01 有机碳含量随离岸距离的增大而减少，断面 FT02、断面 FT03 有机碳含量与离岸距离关系不明；FT01-03 随深度增加，有机碳含量增加；FT02-03、FT03-02 随深度增加，有机碳含量减少；FT01-01、FT03-01 有机碳含量中部高于浅部和深部；FT01-02、FT02-01、FT02-02、FT03-01、FT03-03 有机碳含量较稳定。表层沉积物硫化物含量为 64×10^{-6} ~ 724×10^{-6}，平均值为 288×10^{-6}，各断面硫化物含量呈现 FT03 < FT02 < FT01 的情况，且低潮站硫化物含量大多小于高潮站，表明沉积物中硫化物含量随离岸距离增加而减少。表层沉积物 Eh 的变化范围为 115 ~ 206 mV，平均值为 179 mV，各断面 Eh 呈现 FT02 < FT03 < FT01 的情况，且高潮站均大于低潮站，表明离岸越远沉积物还原性越强。

3.2.3.2　大亚湾红树林生态系统

惠州大亚湾红树林区沉积物为中度还原环境，含有较多还原性有机物，呈褐色或灰色，粒度组分有砾、砂、粉砂、黏土等，且以粉砂为主，沉积类型主要为粉砂（T），偶有砂质粉砂（ST），未表现出随着深度增加粉砂含量规律变化的特征。各站硫化物含量呈现出 DYW02-02 < DYW02-01 < DYW01-02 < DYW01-03 < DYW02-03 < DYW01-01 的情况，且中潮站硫化物含量低于高潮站、低潮站，沉积物中硫化物含量与离岸距离关系不明显。DYW01-02、DYW02-02 随深度增加，有机碳含量减少；DYW01-03、DYW02-03 有机碳含量中部低于浅部和深部；DYW01-01、DYW02-01 有机碳含量中部高于浅部和深部。各站 Eh 呈现出 DYW01-03 < DYW01-02 < DYW02-01 < DYW02-02 < DYW02-03 < DYW01-01 的情况，离岸距离与沉积物还原性关系不清晰。

3.3 广西

3.3.1 红树林群落特征

3.3.1.1 北仑河口红树林生态系统

2019 年、2020 年和 2023 年，在北仑河口保护区内石角、交东、竹山和榕树头 4 个红树林分布区域共布设 10 条调查断面，共计 25 个站位，开展北仑河口红树林群落调查。

2019 年，在 4 条调查断面共发现红树植物 4 种，为白骨壤、桐花树、木榄和秋茄。石角区域红树植物平均密度为 19 133 ind./hm^2，平均盖度为 86.0%，平均胸径为 6.4 cm，平均株高为 261.5 cm；以桐花树和木榄为优势种，为桐花树＋木榄＋秋茄群落；以小树和幼树为主，为增长型红树群落。交东区域平均密度为 4933 ind./hm^2，平均盖度为 66.7%，平均胸径为 6.6 cm，平均株高为 296.8 cm；以秋茄和木榄为优势种，为秋茄＋木榄＋桐花树群落；群落以大树居多，属于稳定型红树群落。竹山区域平均密度为 7233 ind./hm^2，平均盖度为 80.0%，平均胸径为 5.7 cm，平均株高为 324.7 cm；以桐花树为优势种，为桐花树＋白骨壤＋秋茄群落；群落以桐花树小树为主，属于增长型红树群落。榕树头区域平均密度为 5100 ind./hm^2，平均盖度为 80.5%，平均胸径为 4.9 cm，平均株高为 272.3 cm；以白骨壤为优势种，为白骨壤＋桐花树＋木榄＋秋茄群落；群落以白骨壤小树为主，为增长型红树群落。

2020 年，在 3 条调查断面共发现红树植物 4 种，为桐花树、秋茄、白骨壤和木榄。竹山区域红树植物平均密度为 15 500 ind./hm^2，平均胸径为 4.9 cm，平均株高为 267.7 cm；以桐花树为优势种，为桐花树＋白骨壤群落。交东区域红树植物平均密度为 3450 ind./hm^2，平均胸径为 4.03 cm，平均株高为 237.3 cm；以秋茄和木榄为优势种，为秋茄＋木榄＋桐花树群落。石角区域红树植物平均密度为 22 700 ind./hm^2，平均胸径为 2.3 cm，平均株高为 195.8 cm；以桐花树为主要优势种，为桐花树＋秋茄＋木榄＋白骨壤群落。

2023 年，在 3 条调查断面共发现红树植物 4 种，为桐花树、秋茄、白骨壤和木榄。竹山区域红树植物平均密度为 9650 ind./hm^2，平均盖度为 92.5%，平均胸径为 3.2 cm，平均株高为 246.0 cm；桐花树为优势种，桐花树幼苗居多，为桐花树＋白骨壤＋秋茄群落。 交东区域红树植物平均密度为 3200 ind./hm^2，平均盖度为 76.5%，平均胸径为 4.6 cm，平均株高为 258.0 cm；以秋茄和木榄为优势种，桐花树幼苗居多，为秋茄＋木榄＋桐花树群落。石角区域红树植物平均密度为 12 133 ind./hm^2，平均盖度为 76%，平均胸径为 2.5 cm，平均株高为 212.0 cm；以桐花树为主要优势种，秋茄和木榄为共优种，木榄幼苗居多，为桐花树＋秋茄＋木榄＋白骨壤群落。

3.3.1.2　铁山港周边海域红树林生态系统

2020 年，在铁山港周边海域红树林分布重点区域沙尾、丹兜海及英罗港 3 地共布设 9 条断面 27 个站位，以及 2023 年在合浦县榄根村布设 4 条断面 12 个站位开展铁山港周边海域红树林群落调查。

2020 年，在 3 个调查区域共发现红树植物 5 种，为白骨壤、桐花树、秋茄、木榄和红海榄。沙尾区域有白骨壤、红海榄和秋茄 3 种红树，平均密度为 12 466 ind./hm²，平均胸径为 6.7 cm，平均株高为 197.8 cm；以白骨壤为主要优势种，为白骨壤＋红海榄群落；红树以大树和幼苗为主，属于稳定型红树群落。丹兜海区域发现全部 5 种红树，红树植物平均密度为 44 233 ind./hm²，平均胸径为 6.0 cm，平均株高为 204.3 cm；桐花树为主要优势种，为桐花树＋白骨壤＋木榄群落。红树主要为桐花树的小树和幼树，属于增长型红树群落。英罗港区域有桐花树、白骨壤和秋茄 3 种，平均密度为 29 656 ind./hm²，平均胸径为 6.6 cm，平均株高为 237.1 cm；优势种为白骨壤和桐花树，为白骨壤＋桐花树群落；小树和幼树偏多，为增长型红树群落。

2023 年，在榄根区域共发现红树植物 5 种，以白骨壤为绝对优势种，其余红树植物有桐花树、秋茄、木榄和红海榄，为白骨壤群落。调查区域红树植物平均密度为 18 820 ind./hm²，平均盖度为 44.1%；大树全部为白骨壤，平均胸径为 7.7 cm，平均株高为 230.5 cm；红树以幼苗和幼树为主，为增长型红树群落。

3.3.1.3　山口红树林保护区红树林生态系统

2023 年，在山口红树林保护区范围内的海塘、高坡、英罗和北堂近 4 地共布设 12 个站位开展山口红树林保护区红树林群落调查。

在山口红树林保护区共发现红树植物 5 种，为桐花树、秋茄、白骨壤、木榄和红海榄。海塘区域发现全部 5 种红树植物，平均密度为 6933 ind./hm²，平均盖度为 91.0%，平均胸径为 5.1 cm，平均株高为 317.1 cm；桐花树和红海榄为主要优势种，为桐花树＋红海榄＋白骨壤群落；幼树和幼苗数量较少，属于稳定型红树群落。高坡区域发现桐花树、木榄和秋茄 3 种红树，平均密度为 9250 ind./hm²，平均盖度为 87.0%，平均胸径为 6.5 cm，平均株高为 377.3 cm；桐花树为主要优势种，为桐花树＋木榄群落；幼树和幼苗数量较少，属于稳定型红树群落。英罗区域发现全部 5 种红树植物，平均密度为 9200 ind./hm^2，平均盖度为 89.8%，平均胸径为 6.1 cm，平均株高为 384.6 cm；桐花树为主要优势种，为桐花树 + 红海榄 + 秋茄群落；无幼树和幼苗，属于稳定型红树群落。北堂近区域发现全部 5 种红树植物，平均密度为 6667 ind./hm^2，平均盖度为 78.3%，平均胸径为 5.2 cm，平均株高为 382.0 cm；桐花树为主要优势种，白骨壤为共优种，为桐花树 + 白骨壤 + 木榄 + 红海榄群落；有少量幼树和幼苗，属于稳定型红树群落。

3.3.2　大型底栖动物、鸟类群落特征

3.3.2.1　北仑河口红树林生态系统

北仑河口国家级自然保护区的前身是 1983 年经原防城县人民政府批准建立的山脚红树林保护区，该保护区于 1990 年经广西壮族自治区人民政府批准升级为自治区级北仑河口海洋自然保护区，于 2000 年 4 月经国务院批准为国家级自然保护区。2001 年 7 月，该保护区加入人与生物圈计划；2004 年 6 月加入中国生物多样性保护基金会并作为该基金会下属的自然保护区委员会成立的发起单位；2008 年 2 月被列入国际重要湿地名录。北仑河口国家级自然保护区面积为 3000.0 hm^2，其中，核心区面积为 1405.1 hm^2，实验区面积为 334.9 hm^2，缓冲区面积为 1260.0 hm^2。该保护区是中国目前保存最为完好的自然保护区之一，是一个以红树林生态系统及生物多样性为主要保护对象的自然保护区。

根据历年监测结果汇总统计，保护区有过记录的鸟类共有 273 种，种类数居全国前列。

在这些鸟类中，有 41 种国家重点保护鸟类，其中，一级 1 种：白肩雕；二级 40 种：斑嘴鹈鹕、海鸬鹚、黄嘴白鹭、岩鹭、白琵鹭、黑脸琵鹭、黑鸢、黑翅鸢、褐耳鹰、凤头鹰、赤腹鹰、雀鹰、松雀鹰、普通鵟、灰脸鵟鹰、鹗、白头鹞、白腹鹞、游隼、燕隼、红隼、铜翅水雉、小杓鹬、棕背田鸡、褐翅鸦鹃、小鸦鹃、红角鸮、领角鸮、鹰鸮、仙八色鸫、蛇雕、阿穆尔隼、黑冠鹃隼、彩鹬、日本松雀鹰、凤头蜂鹰、鹊鹞、海南鳽、小青脚鹬、大天鹅。

在红树林区活动的全球性受威胁鸟类有 14 种，其中，极危（CR）1 种：勺嘴鹬；濒危（EN）4 种：黑脸琵鹭、小青脚鹬、东方白鹳、海南鳽；易危（VU）9 种：斑嘴鹈鹕、黄嘴白鹭、小白额雁、花脸鸭、青头潜鸭、白肩雕、黑嘴鸥、仙八色鸫、大滨鹬等。

红树林区鸟类中，有 160 余种是候鸟，约占鸟类总数的 64%。每年春、秋两季是候鸟迁徙季节，大量候鸟飞抵林区，这时林区的鸟类不仅种类多，而且数量也很大。每年 2 月下旬，就开始有北上的候鸟抵达林区，至 4 月达到高潮，这时鸟类的种数和数量都

最多。5月初开始减少，春季候鸟迁徙一直持续到5月末。至9月初，迁徙南下的候鸟又再次飞抵林区，10月达到高潮，秋季候鸟迁徙持续时间较长，虽然11月下旬候鸟就已大幅度减少，但一直到12月中下旬，仍不时零星有些小群的冬候鸟抵达或者路过林区。在这些候鸟中，大部分是过境的候鸟（旅鸟）。一些种类在这一带红树林区歇息休整一段日子后，大部分继续迁飞，小部分留在当地繁殖或越冬，成为夏候鸟或冬候鸟。

夏季，红树林区的鸟类虽然相对较少一些，但仍有60余种鸟在林区繁殖。在林区繁殖的水鸟以鹭科、秧鸡科鸟类为主；许多陆鸟，如珠颈斑鸠、黑卷尾、发冠卷尾、白头鹎、红耳鹎、白喉红臀鹎、丝光椋鸟、黑领椋鸟、长尾缝叶莺、黄腹鹪莺、纯色鹪莺、暗绿绣眼鸟、棕背伯劳、金翅雀、鹊鸲、红隼、四声杜鹃、褐翅鸦鹃、小鸦鹃、噪鹃、普通夜鹰、家燕、白鹡鸰、八哥、蓝矶鸫、树麻雀、白腰文鸟、斑文鸟等，也在红树林区繁殖。

冬季，大量候鸟到红树林区越冬，鸟的种类和数量都明显多于夏季，使红树林区更加热闹。不少珍稀保护鸟类也在红树林区越冬，如斑嘴鹈鹕、海鸬鹚、白琵鹭、黑脸琵鹭、小白额雁、花脸鸭、松雀鹰、雀鹰、普通鵟、燕隼等。迁徙到红树林区越冬的水鸟以鸻鹬类、雁鸭类、秧鸡类和鸥类为多，陆鸟以鹡鸰科、鸫科、鹟科和莺科鸟类为多。

总体而言，红树林区鸟类呈现出明显的季节变动。春、秋两季为候鸟迁徙季节，鸟类种类和数量急骤大幅度增多，呈现出两个显著高峰。夏季鸟类相对较少，冬季由于许多候鸟到此越冬，种类和数量都明显多于夏季。

2014年，在北仑河口保护区内开展鸟类调查147次，形成鸟类调查记录表147份，共记录到鸟类99种，隶属于11目31科。其中，极危（CR）鸟类1种，为勺嘴鹬；国家二级保护动物10种，分别为黑脸琵鹭、白琵鹭、黑翅鸢、红隼、黑耳鸢、蛇雕、阿穆尔隼、燕隼、褐翅鸦鹃、小鸦鹃。

2015年，在北仑河口保护区内开展鸟类调查147次，形成鸟类调查记录表147份，共记录鸟类81 431只，158种，隶属于14目39科。其中，全球性受威胁鸟类有4种，极危（CR）1种，为勺嘴鹬；濒危（EN）1种，为黑脸琵鹭，易危（VU）2种，分别为大滨鹬和黑嘴鸥。国家二级保护动物22种，分别为岩鹭、彩鹬、白琵鹭、黑脸琵鹭、凤头蜂鹰、黑鸢、黑翅鸢、凤头鹰、日本松雀鹰、松雀鹰、普通鵟、白头鹞、鹊鹞、白腹鹞、燕隼、红隼、阿穆尔隼、小杓鹬、褐翅鸦鹃、小鸦鹃、红角鸮、雀鹰。

2016年，在北仑河口保护区内开展鸟类调查218次，形成鸟类调查记录表218份，共记录鸟类61 735只，174种，隶属于15目43科。其中，全球性受威胁鸟类有5种：

极危（CR）1种，为勺嘴鹬；濒危（EN）3种，分别为小青脚鹬、大滨鹬和海南鸦；易危（VU）1种，为黑嘴鸥。国家二级保护动物25种，分别为岩鹭、彩鹳、鹗、凤头蜂鹰、黑翅鸢、蛇雕、白腹鹞、鹊鹞、凤头鹰、日本松雀鹰、雀鹰、普通鵟、灰脸鵟鹰、褐耳鹰、红隼、燕隼、游隼、阿穆尔隼、海南鸦、彩鹬、小青脚鹬、褐翅鸦鹃、小鸦鹃、领角鸮、红角鸮、大天鹅。

2017年，在北仑河口保护区内开展鸟类调查131次，形成鸟类调查记录表131份，共记录鸟类56 719只，140种，隶属于13目40科。其中，全球性受威胁鸟类有4种：极危（CR）1种，为勺嘴鹬；濒危（EN）2种，分别为大滨鹬和小青脚鹬；易危（VU）1种，为黑嘴鸥；国家二级保护动物9种，分别为黑鸢、黑翅鸢、日本松雀鹰、松雀鹰、普通鵟、鹊鹞、红隼、褐翅鸦鹃、小鸦鹃。

世界极危鸟类勺嘴鹬（图3.8）在4年监测中连续出现。全球濒危种类大滨鹬连续3年出现，小青脚鹬（图3.9）连续2年出现。国家二级保护动物黑翅鸢、红隼、褐翅鸦鹃和小鸦鹃连续4年出现。

图3.8　勺嘴鹬

图3.9　小青脚鹬

3.3.2.2 铁山港红树林生态系统

2020 年 10 月，开展铁山港红树林生态系统调查工作，分别在沙尾、丹兜海及英罗港 3 个重点区域各布设 3 条断面。

在铁山港红树林调查中的大型底栖生物样品经鉴定共有 5 大门类 44 种，其中，节肢动物 25 种，占底栖生物总种数的 56.8%；软体动物 13 种，占底栖生物总种数的 29.5%；其余门类分别为脊索动物、环节动物和星虫动物，种类数分别为 3 种、2 种和 1 种，占底栖生物总种数的比例分别为 6.8%、4.5% 和 2.4%（图 3.10）。

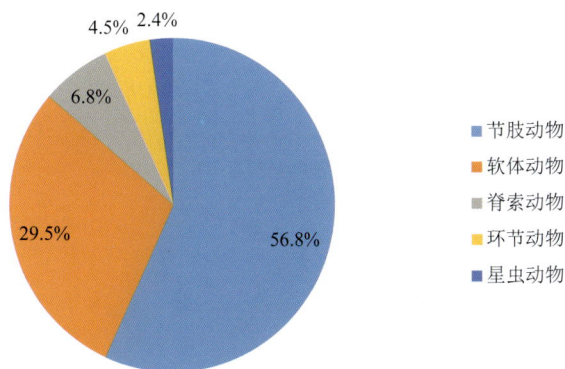

图 3.10 铁山港红树林底栖生物种类组成及占比

沙尾红树林底栖生物样品经鉴定共有 5 大门类 25 种，其中，节肢动物种类最多，达 13 种；软体动物 8 种；环节动物 2 种；脊索动物和星虫动物均为 1 种（图 3.11）。

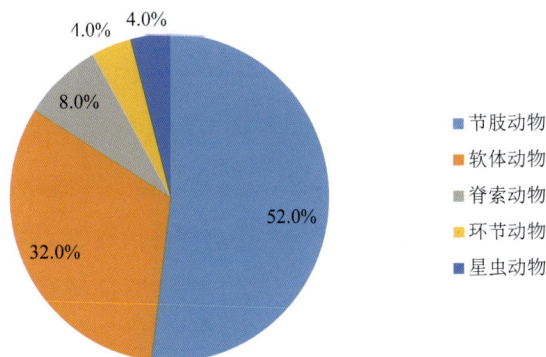

图 3.11 沙尾红树林底栖生物种类组成及占比

丹兜海红树林底栖生物样品经鉴定共有 4 大门类 22 种，其中，节肢动物种类最多，达 14 种；软体动物 6 种；环节动物和脊索动物均为 1 种（图 3.12）。

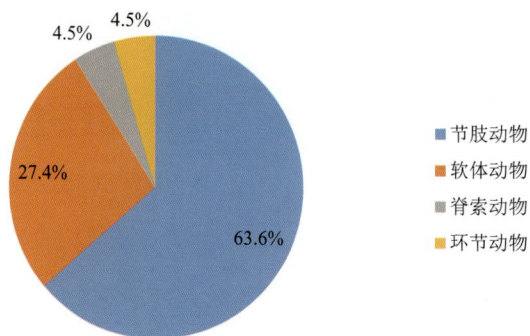

图 3.12　丹兜海红树林底栖生物种类组成及占比

英罗港红树林底栖生物样品经鉴定共有 5 大门类 19 种，其中，节肢动物种类最多，达 13 种；软体动物和环节动物均为 2 种；脊索动物和星虫动物均为 1 种（图 3.13）。

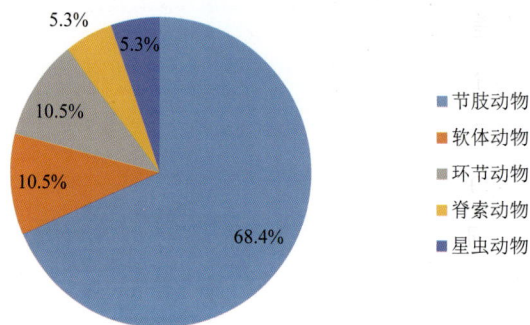

图 3.13　英罗港红树林底栖生物种类组成及占比

底栖生物的栖息密度和生物量分析结果来源于定量挖泥样品，本次红树林调查各站位底栖生物的平均栖息密度为 39.7 ind./m^2，平均生物量为 53.9 g/m^2。沙尾、丹兜海、英罗港 3 个区域的优势种均为节肢动物，包括褶痕相手蟹、双齿相手蟹、扁平拟闭口蟹、弧边招潮蟹和红树蚬。沙尾区域底栖生物的物种多样性指数 H'、均匀度指数 J' 和物种丰富度指数 D 平均值分别为 1.928、0.873 和 1.009；丹兜海区域底栖生物的物种多样性指数 H'、均匀度指数 J' 和物种丰富度指数 D 平均值分别为 1.563、0.889 和 0.744；英罗港区域底栖生物的物种多样性指数 H'、均匀度指数 J' 和物种丰富度指数 D 平均值分别为 1.596、0.827 和 0.763。调查区域总体均匀度指数较高，物种多样性指数和物种丰富度指数均处于较低水平。

3.3.3　环境因子特征

3.3.3.1　北仑河口红树林生态系统

1）水体环境

监测区域内，溶解氧、化学需氧量、活性磷酸盐和无机氮均有站位超标。A2N45ZQ059 为四类海水水质，A2N45ZQ070 为劣四类海水水质，A2N45ZQ061、A2N45ZQ068 和 A2N45ZQ078 3 个站位为三类海水水质，其余站位均为二类海水水质。较 2021 年，劣四类海水水质的站位由 3 个减少为 1 个，四类海水水质的站位由 6 个减少为 1 个，水质优良站位比例提高，水质状况相对变好。

广西北仑河口红树林生态系统布设有 11 个水质监测站位，监测区域二类、三类、四类和劣四类海水水质比例分别为 54.5%、27.3%、9.1% 和 9.1%，水质优良站位比例为 54.5%，水质状况级别为差。主要超二类因子为溶解氧、活性磷酸盐、无机氮。

根据《广西壮族自治区海洋功能区划（2011—2020 年）》的管理要求，布设在红树林海洋保护区的站位 A2N45ZQ059、A2N45ZQ061、A2N45ZQ067、A2N45ZQ068、A2N45ZQ074、A2N45ZQ077 和 A2N45ZQ078 的水体环境评价采用《海水水质标准》（GB 3097—1997）一类海水水质标准，布设在农渔业区的站位 A2N45ZQ070、A2N45ZQ073、A2N45ZQ076 和 A2N45ZQ080 水体环境评价采用二类海水水质标准。

监测区的 11 个水质站位，除 pH 外，各评价因子中均有站位超标。溶解氧在 A2N45ZQ068、A2N45ZQ074、A2N45ZQ077 和 A2N45ZQ078 站位，化学需氧量在 A2N45ZQ061 和 A2N45ZQ067 站位，活性磷酸盐在 A2N45ZQ059 和 A2N45ZQ070 站位，无机氮在 A2N45ZQ059、A2N45ZQ061 和 A2N45ZQ078 站位，均出现超标现象，评价标准指数均大于 1.0，溶解氧的超标率最高，为 36.4%。海水功能区达标率为 27.3%，超标因子为溶解氧、化学需氧量、活性磷酸盐和无机氮。

2）沉积环境

根据《广西壮族自治区海洋功能区划（2011—2020 年）》的沉积物质量管理要求，评价标准采用《海洋沉积物质量》（GB 18668—2002）的一类沉积物质量标准。保护区沉积物所有站位的硫化物、有机碳标准指数均小于 1.0，各站位无超标现象，说明该区域的沉积物仍有较大的环境容量。

3.3.3.2　铁山港红树林生态系统

铁山港区域红树林仅开展了沉积环境的调查。本次铁山港区域红树林生态系统调查沉积物柱状样大多仅采集到 30～40 cm 的深度，这与该区域底质主要为砂有关，监测参数包括粒度、硫化物、有机碳含量和氧化还原电位（Eh）。

1）粒度

沙尾、丹兜海和英罗港 3 个区域沉积物主要呈灰色和褐色；沉积类型以粉砂为主；沉积物中的砂和粉砂在粒组中的比例都较高，其中，沙尾区域高达 92.27%，黏土所占比例较高的区域出现在英罗港；沉积物的中值粒径（Md，φ）变化均有一定的差别，整体上呈现出英罗港＞丹兜海＞沙尾，即粒径范围上呈现出沙尾＞丹兜海＞英罗港；沉积物各层位的砂＋粉砂比例在沉积物柱样中并未表现出一致性规律，但丹兜海区域大部分呈现出表层＜中层＜底层。

2）有机碳

沙尾区域沉积物中的有机碳含量变化范围为 0.19%～2.36%，平均值为 0.78%；丹兜海区域沉积物中的有机碳含量变化范围为 0.27%～3.49%，平均值为 1.47%；英罗港区域沉积物中的有机碳含量变化范围为 0.35%～2.24%，平均值为 1.15%。整体而言，不同区域和不同潮带的有机碳含量存在较大的差异，英罗港区域的有机碳含量呈现出高潮带＜中潮带＜低潮带；大部分站位沉积物中有机碳含量随深度增加而降低。

3）硫化物

红树林沉积物中普遍富含硫。由于沉积物中共生的大量底栖生物和红树植物发达的呼吸根消耗了 O_2，随着沉积物深度的增加，生物可利用的 O_2 浓度逐渐降低。在有氧层，O_2 是最重要的氧化剂，有机物的降解主要通过微生物的有氧呼吸来实现；而在缺氧层，SO_4^{2-} 是最重要的氧化剂，有机物主要通过微生物驱动的硫酸盐还原来分解。微生物能够将包括还原反应产生的硫化氢（H_2S）在内的硫化物（HS^-/S^{2-}）氧化为单质硫（S^0），然后 S^0 被歧化为 SO_4^{2-} 和 HS^-/S^{2-}，从而保留在沉积物中。

沙尾区域沉积物中的硫化物含量变化范围为 8.5×10^{-6}～195.6×10^{-6}，平均值为 61.3×10^{-6}；丹兜海区域沉积物中的硫化物含量变化范围为 7.4×10^{-6}～279.3×10^{-6}，平均值为 117.6×10^{-6}；英罗港区域沉积物中的硫化物含量变化范围为 10.3×10^{-6}～367.2×10^{-6}，

平均值为 100.1×10^{-6}。各个区域的不同断面、不同潮带和不同深度之间的硫化物含量并未表现出完全一致的规律，这与红树林生态系统沉积物中硫化物含量受到多个因素影响有关。

4）氧化还原电位

氧化还原电位（Eh）是多种氧化物质和还原物质发生氧化还原反应的综合结果，反映了体系中所有物质表现出来的宏观氧化 – 还原性，它表征介质氧化性或还原性的相对强弱。红树林沉积物的 Eh 受到多个因素的影响，主要有沉积物中的氧气含量、易分解有机质的含量、易氧化 – 还原的无机物质以及微生物活动的强弱。

总的状况是，沙尾区域沉积物的 Eh 变化范围为 $-386 \sim 155$ mV，平均值为 -188.9 mV；丹兜海区域沉积物的 Eh 变化范围为 $-392 \sim 244$ mV，平均值为 -148 mV；英罗港区域沉积物的 Eh 变化范围为 $-320 \sim 187$ mV，平均值为 -117 mV，3 个区域的沉积物整体上呈现出强还原状态。对于不同潮带而言，只有英罗港区域呈现出一致性规律，从高潮带到低潮带沉积物的还原性一直在增强。各个站位沉积物的 Eh 随深度变化并没有完全一致的规律。

3.4 海南

3.4.1 红树林群落特征

3.4.1.1 琼东海域红树林生态系统

2020 年，选取文昌清澜港和三亚亚龙湾青梅港为琼东海域红树林调查区域；其中，在文昌清澜港布设 3 条断面共 9 个站位，以及在三亚亚龙湾青梅港布设 2 条断面共 6 个站位，开展琼东海域红树林群落调查。

清澜港共发现红树植物 11 种，分别是海莲、尖瓣海莲、木榄、白骨壤、榄李、海漆、正红树、水椰、角果木、杯萼海桑、卤蕨，以及 1 种半红树植物黄槿；植物平均密度为 4167 ind./hm²，平均盖度为 69.4%，平均胸径为 11.8 cm，平均株高为 398.1 cm；海莲为主要优势种，正红树和杯萼海桑为共优种，为海莲 + 正红树 + 杯萼海桑群落。群落中、大型乔木占优势，几乎没有小树和幼树，幼苗数也较少，群落分层不明显，为郁闭度较高的稳定型天然林。

青梅港共发现红树植物 9 种，分别为白骨壤、榄李、海漆、正红树、角果木、杯萼海桑、拉关木、桐花树和卤蕨；植物平均密度为 9325 ind./hm²，平均盖度为 75.5%，平均胸径为 5.7 cm，平均株高为 448.9 cm；优势种有榄李、拉关木和角果木，为榄李 + 拉关木 + 角果木群落。以中、大型乔木为主，与清澜港相比平均株高略高、胸径稍小，也几乎没有小树和幼树，幼苗数量也很少，群落分层不明显，也基本为稳定型红树林群落。

3.4.1.2 东寨港红树林生态系统

2021 年、2022 年和 2023 年，在东寨港红树林保护区内分别布设 7 条、11 条和 5 条断面，每条断面布设 3 个站位开展东寨港红树林群落调查。

2021 年，发现红树植物共 6 科 11 种，分别为无瓣海桑、秋茄、红海榄、桐花树、白骨壤、老鼠簕、海莲、尖瓣海莲、角果木、木榄和卤蕨，除无瓣海桑为引进种外，其余均为本地树种。调查区域红树植物平均密度为 52 000 ind./hm²，平均株高为 440.0 cm，平均胸径为 6.1 cm；海莲为主要优势种，分布广，其他优势种类有红海榄、角果木和尖瓣海莲等，主要为海莲 + 海榄 + 角果木 + 尖瓣海莲 + 木榄群落。

2022 年，发现真红树植物 8 科 13 种，分别为海莲、尖瓣海莲、角果木、木榄、红海榄、秋茄、无瓣海桑、桐花树、榄李、白骨壤、卤蕨、海漆、老鼠簕等，以及半红树植物 1 种（杨叶肖槿），除无瓣海桑为引进种外，其余均为本地树种。调查区域红树植物平均密度为 6160 ind./hm²，平均盖度为 74.3%，平均株高为 446.3 cm，平均胸径为 6.6 cm；以海莲、木榄和尖瓣海桑为主要优势种，为海莲 + 木榄 + 尖瓣海桑 + 桐花树 + 红海榄群落。幼苗数量较多，尤其是海莲幼苗，整体为增长型红树林群落。

2023 年，通过路线和样方调查相结合，共发现红树植物 36 种，其中，真红树植物 10 科 25 种，半红树植物 9 科 11 种（表 3.9）。调查区域红树植物平均密度为 3560 ind./hm²，平均株高为 415.4 cm，平均胸径为 6.8 cm；以海莲为主要优势种，木榄为共优种，海莲分布最广泛，其次为红海榄，主要为海莲 + 木榄群落。东寨港区域的红树林群落物种多样性指数 H' 为 1.282、物种丰富度指数 D 为 1.437，表明该区域的红树林群落物种较为丰富，群落也较为复杂；均匀度指数 J' 为 0.557，则说明该区域的红树林群落各物种的个体数量比较均一；Simpson 指数为 0.424，说明该区域红树林群落优势种的优势程度较低，同时也表明该区域物种间的竞争压力比较大。

表 3.9　东寨港红树林保护区红树植物名录

类别	中文名	拉丁名
真红树植物	红海榄	*Rhizophora stylosa*
	正红树	*Rhizophora apiculata*
	秋茄	*Kandelia obovata*
	海莲	*Bruguiera sexangula*
	木榄	*Bruguiera gymnoihiza*
	尖瓣海莲	*Bruguiera sexangula* var. *rhynchopetala*
	角果木	*Ceriops tagal*
	海桑	*Sonneratia caseolares*
	无瓣海桑	*Sonneratia apetala*
	卵叶海桑	*Sonneratia ovata*
	拟海桑	*Sonneratia paracaseolaris*
	海南海桑	*Sonneratia hainanensis*
	杯萼海桑	*Sonneratia alba*
	卤蕨	*Acrostichum aureum*
	尖叶卤蕨	*Acrostichum speciosum*
	榄李	*Lumnitzera racemosa*
	红榄李	*Lumnitzera littorea*
	拉关木	*Laguncularia racemosa*
	海漆	*Excoecaria agallocha*
	老鼠簕	*Acanthus ilicifolius*
	小花老鼠簕	*Acanthus ebracteatus*
	木果楝	*Xylocarpus granatum*
	水椰	*Nypa fruticans*
	桐花树	*Aegiceras corniculatum*
	白骨壤	*Avicennia marina*

续表

类别	中文名	拉丁名
半红树植物	莲叶桐	*Hernandia nymphiifolia*
	水黄皮	*Pongamia pinnata*
	黄槿	*Hibiscus tilisceus*
	杨叶肖槿	*Thespesia populnea*
	银叶树	*Heritiera littoralis*
	玉蕊	*Barringtonia racemosa*
	海杧果	*Cerbera manghas*
	苦郎树	*Clerodendrum inerme*
	钝叶臭黄荆	*Premna obtusifolia*
	海滨猫尾木	*Dolichandron spathacea*
	阔苞菊	*Pluchea indica*

3.4.1.3　儋州新英湾红树林生态系统

2023 年，在儋州新英湾红树林市级自然保护区共布设 6 条断面，每条断面布设 3 个站位开展红树林植被调查。

通过路线和样方调查相结合，在儋州新英湾共发现红树植物 17 种，其中，真红树植物 7 科 11 种，半红树植物 6 科 6 种（表 3.10）。样方调查发现 4 种红树植物，为白骨壤、红海榄、秋茄和桐花树；红树植物平均密度为 3728 ind./hm²，平均胸径为 5.1 cm，平均株高为 230.0 cm；以红海榄和秋茄为主要优势种，红海榄分布最广泛，为红海榄＋秋茄＋桐花树＋白骨壤群落。儋州新英湾区域的红树林群落物种多样性指数 H' 为 1.296、物种丰富度指数 D 为 0.460，表明该区域的红树林群落物种较少，但群落较为复杂；均匀度指数 J' 为 0.935，说明该区域的红树林群落各物种的个体数量比较均一；Simpson 指数为 0.293，说明该区域红树林群落优势种的优势程度较低，同时也表明该区域物种间的竞争比较激烈。

表 3.10　新英湾红树林市级自然保护区红树植物名录

类别	中文名	拉丁名
真红树植物	红海榄	*Rhizophora stylosa*
	秋茄	*Kandelia obovata*
	海莲	*Bruguiera sexangula*
	木榄	*Bruguiera gymnoihiza*
	角果木	*Ceriops tagal*
	卤蕨	*Acrostichum aureum*
	榄李	*Lumnitzera racemosa*
	海漆	*Excoecaria agallocha*
	小花老鼠簕	*Acanthus ebracteatus*
	桐花树	*Aegiceras corniculatum*
	白骨壤	*Avicennia marina*
半红树植物	水黄皮	*Pongamia pinnata*
	黄槿	*Hibiscus tilisceus*
	阔苞菊	*Pluchea indica*
	海杧果	*Cerbera manghas*
	苦郎树	*Clerodendrum inerme*
	钝叶臭黄荆	*Premna obtusifolia*

3.4.1.4　清澜红树林省级自然保护区红树林生态系统

2023 年，在清澜红树林省级自然保护区共布设 5 条断面，每条断面布设 3 个站位开展红树林植被调查。

通过路线和样方调查相结合，共发现红树植物36种，其中，真红树植物11科24种，半红树植物 10 科 12 种（表 3.11）。样方调查发现红树植物 11 种，为海莲、海漆、杯萼海桑、榄李、角果木、尖瓣海莲、正红树、木果楝、白骨壤、木榄和秋茄；红树植物平均密度为 1973 ind./hm^2，平均胸径为 8.2 cm，平均株高为 510.0 cm；海莲为主要优势种且分布最广泛，主要为海莲＋海漆＋杯萼海桑＋榄李群落。文昌清澜港区域的红树林群落物种多样性指数 H' 为 1.963、物种丰富度指数 D 为 1.768，表明该区域的红树林群落物种较为丰富，且群落较为复杂；均匀度指数 J' 为 0.819，则表明该区域的红树林群落各物种的个体数量比较均一；Simpson 指数为 0.183，说明该区域红树林群落优势种的优势程度较低，同时也表明该区域物种间的竞争比较激烈。

表 3.11　清澜红树林省级自然保护区红树植物名录

类别	中文名	拉丁名
真红树植物	红海榄	*Rhizophora stylosa*
	杯萼海桑	*Sonneratia alba*
	正红树	*Rhizophora apiculata*
	秋茄	*Kandelia obovata*
	海莲	*Bruguiera sexangula*
	木榄	*Bruguiera gymnoihiza*
	尖瓣海莲	*Bruguiera sexangula* var. *rhynchopetala*
	角果木	*Ceriops tagal*
	海桑	*Sonneratia caseolares*
	无瓣海桑	*Sonneratia apetala*
	卵叶海桑	*Sonneratia ovata*
	拟海桑	*Sonneratia paracaseolaris*
	海南海桑	*Sonneratia hainanensis*
	卤蕨	*Acrostichum aureum*
	尖叶卤蕨	*Acrostichum speciosum*
	榄李	*Lumnitzera racemosa*
	拉关木	*Laguncularia racemosa*
	海漆	*Excoecaria agallocha*
	老鼠簕	*Acanthus ilicifolius*
	小花老鼠簕	*Acanthus ebracteatus*
	木果楝	*Xylocarpus granatum*
	水椰	*Nypa fruticans*
	桐花树	*Aegiceras corniculatum*
	白骨壤	*Avicennia marina*

类别	中文名	拉丁名
半红树植物	莲叶桐	*Hernandia nymphiifolia*
	水黄皮	*Pongamia pinnata*
	杨叶肖槿	*Thespesia populnea*
	银叶树	*Heritiera littoralis*
	玉蕊	*Barringtonia racemosa*
	海杧果	*Cerbera manghas*
	苦郎树	*Clerodendrum inerme*
	钝叶臭黄荆	*Premna obtusifolia*
	水芫花	*Pemphis acidula*
	黄槿	*Hibiscus tilisceus*
	海滨猫尾木	*Dolichandron spathacea*
	阔苞菊	*Pluchea indica*

3.4.1.5　新盈红树林生态系统

2023 年，在新盈红树林国家湿地公园红树林分布区共布设 4 条断面，每条断面布设 3 个站位开展红树林植被调查。

通过路线和样方调查相结合，共发现红树植物 23 种，其中真红树植物 8 科 17 种，半红树植物 5 科 6 种（表 3.12）。样方调查发现红树植物 11 种，为红海榄、白骨壤、秋茄、桐花树、榄李、拉氏红树、角果木、海漆、木榄、海莲和尖瓣海莲；红树植物平均密度为 6167 ind./hm²，平均胸径为 3.1 cm，平均株高为 200.0 cm；红海榄和白骨壤为主要优势种且分布广泛，秋茄为共优种，为红海榄 + 白骨壤 + 秋茄 + 桐花树群落。新盈红树林国家湿地公园区域的红树林群落物种多样性指数 H' 为 1.528、物种丰富度指数 D 为 1.514，表明该区域的红树林群落物种较为丰富，且群落较为复杂；均匀度指数 J' 为 0.637，则表明该区域的红树林群落各物种的个体数量比较均一；Simpson 指数为 0.276，说明该区域红树林群落优势种的优势程度较低，同时也表明该区域物种间的竞争比较激烈。

表 3.12　新盈红树林国家湿地公园红树植物名录

类别	中文名	拉丁名
真红树植物	红海榄	*Rhizophora stylosa*
	拉氏红树	*Rhizophora lamarckii*
	正红树	*Rhizophora apiculata*
	秋茄	*Kandelia obovata*
	海莲	*Bruguiera sexangula*
	木榄	*Bruguiera gymnoihiza*
	尖瓣海莲	*Bruguiera sexangula* var. *rhynchopetala*
	角果木	*Ceriops tagal*
	海桑	*Sonneratia caseolares*
	无瓣海桑	*Sonneratia apetala*
	卤蕨	*Acrostichum aureum*
	榄李	*Lumnitzera racemosa*
	拉关木	*Laguncularia racemosa*
	海漆	*Excoecaria agallocha*
	老鼠簕	*Acanthus ilicifolius*
	桐花树	*Aegiceras corniculatum*
	白骨壤	*Avicennia marina*
半红树植物	苦郎树	*Clerodendrum inerme*
	钝叶臭黄荆	*Premna obtusifolia*
	黄槿	*Hibiscus tilisceus*
	银叶树	*Heritiera littoralis*
	水黄皮	*Pongamia pinnata*
	阔苞菊	*Pluchea indica*

3.4.2　大型底栖动物群落特征

3.4.2.1　琼东海域红树林生态系统

2020 年 11 月，开展文昌清澜港和三亚青梅港红树林生态系统调查工作，合计鉴定大型底栖动物共 3 大门类 20 种，其中，节肢动物种类最多，有 11 种，占总种数的 55.0%；软体动物次之，有 6 种，占总种数的 30.0%；环节动物有 3 种，占总种数的 15.0%，详细的种类组成如图 3.14 所示，生物种类组成以近岸暖水性潮间带大型底栖动物种类为主。

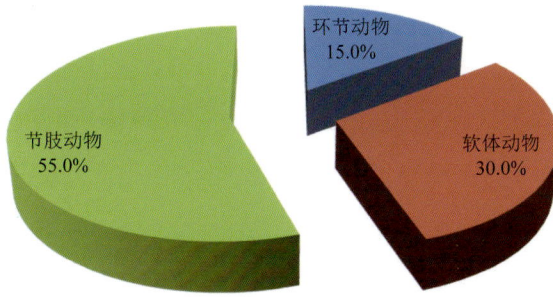

图 3.14　琼东海域红树林底栖动物种类组成

　　清澜港红树林底栖动物样品鉴定共 3 大门类 15 种，其中，节肢动物种类最多，有 9 种，占总种数的 60.0%；软体动物次之，有 4 种，占总种数的 26.7%；环节动物有 2 种，占总种数的 13.3%，详细的种类组成如图 3.15 所示。

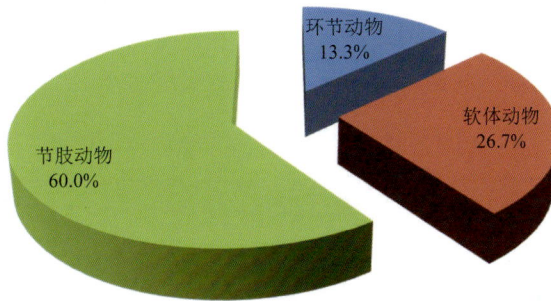

图 3.15　清澜港红树林底栖动物种类组成

　　青梅港红树林底栖动物样品鉴定共有 3 大门类 10 种，其中，节肢动物种类最多，有 5 种，占总种数的 50.0%；软体动物次之，有 3 种，占总种数的 30.0%；环节动物有 2 种，占总种数的 20.0%，详细的种类组成如图 3.16 所示。

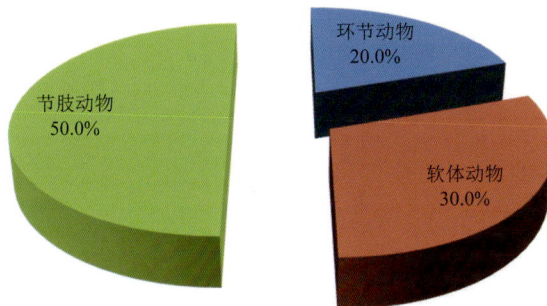

图 3.16　青梅港红树林底栖动物种类组成

清澜港 3 个类群的栖息密度差异较大，栖息密度主要组成类群是节肢动物和软体动物，两者分别占总栖息密度的 54.3% 和 44.6%；环节动物栖息密度远少于节肢动物和软体动物，仅占 2.0%。生物量组成结构与栖息密度相似，但软体动物的生物量高于节肢动物，两者分别占总生物量的 56.6% 和 43.0%；环节动物生物量很低，仅占 0.4%（表 3.13）。

表 3.13　清澜港红树林底栖动物平均栖息密度和生物量的组成

类群	栖息密度 / （ind.·m⁻²）	栖息密度百分比 / %	生物量 / （g·m⁻²）	生物量百分比 / %
环节动物	0.9	2.0	0.4	0.4
节肢动物	24.4	53.4	39.2	43.0
软体动物	20.4	44.6	51.6	56.6

清澜港底栖动物优势种共有 4 种，其中，节肢动物 3 种，软体动物 1 种（表 3.14）。第一优势种是中国绿螂，每个优势种的优势度和站位覆盖率都不高。除中国绿螂为埋栖的贝类外，其余 3 个优势种均为红树林滩涂常见的穴居蟹类。

表 3.14　清澜港红树林底栖动物优势种及优势度

优势种	优势度	站位覆盖率 / %
中国绿螂	0.086	22.2
凹指招潮蟹	0.082	44.4
双齿相手蟹	0.047	44.4
环纹清白招潮蟹	0.026	33.3

根据对青梅港红树林底栖动物定量数据的分析，优势种共有 3 种，其中，软体动物 2 种，节肢动物 1 种（表 3.15）。第一优势种是纵带滩栖螺，其优势度明显高于其他种类；优势种的站位覆盖率都不高。纵带滩栖螺为栖息在滩涂上的常见螺类；黑口滨螺常攀附在红树植株上；双齿相手蟹则是穴居的蟹类。

表 3.15　青梅港红树林底栖动物优势种及优势度

优势种	优势度	站位覆盖率 / %
纵带滩栖螺	0.167	33.3
黑口滨螺	0.031	16.7
双齿相手蟹	0.026	33.3

3.4.2.2 东寨港红树林生态系统

2021 年，东寨港红树林调查区域内共发现 8 种底栖动物，其中，软体动物 3 种，节肢动物 3 种，脊索动物 2 种。底栖动物平均栖息密度为 40.00 ind./m^2，平均生物量为 121.30 g/m^2。优势种均为节肢动物，优势度从小到大依次为扁平拟闭口蟹、小翼拟蟹守螺和双齿相手蟹。底栖动物物种多样性指数 H' 为 0.00~1.92，平均值为 0.99；均匀度指数 J' 为 0.00~0.99，平均值为 0.67。区域内蟹洞平均密度为 34.1 个 /m^2，各站位之间差异性较大，不同潮带之间无明显差异。东寨港红树林湿地共记录鸟类 204 种，其中国家二级重点保护动物 16 种，海南省省级重点保护动物 81 种。

2022 年，调查区域内共发现 19 种底栖动物，其中，节肢动物 10 种，软体动物 8 种，环节动物 1 种。底栖动物平均栖息密度为 17.48 ind./m^2，平均生物量为 47.50 g/m^2。优势种为节肢动物和软体动物，优势度从小到大依次为宽身闭口蟹、长足长方蟹、双齿拟相手蟹、小翼拟蟹守螺和弧边招潮蟹。底栖动物物种多样性指数 H' 为 0.257~1.808，物种丰富度指数 D 为 0.379~1.941 。区域内蟹洞平均密度为 78.8 个 /m^2，各站位之间差异性较大，不同潮带之间无明显差异。本次调查共发现条浒苔、浒苔和巨大鞘丝藻 3 种大型底栖藻类。东寨港红树林保护区共记录鸟类 174 种，其中国家二级重点保护动物 18 种，海南省省级重点保护动物 95 种。保护区以湿地鸟类为明显优势类群，并间杂一定的人工林、灌草丛、村落等鸟类类群。

根据底栖动物栖息密度数据，此次调查琼东海域红树林底栖动物的物种多样性指数 H' 平均值为 0.57；均匀度指数 J' 平均值为 0.57；物种丰富度指数 D 平均值为 0.42。其中，清澜港红树林底栖动物的物种多样性指数 H' 为 0~1.77，平均值为 0.71；均匀度指数 J' 为 0~0.97，平均值为 0.70；物种丰富度指数 D 为 0~1.59，平均值为 0.53。青梅港红树林底栖动物的物种多样性指数 H' 为 0~1.10，平均值为 0.42；均匀度指数 J' 为 0~1.00，平均值为 0.44；物种丰富度指数 D 为 0~0.80，平均值为 0.31。

统计结果表明，琼东海域红树林底栖动物物种多样性指数、均匀度指数和物种丰富度指数平均值均处于较低的水平，尤其是青梅港红树林区。总体来看，清澜港红树林区中、低潮带生物多样性参数略高于高潮带；青梅港则是中潮带略低于其他潮带。

3.4.2.3 清澜港红树林生态系统

2023 年 6 月，在海南清澜红树林省级自然保护区共调查到 18 科 35 属 46 种底栖动物，分别是丽彩拟瘦招潮蟹、北方招潮蟹、褶痕仿相手蟹、珠带拟蟹守螺、明秀大眼蟹、顿辍锦蛤、小翼拟蟹守螺、天津厚蟹、翡翠贻贝、粗糙滨螺等。主要优势物种（$Y \geq 0.02$）为珠带拟蟹守螺、粗糙滨螺、奥莱彩螺、红树拟蟹守螺、绯拟沼螺、小翼拟蟹守螺、疏纹满月蛤、纵带滩栖螺、天津厚蟹，其中珠带拟蟹守螺的优势度最高，为 0.15。

海南清澜红树林省级自然保护区 6 月各站位底栖动物栖息密度范围为 144～1456 ind./m²；各站位底栖动物生物量范围为 255.36～910.24 g/m²，最高值在 C2 站位，最低值在 E3 站位，平均值为 503.22 g/m²。

2023 年 9 月，在海南清澜红树林省级自然保护区共调查到 28 科 43 属 62 种底栖动物，分别是丽彩拟瘦招潮蟹、闪光攀相手蟹、褶痕相手蟹、珠带拟蟹守螺、短足针肢蟹、普通盖尔蛤、隐秘螳臂相手蟹、顿辍锦蛤、小翼拟蟹守螺、弧边招潮蟹、吉氏胀蟹、天津厚蟹等，其中，甲壳类调查到 7 科 17 属 25 种，软体类 17 科 24 属 33 种，其他类（多毛类、星虫类、鱼类）4 种。9 月海南清澜红树林省级自然保护区主要优势物种（$Y \geq 0.02$）为天津厚蟹、奥莱彩螺、珠带拟蟹守螺、小翼拟蟹守螺、多毛类、顿辍锦蛤、短足针肢蟹、疏纹满月蛤、红树拟蟹守螺、瘤拟黑螺、褶痕仿相手蟹，其中珠带拟蟹守螺的优势度最高，为 0.14。

海南清澜红树林省级自然保护区 9 月各站位底栖动物栖息密度范围为 128～1493 ind./m²，各断面底栖动物生物量范围为 152.44～1368.52 g/m²。

3.4.3 环境因子特征

3.4.3.1 新盈红树林生态系统

1）水体环境

水质调查根据《海洋调查规范》（GB 12763—2007）、《海洋监测规范》（GB 17378—2007）和《近岸海域水质自动监测技术规范》（HJ 731—2014）等相关标准与规范要求，在新盈红树林内共设置 4 个调查站位。采样时间为 2023 年 6 月和 2023 年 12 月，分别在新盈红树林国家湿地公园内 6 个站位进行水质样品采集，对水温、盐度、pH、溶解氧、电导率等各项指标进行检测。

（1）水温。

新盈红树林分布区域内水温 6 月变化范围为 23.4～24.5℃，平均值为 24.1℃；12 月变化范围为 23.1～23.6℃，平均值为 23.4℃。该区域内各个点位之间的水温差异不大，水温受调查时间影响，如一天中调查是在早上，水温测量早上比下午水温要低一些。也与天气有关，晴天比阴天或雨天水温偏高。

（2）pH。

pH 是测量海水酸碱度的一项标志，海水一般呈弱碱性。新盈红树林分布区域内水体 pH 6 月变化范围为 7.63～7.95，平均值为 7.86；12 月变化范围为 7.83～8.03，平均值为 7.92。

（3）溶解氧。

新盈红树林自然保护区内水体溶解氧含量 6 月变化范围为 7.25～7.53 mg/L，平均值为 7.42 mg/L；12 月变化范围为 7.78～8.94 mg/L，平均值为 8.48 mg/L。12 月的水体溶解氧含量明显高于 6 月，各站点的水体溶解氧含量呈现出改善趋势。两个航次调查站点的海水溶解氧测值均符合国家一类海水水质标准，即大于 6 mg/L。

（4）盐度。

湿地公园内有狗仔沟、钢鼓沟、南蛇沟 3 条主要河沟，水流量小，均向北流经泊潮港入海。新盈红树林水体盐度 6 月变化范围为 19.4～30.8，平均值为 26.1；12 月变化范围为 25.0～27.1，平均值为 26.3。新盈湿地公园西侧和东侧有河流淡水补给，附近站点所测的盐度较低，而处于东场村附近的站点距离入海口较近，所测得的盐度较高。

2）沉积环境

对每个样方采集的样本进行测定，测定结果取平均值作为土壤沉积物最终数据，结果显示，新盈红树林国家湿地公园沉积物土壤容重范围为（0.55±0.06）～（1.71±0.06）g/cm³。新盈红树林国家湿地公园沉积物有砂质和泥质，砂质土壤孔隙大，容重值低，泥质土壤孔隙小，容重值高；沉积物间隙水盐度范围为 16.7～29.1，平均值为 22.3，低于水体盐度；滩涂高程为 1.32～1.56 m，光滩高程显著低于红树林内高程，由于调查时间较短，未发现有明显的沉积现象。

调查结果表明，新盈红树林国家湿地公园沉积物平均粒径范围为 1.1370～1.2919 mm，平均值为 1.1708 mm。中值粒径（Md）可反映底质的平均动能情况，是水动力强弱的综合表征，调查区表层沉积物中值粒径变化范围为 0.6418～1.5618 mm，平均值为 1.1880 mm。分选系数可用以表示沉积物粗细粒级的对称程度，反映沉积物粒度的集中趋势，调查区表层沉积物分选系数范围为 2.049～2.921，平均值为 2.414。峰态值可以反映粒度频率曲线的尖锐程度，调查区沉积物峰态值分布区间较大，范围为 0.759～1.364。在质量分数组成上，调查区域表层沉积物主要以砂（23.612%～79.491%）

和粉砂（15.088%～64.724%）为主，其次是黏土（5.420%～16.437%）。

3.4.3.2　清澜港红树林生态系统

1）水体环境

本次水质调查根据《海洋调查规范》（GB 12763—2007）、《海洋监测规范》（GB 17378—2007）和《近岸海域水质自动监测技术规范》（HJ 731—2014）等相关标准与规范要求，在清澜港内共设置6个调查站位。采样时间为2023年6月和2023年12月，分别在清澜港红树林内6个站位进行水质样品采集，对水温、盐度、pH、溶解氧、电导率等各项指标进行检测。

（1）水温。

文昌清澜港红树林分布区域内水温6月变化范围为30.2～34.3℃，平均值为32.2℃；12月变化范围为23.2～23.9℃，平均值为23.6℃。在红树林中，各个点位之间的水温有一定的差异，这与采样时间、天气变化等条件密切相关。

（2）pH。

pH是测量海水酸碱度的一项标志，海水一般呈弱碱性。清澜港红树林分布区域内水体pH 6月变化范围为7.77～8.71，平均值为8.20；12月变化范围为7.39～7.84，平均值为7.52。调查海域内海水的pH差异不大，分布均匀。

（3）溶解氧。

清澜港红树林自然保护区内水体溶解氧含量6月变化范围为4.37～7.09 mg/L，平均值为5.22 mg/L；12月变化范围为7.84～8.88 mg/L，平均值为8.25 mg/L。在调查期间，各站点的水体溶解氧含量呈现出较高水平，12月的水体溶解氧测值偏高，均为国家一类海水水质标准；6月仅6号站点的溶解氧测值符合国家一类海水水质标准，3号站点的溶解氧测值符合国家二类海水水质标准，其余站点均符合国家三类海水水质标准。

（4）盐度。

清澜港水体盐度6月变化范围为0.16～18.18，平均值为6.88；12月变化范围为3.25～16.3，平均值为11.0。红树林以该湾四面滩涂为中心，辐射文昌河、文教河等河流上游数千米，河流带来的淡水经过红树林汇入清澜港水体，站点纬度越低所测的盐度也越高。

2）沉积环境

对每个样方采集的样本进行测定，测定结果取平均值作为土壤沉积物最终数据，结果显示，清澜港沉积物土壤容重范围为（0.57±0.01）~（1.66±0.02）g/cm³。清澜港沉积物有砂质和泥质，砂质土壤孔隙大，容重值低，泥质土壤孔隙小，容重值高；沉积物间隙水盐度范围为1.04~25.0，平均值为7.38，与水体盐度接近；滩涂高程为1.14~1.53 m，光滩高程显著低于红树林内高程，由于调查时间较短，未发现有明显的沉积现象。

调查结果表明，文昌清澜港红树林自然保护区沉积物平均粒径范围为0.5705~1.5540 mm，平均值为1.1797 mm。中值粒径Md可反映底质的平均动能情况，是水动力强弱的综合表征，调查区表层沉积物中值粒径变化范围为0.6418~1.5618 mm，平均值为1.2122 mm。分选系数可用以表示沉积物粗细粒级的对称程度，反映沉积物粒度的集中趋势，调查区表层沉积物分选系数范围为1.202~2.552，平均值为2.111。峰态值可以反映粒度频率曲线的尖锐程度，调查区沉积物峰态值分布区间较大，范围为0.536~2.277。在质量分数组成上，调查区域表层沉积物主要以砂（27.575%~91.599%）为主，其次是粉砂（6.222%~53.414%）和黏土（2.179%~21.227%）。其中，A3号样方表层沉积物主要是砾（53.617%）和砂（46.383%）。

3.4.3.3 东寨港红树林生态系统

1）水体环境

6月调查海域海水COD含量变化范围为2.66~5.74 mg/L，平均值为4.35 mg/L，调查海域COD分布差异基本不大，分布较为均匀；海水DIP含量变化范围为0.172~0.735 mg/L，平均值为0.411 mg/L；调查海域DIN含量变化范围为0.1182~0.4906 mg/L，平均值为0.311 mg/L，平面分布上，调查海域DIN分布差异基本不大；孔隙水盐度范围为0.34~13.9。

11月调查海域海水COD含量变化范围为1.12~4.03 mg/L，平均值为2.815 mg/L；海水DIP含量变化范围为0.132~0.276 mg/L，平均值为0.218 mg/L，明显优于前一次调查数据；调查海域DIN含量变化范围为0.3437~1.7394 mg/L，平均值为1.016 mg/L，均高于第一次调查数据；孔隙水盐度介于1.93~24.6，均高于第一次调查的数据。

2）沉积环境

沉积物粒径可以反映沉积物来自不同地质背景或陆地、海洋等不同环境的特征，从而帮助确定沉积物的起源。通过分析粒径的分布和变化，可以了解沉积物是如何在水流或风力作用下沉积和重新悬浮的，从而揭示沉积过程的动态特征。

设置 6 个沉积物采样调查站位，分析结果表明，红树林沉积物平均粒径范围为 1.1217 ~ 1.1745 mm，平均值为 1.1474 mm。中值粒径 Md 可反映底质的平均动能情况，是水动力强弱的综合表征，调查区表层沉积物中值粒径变化范围为 1.1422 ~ 1.1900 mm，平均值为 1.1622 mm。分选系数可用以表示沉积物粗细粒级的对称程度，反映沉积物粒度的集中趋势，调查区表层沉积物分选系数范围为 1.951 ~ 3.237，平均值为 2.462。峰态值可以反映粒度频率曲线的尖锐程度，调查区沉积物峰态值分布区间较大，范围内 0.708 ~ 1.622。在质量分数组成上，调查区域表层沉积物主要以粉砂（26.69% ~ 59.47%）为主，其次是砂（11.15% ~ 50.47%）和黏土（4.31% ~ 6.04%）。

3.4.3.4 儋州新英湾红树林生态系统

1）水体环境

本次水质调查根据《海洋调查规范》（GB 12763—2007）、《海洋监测规范》（GB 17378—2007）和《近岸海域水质自动监测技术规范》（HJ 731—2014）等相关标准与规范要求，在新英湾内共设置 7 个调查站位，站位布设北起水蔬下村，南至春马大桥，覆盖整个新英湾。采样时间为 2023 年 6 月和 2023 年 12 月，分别在儋州新英湾内 7 个站位进行水质样品采集，对水温、盐度、pH、溶解氧、电导率等各项指标进行检测。

（1）水温。

儋州新英湾红树林分布区内水温 6 月变化范围为 29.8 ~ 31.7℃，平均值为 30.7℃；12 月变化范围为 23.3 ~ 23.8℃，平均值为 23.5℃。新英湾位于北门江、春江等多条河流入海口，面积较大，红树林面积大且破碎化严重，各个点位之间存在一定的温差，这与采样时间、天气变化等条件有关。

（2）pH。

pH 是测量海水酸碱度的一项标志，海水一般呈弱碱性。新英湾红树林分布区域内水体 pH 6 月变化范围为 7.65 ~ 8.04，平均值为 7.89；12 月变化范围为 7.96 ~ 8.13，平均值为 8.07。调查海域内海水 pH 差异均不大，分布较均匀。

（3）溶解氧。

新英湾红树林自然保护区内水体溶解氧含量 6 月变化范围为 4.63 ~ 5.05 mg/L，平均值为 4.90 mg/L，溶解氧含量处于较低水平；12 月变化范围为 7.85～8.97 mg/L，平均值为 8.35 mg/L，溶解氧含量处于较高水平。12 月调查的溶解氧含量明显高于 6 月，各站点的海水溶解氧含量呈现出改善趋势。6 月除 1 号站位溶解氧测值符合国家二类海水水质标准以外，其余各调查站位海水溶解氧测值符合国家三类海水水质标准（＞4 mg/L）。12 月各调查站位溶解氧测值均符合国家一类海水水质标准。

（4）盐度。

新英湾水体盐度 6 月变化范围为 26.61～31.77，平均值为 29.86；12 月变化范围为 25.2～29.5，平均值为 27.4。

（5）潮汐特征。

儋州新英湾潮汐类型属于正规半日潮，最高高潮位 4.38 m，平均高潮位 3.18 m；最低低潮位 −0.09 m，平均低潮位 0.83 m；最大潮差 4.44 m，平均潮差 2.35 m。平均涨潮历时 12.2 h，平均落潮历时 9.6 h。

2）沉积环境

对每个样方采集的样本进行测定，测定结果取平均值作为土壤沉积物最终数据，新英湾沉积物土壤容重范围为（1.01±0.01）～（1.55±0.01）g/cm³。土壤有砂质和泥质，砂质土壤孔隙大，容重值低，泥质土壤孔隙小，容重值高；土壤间隙水盐度范围为 3.2～21.8，平均值为 15.8，远低于水体盐度；滩涂高程为 0.32～1.35 m，光滩高程显著低于红树林内高程。由于时间较短，未发现有明显沉积现象。

调查结果表明，儋州新英湾红树林沉积物平均粒径范围为 0.23 6～1.2765 mm，平均值为 1.0779 mm。中值粒径 Md 可反映底质的平均动能情况，是水动力强弱的综合表征，调查区表层沉积物中值粒径变化范围为 0.1253～1.5167 mm，平均值为 1.0944 mm。分选系数可用以表示沉积物粗细粒级的对称程度，反映沉积物粒度的集中趋势，调查区表层沉积物分选系数范围为 2.243～3.150，平均值为 2.647。峰态值可以反映粒度频率曲线的尖锐程度，调查区沉积物峰态值分布区间较大，范围为 0.670～1.204。在质量分数组成上，调查区域表层沉积物主要以砂（13.049%～73.109%）为主，其次是粉砂（6.933%～59.27%）和黏土（0.209%～18.551%）。

3.4.3.5 青梅港红树林生态系统

海南省青梅港红树林生态系统沉积物调查结果及分析如下。

1）沉积物粒度

三亚亚龙湾青梅港沉积物以黑色和灰色为主，粒度组分有砾、砂、粉砂、黏土等，且以粉砂为主，沉积类型主要为粉砂质砂（TS）、砂（S），偶有粉砂－砂（T-S）。区域内砾含量为0.1%～14.4%，平均值为5.5%；砂含量为43.0%～78.1%，平均值65.4%；粉砂含量为13.7%～42.9%，平均值为26.1%；黏土含量为0.6%～7.1%，平均值为3.0%。

三亚亚龙湾青梅港各站柱状沉积物砂含量垂直分布特征明显，其中，0～10 cm层砂含量范围为55.8%～77.4%，平均值为67.4%；10～20 cm层砂含量范围为57.2%～76.3%，平均值为67.0%；20～30 cm层砂含量范围为48.6%～78.1%，平均值为65.5%；30～40 cm层砂含量范围为43.0%～77.4%，平均值为63.7%；40～50 cm层砂含量范围为43.9%～76.7%，平均值为63.3%。可见，不同站位和层位沉积物的砂在粒组中的比例非常高。

2）沉积物有机碳

三亚亚龙湾青梅港沉积物有机碳含量范围为0.62%～2.90%，平均值为1.43%；高潮站有机碳含量范围为0.62%～1.86%，平均值为1.02%；中潮站有机碳含量范围为1.02%～2.01%，平均值为1.35%；低潮站有机碳含量范围为1.35%～2.90%，平均值为1.93%。总体上看，各断面有机碳含量随离岸距离的增大而增大，但表层中潮站有机碳含量小于高潮站。

3）硫化物

三亚亚龙湾青梅港表层沉积物中的硫化物含量范围为未检出～37×10^{-6}，平均值为36×10^{-6}。其中，高潮站硫化物含量范围为未检出～35×10^{-6}，平均值为35×10^{-6}；中潮站硫化物含量范围为未检出～37×10^{-6}，平均值为37×10^{-6}；低潮站硫化物含量为未检出。中潮站硫化物含量低于高潮站、低潮站，沉积物中硫化物含量与离岸距离关系不明显。

4）沉积物 Eh

三亚亚龙湾青梅港表层沉积物中的 Eh 变化范围为21～165 mV，平均值为71 mV，表明区域内为中度还原环境，含有较多还原性有机物。其中，高潮站的 Eh 变化范围为21～100 mV，平均值60 mV；中潮站的 Eh 变化范围为50～165 mV，平均值为108 mV；低潮站的 Eh 变化范围为31～59 mV，平均值为45 mV。各站 Eh 呈现出 QM2-01<

QM1-03<QM2-02<QM2-03< QM1-01< QM1-02 的情况，QM1 断面中潮站 Eh 大于低潮站、高潮站，QM2 断面随离岸距离增加 Eh 变大，整体上沉积物还原性关系不明显。

5）小结

三亚亚龙湾青梅港沉积物以黑色和灰色为主，中度还原环境，含有较多还原性有机物。粒度组分有砾、砂、粉砂、黏土等，且以粉砂为主，沉积类型主要为粉砂质砂（TS）、砂（S），偶有粉砂 – 砂（T-S）。有机碳含量范围为 0.62% ~ 2.90%，平均值为 1.43%；总体上，各断面有机碳含量随离岸距离的增大而增大，但表层中潮站有机碳含量小于高潮站；各站随深度变化未表现出一致性规律。表层沉积物硫化物含量范围为未检出 ~ 37×10^{-6}，平均值为 36×10^{-6}，硫化物含量与离岸距离关系不明显。表层沉积物的 Eh 变化范围为 21 ~ 165 mV，平均值为 71 mV。整体上，离岸距离与沉积物 Eh、还原性关系不清晰。

参考文献

陈桂珠, 王勇军, 黄乔兰, 1995. 深圳福田红树林鸟类自然保护区陆鸟生物多样性 [J]. 生态科学, (02):105-108.

陈志鹏, 胡柳柳, 王皓, 等, 2016. 深圳福田红树林保护区水鸟调查及种群变化研究 [J]. 资源节约与环保, (12):163-167.

蔡立哲, 2015. 深圳湾底栖动物生态学 [M]. 厦门：厦门大学出版社.

范洪敏, 张敏, 洪永密, 等, 2011. 广东担杆岛鸟类多样性的季节变化 [J]. 动物学杂志, 46(05):140-145.

关贯勋, 邓巨燮, 1990. 华南红树林潮滩带的鸟类 [J]. 中山大学学报论丛, (02):66-73.

雷振胜, 李玫, 廖宝文, 2008. 珠海淇澳红树林湿地生物多样性现状及保护 [J]. 广东林业科技, 24(05):56-60.

李皓宇, 彭逸生, 刘嘉健, 等, 2016. 粤东沿海红树林物种组成与群落特征 [J]. 生态学报, 36(1):252-260.

李丽凤, 刘文爱, 莫竹承, 2013. 广西钦州湾红树林群落特征及其物种多样性 [J]. 林业科技开发, 27(6):21-25.

林石狮, 田穗兴, 王英永, 等, 2017. 2007—2011 年深圳湾鸟类多样性组成和结构变化 [J].

湿地科学, 15(02):163-172.

彭逸生, 王晓兰, 陈桂珠, 等, 2008. 珠海淇澳岛冬季的鸟类群落 [J]. 生态学杂志, (03): 391-396.

王丽荣, 李贞, 蒲杨婕, 等, 2010. 近50年海南岛红树林群落的变化及其与环境关系分析—— 以东寨港、三亚河和青梅港红树林自然保护区为例 [J]. 热带地理, 30(2):114-120.

王勇军, 刘治平, 陈相如, 1993. 深圳福田红树林冬季鸟类调查 [J]. 生态科学, (02):74-84.

王勇军, 张炯尧, 1995. 深圳福田红树林湿地水鸟调查 [J]. 中国生物圈保护区, (04):19-23.

王勇军, 昝启杰, 林鹏, 1999. 深圳福田红树林陆鸟类变迁及保护 [J]. 厦门大学学报(自然科学版)(01):142-149.

近年来，红树林的评价与管理已成为国际海洋环境领域热点。Samoura 等（2007）在战略环境评价（SEA）基础上，研究了红树林管理中所面临的各类压力，其结果为红树林可持续管理提供了决策依据。Kaplowitz（2001）在墨西哥沿海地区评价了红树林生态系统产品及服务功能，调研发现当地红树林受益者并不认为提供木材及木制品是红树林最重要的服务功能。Adeel 和 Pomeroy（2002）在一些亚太地区发展中国家（柬埔寨、印度尼西亚、马来西亚等），以 GIS 技术为基础研究了不同沿海开发和管理方式对红树林生态系统的健康、生物多样性和服务价值的影响。Geselbracht（2005）将红树林生态系统的生物生态学特征引入评价指标体系，建立了佛罗里达州河口健康评价模型。Holguin 等（2006）以墨西哥 Ensenada de La Paz 潟湖地区为例，研究了城市发展对干旱地带红树林生态系统健康的影响。

国内红树林生态系统健康评价研究起步稍晚。主要集中在以下 3 个方面：①红树植物群落及其鸟类的多样性调查；②红树植物群落结构和生态功能研究；③红树林湿地环境质量及其景观变化研究。陈铁晗（2001）以漳江口红树林湿地为研究对象，从多样性、稀有性、典型性、脆弱性等 9 个方面，对其生态质量予以了评价。区庄葵等（2003）从典型性、多样性、稀有性、自然性等各方面，就珠海淇澳岛红树林生态系统质量进行了评价。徐福留等（2004）在香港吐露港的红树林生态系统健康评价中，提出了海岸带生态系统健康评价 5 个步骤，所选用的评价指标包括应力指标和响应指标，涵盖物理的、化学的、生物的、一般生态系统和生态系统服务功能各方面。目前，对红树林健康评价的研究所做的评价指标体系研究集中在压力－状态－响应方面，如王树功等（2010）对珠江口淇澳岛红树林湿地的生态系统健康进行评价；郑耀辉等（2010）对滨海红树林湿地生态系统健康的诊断方法和评价指标进行了综述；孙毅等（2009）对深圳河河口红树林湿地生态系统健康进行评价。这些研究侧重于红树林的环境指标，而对红树林自身群落水平上的指标研究较少。王丽荣等（2011）采用生态学和景观生态学的理论和方法，构建了红树林群落健康评价指标体系，并定量评价了海南岛东寨港、三亚河河口和青梅港红树林群落健康状况。还有一些研究对红树林水环境质量进行了评价（刘亚云等，2012）。

另外，在国家海洋局部署开展的"我国近海海洋综合调查与评价专项"（"908"专项）中，针对红树林生态系统，引用多年来实地调查、查阅的大量资料和数据，结合遥感图像解译，获得滨海湿地主要变化类型及分布图，建立了红树林生态系统评价指标体系，构建了 PSR 综合评价模型，选取了我国所有省级以上红树林保护区（16 个）作为评价样地，深入分析了各省红树林生态系统健康状况，对有针对性地开展红树林保护修复工作发挥了很大作用。

我国也发布了一些红树林生态健康评价相关技术规程。

（1）《近岸海洋生态健康评价指南》（HY/T 087—2005）。

《近岸海洋生态健康评价指南》（HY/T 087—2005）中红树林生态系统健康评价指标包括水环境（盐度年度变化、pH、活性磷酸盐、无机氮）、生物残毒（汞、镉、铅、砷、油类）、栖息地（5 年内红树林面积、土壤盐度年度变化）和生物（5 年内红树林覆盖度、5 年内红树林密度、底栖动物密度、底栖动物生物量、病害发生面积），用指标赋值法计算生态系统健康指数，根据健康指数值确定生态系统的健康状况。

（2）《红树林湿地健康评价技术规程》（LY/T 2794—2017）。

《红树林湿地健康评价技术规程》（LY/T 2794—2017）规定红树林湿地健康评价指标体系包括生物群落与结构（天然林比例、生态序列完整性、幼树中优势种比例、郁闭度、植物多样性、鸟类多样性、底栖动物多样性）、水土环境（土壤盐度、水质污染综合指数、营养状态质量指数）、外部威胁与干扰（湿地退化率、湿地开垦率、游客量、海堤建设率）、生物安全（外来入侵种种类、外来种入侵面积、病虫害种类、病虫害危害面积）等。评价方法也是运用指标赋值法计算红树林湿地健康指数，根据健康指数值确定红树林湿地的健康状况。

（3）《海岸带生态系统现状调查与评估技术导则 第 3 部分：红树林》（T/CAOE 20.3—2020）。

《海岸带生态系统现状调查与评估技术导则 第 3 部分：红树林》（T/CAOE 20.3—2020）提出红树林生态状况评估指标包括但不限于红树林植被指标（面积、破碎化程度、物种多样性、生长情况、自我更新能力）、典型生物物种多样性（大型底栖动物多样性、鸟类多样性）、生境指标（冲淤环境变化、沉积物质量、水环境质量）、威胁因素指标（人为干扰强度、海堤岸线、极端气候事件、海漂垃圾影响、外来物种入侵、污损生物影响、病虫害影响），建立了分项和综合评价体系，并给出了各评价指标的具体计算方法。

2018 年国务院政府机构改革之后，在自然资源部海洋预警监测司的统筹部署下，自然资源部南海局在南海区多个主要红树林分布区开展了红树林生态系统详查，基本掌握了南海区红树林生态基线和各主要红树林区的生态现状、变化趋势和主要生态问题及威胁因素。然而，如何从主要生态问题和威胁因素出发，筛选关键指标，定量化评价红树林生态系统现状和受威胁程度，及时针对具体生态问题或威胁因素开展分级预警，发布相应的预警产品，指导相关管理部门有的放矢地开展红树林管护工作，一直是红树林生态系统预警监测工作的重点和难点。

2023 年 5 月，自然资源部海洋预警监测司发布了《红树林生态系统监测、评价与预警技术规程（试行）》，首次搭建了量化的红树林生态系统监测评价和预警指标体系，从技术方法上实现了红树林生态系统的分级预警。自然资源部南海局印发的《2024 年南海区海洋生态预警监测工作方案》明确提出了红树林生态系统预警监测的新要求："开展监测，评价生态状况，跟踪掌握各生态系统中植物群落、动物群落、环境要素及干扰因素的变化，重点关注有害生物、外来红树植物、红树林岸滩侵蚀等生态问题，按照'一地一策'原则，发现当地面临的主要生态问题后及时开展分级预警，制作预警产品。"

本章节以 2024 年海南省东寨港红树林生态系统为案例，重点阐述以《红树林生态系统监测、评价与预警技术规程（试行）》为依据，开展红树林预警监测与评价，并发布预警的相关实践成果，为红树林生态系统监测、评价和生态问题预警提供最新参考。

4.1 调查区域自然环境和社会环境概况

4.1.1 区域自然环境状况

4.1.1.1 地理位置

海南东寨港红树林生态系统预警监测区域为海南东寨港国家级自然保护区。该保护区位于海南省东北部的东寨港，处于海口市和文昌市的交界处，位于 19°51′—20°01′N，110°32′—110°37′E 范围内（图 4.1），距离海口老城区 30 km，距海口美兰国际机场 10 km。保护区总面积 3337.6 hm²，属热带海洋性季风气候，年均降水量约 1700 mm，年均气温 23.8℃。环绕保护区周边的行政区主要为两镇一场，即演丰镇、三江镇和三江国营农场。

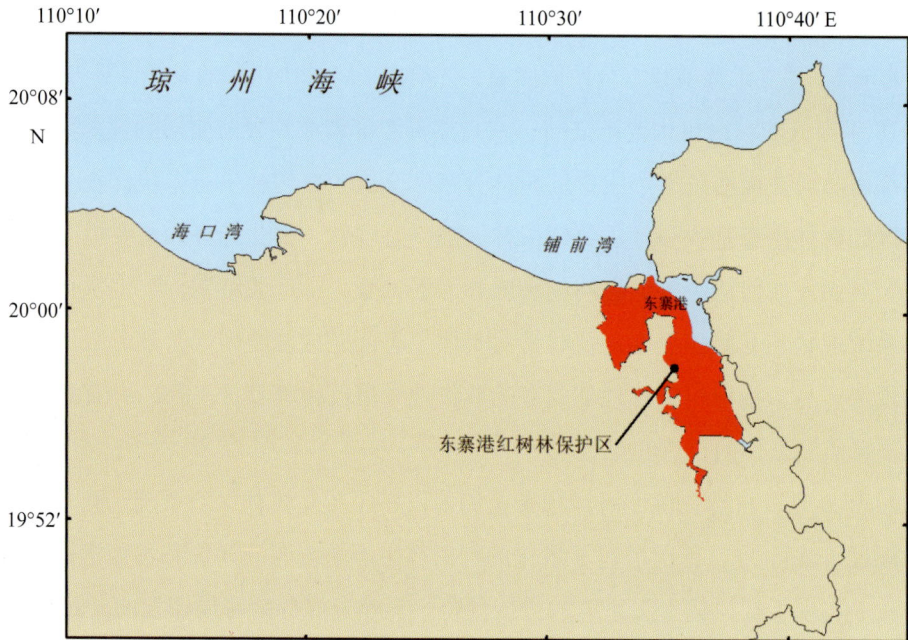

图 4.1　海南东寨港国家级自然保护区位置示意图

保护区红树林岸线长度超过 60 km，是迄今我国红树林自然保护区中连片面积最大、保育最好、资源最多、树种最丰富的自然保护区，是西伯利亚—澳大利亚候鸟迁徙路线的重要停歇地与黄嘴白鹭、黑脸琵鹭等珍稀濒危候鸟的重要越冬栖息地，其科研与科普价值重大，生态地位重要，是一处具有国际保护意义的红树林湿地，已成为全国重要的红树林科研与科普宣传教育基地。

4.1.1.2　地质地貌

海南东寨港红树林国家级自然保护区内发育着一条由东寨港至清澜港南北纵向断层带形成的断裂构造，是造成地震的原因之一。保护区的地层主要是新生代以来的海相和陆相地层，地层结构主要是由海相和陆相沉积形成的一套松散状砂土层和软塑状泥质土层。前者是夹有有机质和腐殖质的一套全新的第四系海陆相地层和第四系中更新统北海组地层；后者是一套砂 - 黏土混合的地层，由海相沉积形成。在地形地貌上，东寨港海岸线曲折多弯，海湾开阔，形如漏斗，略呈阶梯状，其间分布着多条曲折迂回的潮水沟。因而东寨港的海岸线呈阶梯状地貌，大致可分为海相新老沉积的东北小平原地区和半丘陵地貌的西南部属地区两类。东寨港一带地势低平，地势南高北低，多以 10 m 以下的海拔高度，由西南向东北倾斜。

4.1.1.3 气候特征

东寨港地处热带北缘，由于地理位置的特殊性，它的气候也比较复杂。这里季风气候显著，因此在强大的季风气候影响下，东寨港是具有明显大陆性的岛屿气候，也称为热带季风海洋性气候，其基本特征是四季不分明，气温年较差小，年平均气温高，干季、雨季明显，冬春干旱，夏秋多雨，多热带气旋，光、热、水资源丰富，风、旱、寒等气候灾害频繁。受热带气旋影响，8—11月台风多从海南岛东部登陆，一般风力范围为 7~12 级。每年 5—10 月为雨季，降雨量丰富，年均降雨量 1700 mm，其中台风降雨量占全年总降雨量的 80% 左右；太阳年辐射总量为 253 kJ/cm^2，年均日照 2200 h；年均气温、地温分别为 23.8℃ 和 26.7℃；年平均相对湿度约为 85%。冬季多东北风，夏季多南—东南风，西北风时湾口浪大，每年 1—3 月凌晨至上午 9 时常有雾，年平均风速 3.4 m/s。

4.1.1.4 水文特征

东寨港东有演州河，南有三江河（又称罗雅河），西有演丰东河和西河，4 条河流汇集港内出海，每年约有 $7×10^8$ m^3 的河水流入东寨港。在暴雨季节，河溪从内陆夹带大量细粒泥沙，在港内宽广地带沉积，形成广阔的滩涂沼泽，为红树林的发育造就了有利条件。大量的河水流入东寨港，调节港里海水盐度，利于生物繁育。

东寨港地处低纬区域，接受太阳辐射强，冬季又有暖潮调剂，因而海面水温较高，年平均水温25.4℃。最高气温出现在5—7月，平均气温为31.5℃；最低气温出现在1月，平均气温为17.7℃。

在东寨港海岸河口的不同地段，由于受河水和海潮的相互影响，盐度数值从海湾河口逐渐向河内地深入而相应下降。在红树林广布的河口，近岸地带水质盐度的变化，与雨季的降雨量和河川径流注入有关。旱季含盐量较高，在雨季特别是暴雨时含盐量较低。本区河溪发育是调剂水质的有利因素。红树植物对盐分的适应范围较广，在盐度2.17~34.5的河口海岸都可生长。但随着红树种源的不同，对盐分的适应因类而别。总之，盐分过高对红树植物的生长发育不利。

本区的潮汐类型为不规则半日潮。据保护区所设点观测，最高潮位 2.61 m，平均高潮位 2.09 m；最低潮位 0.48 m，平均低潮位 1.19 m；最大潮差 1.8 m，平均潮差 0.89 m。潮差大，潮间带相应较宽，提供的红树林生长空间也较大。潮水动力还能为红树植物传播种苗，扩展繁衍。

4.1.1.5 生物和湿地资源

东寨港国家级自然保护区的自然生物地理分布属海岸生物群落、东部亚热带自然生物界，印度—波利尼亚自然生物省、南海自然生物区（Ⅳ）北热带边缘湿润区。具备热带与亚热带过渡带的动植物区系，其中以南亚热带为主。适宜的气候、水文条件，独特的地貌特征，大面积集中连片的红树林和宽阔的港湾滩涂水域，使其具有丰富的生物多样性，为多种迁徙鸟类提供了良好的越冬栖息地。

东寨港湿地资源丰富，类型多样，有鱼类 119 种、大型底栖动物 115 种，其生物多样性极为丰富，保护价值重大。根据《全国湿地资源调查技术规程（试行）》的分类系统，保护区境内共涉及两个湿地类 6 个湿地型，分别为滨海湿地的浅海水域、潮下水生层、淤泥质海滩、红树林、河口水域和河流湿地的永久性河流。

4.1.2 区域社会经济状况

海南东寨港红树林自然保护区东侧隔港湾水域与文昌市铺前镇相望，西侧与南侧分别隶属于海口市演丰镇和三江镇。红树林海岸居民主要经济来源是农业与渔业，其中演丰镇海岸线周边的近海捕捞与养殖业相对集中，三江农场以种植业为主。靠海的村庄主要以海水养殖业为主，并正逐渐取代种植业等传统农业。2021 年，两镇共有居民 19 101 户，总人口 53 869 人。其中，演丰镇常住人口 26 038 人，户籍人口 30 902 人，农业人口 20 881 人；社会经济总产值为 8.2 亿元，其中，第一产业 6.81 亿元，第二产业 0.8074 亿元，第三产业 0.6077 亿元。三江镇总人口 17 626 人，农业人口 16 524 人，设有 8 个行政村；国民生产总值达 5.53 亿元，其中，第一产业 3.45 亿元，第二产业 0.85 亿元，第三产业 1.23 亿元。房屋建筑以自建楼房为主。2022 年，周边社区居民家庭年收入为 1 万～5 万元。

4.1.3 区域红树林状况

东寨港红树林地区物产丰富，得天独厚的条件为众多动物提供觅食、栖息、生产、繁殖之地。东寨港是我国红树植物种类最多的地区，也是我国珍稀濒危红树植物异地保存最多的地区。

保护区的天然植被以红树林为主，属于东方群系第三支中国区。其中水椰、红榄李、海南海桑、卵叶海桑、拟海桑、木果楝、正红树、尖叶卤蕨为珍贵树种。海南海桑和尖叶卤蕨为海南特有。海南海桑、卵叶海桑、拟海桑、水椰、红榄李、木果楝在海南正处于濒危状态，不但数量少，而且果实的结实率低或种子的发芽率低。红榄李、水椰、海南海桑、拟海桑、木果楝已载入《中国植物红皮书》。

在空间分布上，演丰镇演西村、演东村、山尾村、演中村等村的红树林呈片状群落分布，以白骨壤为主的红树植物占 60% 以上，以红海榄和海漆为主的红树植物约占 15%。周边沿海如边海村、田上村、演海村等有少量不连续分布的红树林群落，最宽处约 300 m，最小处约 10 m，其靠海一侧多为白骨壤，占比超过 50%；角果木占 30% 以上，多呈片状分布，其中生有少量白骨壤。三江镇的红树林主要沿海岸分布在道学村、奚头村、下园村以及沟边村一带，乔木层主要有海桑、海莲、红海榄、秋茄、榄李等，灌木层中海莲小树最多，约占树苗的 50%，白骨壤占比 20%，角果木占比 20%。保护区塘基一带主要分布黄槿、水黄皮、苦郎树等半红树植物。

4.2 调查概况

4.2.1 监测范围

海南东寨港国家级自然保护区总面积为 3337.6 hm^2，调查范围主要为东寨港保护区内红树林分布区。

4.2.2 监测内容和站位布设

4.2.2.1 监测内容

监测内容包括红树林植被、动物群落、环境要素、干扰因素。

（1）红树林植被：红树林分布、面积、物种组成、盖度等。

（2）动物群落：大型底栖动物（种类、密度和生物量）、鸟类（种类、数量）。

（3）环境要素：水环境（盐度）、底质环境（沉积物粒度）。

（4）干扰因素：互花米草分布、面积，外来红树植物分布、面积，有害藤本分布区域、影响面积，病虫害类型、发病/受害株，侵蚀岸滩边缘长度等。

4.2.2.2 站位布设

1）红树林植被

根据红树林分布面积预设断面，预设断面位置示意图和调查点位如图 4.2 和表 4.1

所示。断面具体位置可根据现场实地情况进行调整，如果红树林包括多个群落类型，宜在每个群落类型布设站位。本年度监测共设置 5 个红树林断面、15 个站位。

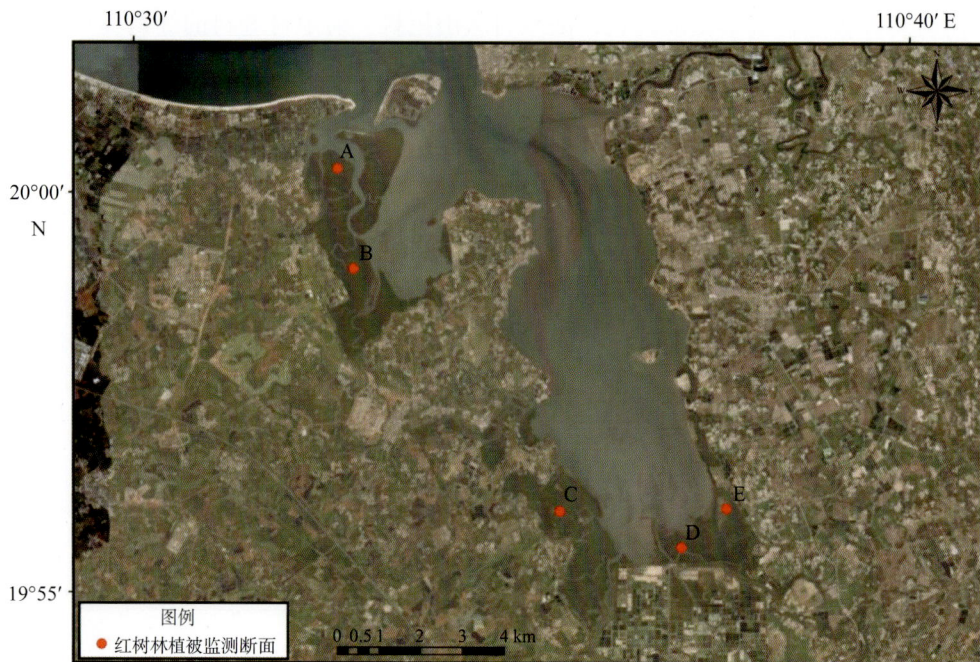

图 4.2　红树林植被监测断面示意图

表 4.1　红树林植被监测断面位置信息

序号	断面	纬度	经度	站点
1	A	20°00′18.063″N	110°32′38.619″E	A1-高、A2-中、A3-低
2	B	19°59′02.978″N	110°32′51.287″E	B1-高、B2-中、B3-低
3	C	19°56′00.940″N	110°35′31.373″E	C1-高、C2-中、C3-低
4	D	19°55′33.981″N	110°37′04.225″E	D1-高、D2-中、D3-低
5	E	19°56′03.184″N	110°37′38.668″E	E1-高、E2-中、E3-低

每个站位设置不少于 3 个 10 m×10 m 的红树林植被样方，共设 45 个样方，各样方红树植被密度和生长情况应尽量相似。若站位所在区域的红树群落以灌木为主，可改为 5 m×5 m 的样方。记录样方中心位置经纬度。

2）动物群落

（1）大型底栖动物。大型底栖动物调查站位与红树林植被保持一致，共设 5 个断面、15 个站位。

（2）鸟类。采用样线法开展鸟类群落调查，在红树林植被调查断面附近设置鸟类调查样线。

3）环境要素

（1）水环境。水环境监测断面与红树林植被保持一致，在每个断面的低潮带或潮沟处采集水样。

（2）底质环境。底质环境监测站位与红树林植被保持一致，在每个站位采集表层沉积物样品。

4）互花米草

互花米草面积、分布通过遥感影像和现状核查获取。群落特征调查与分析根据收集材料设定互花米草监测站位，共设置4处监测站位（表4.2和图4.3）。

表4.2　互花米草监测站位位置信息

站号	纬度	经度
HH1	20°00′31.073″N	110°32′16.728″E
HH2	19°57′07.226″N	110°35′25.160″E
HH3	19°58′01.425″N	110°37′05.074″E
HH4	19°59′02.547″N	110°34′00.627″E

图4.3　互花米草监测站位示意图

5）外来红树植物

外来红树植物分布、面积通过遥感解译和现场核查获取。根据收集材料设定外来红树植物监测站位，共设置 6 处监测站位（表 4.3 和图 4.4）。

表 4.3 外来红树植物监测站位位置信息

站号	纬度	经度
WL1	19°59′24.483″N	110°32′21.294″E
WL2	19°58′38.728″N	110°32′41.349″E
WL3	19°58′05.218″N	110°37′09.495″E
WL4	19°57′40.898″N	110°37′05.719″E
WL5	19°57′09.531″N	110°35′22.159″E
WL6	19°58′06.192″N	110°34′57.672″E

图 4.4 外来红树植物监测站位示意图

6）有害藤本与病虫害

通过遥感解译获取外来有害藤本的分布及面积。设置站位现场调查记录物种及其分布特征。红树林病虫害的种类、发生情况、寄主植物发病株数 / 受害株数 / 受害叶片数等通过设定调查路线进行踏查（表 4.4 和图 4.5）。

表 4.4　有害藤本和病虫害监测站位位置信息

站号	纬度	经度
YH1	19°59′52.855″N	110°32′36.556″E
YH2	19°58′35.921″N	110°33′37.861″E
YH3	19°57′01.549″N	110°34′36.497″E
YH4	19°56′23.050″N	110°35′24.622″E
YH5	19°55′49.452″N	110°37′51.156″E
YH6	19°55′26.133″N	110°37′13.850″E
YH7	19°53′58.853″N	110°36′17.387″E

图 4.5　有害藤本和病虫害监测站位示意图

7）侵蚀岸滩长度

侵蚀岸滩边缘长度选取典型区域设置站位进行各项指标监测，共设置 6 个站位（表 4.5 和图 4.6）。

表 4.5　侵蚀岸滩长度监测站位位置信息

站号	纬度	经度
QS1	20°00′25.050″N	110°32′14.763″E
QS2	19°57′52.906″N	110°32′56.149″E
QS3	19°59′47.334″N	110°33′58.710″E
QS4	19°57′23.598″N	110°34′53.197″E
QS5	19°55′55.700″N	110°35′55.304″E
QS6	19°55′23.299″N	110°36′50.570″E

图 4.6　侵蚀岸滩长度监测站位示意图

4.2.3　监测和分析方法

4.2.3.1　红树林植被

1）面积、分布和林带宽度

红树林植被面积、分布和林带宽度通过遥感识别与现场核查方法获取。林带宽度为每个调查区块平均林带宽度，林带宽度按如下公式计算：

$$W = \frac{A}{L} \tag{4-1}$$

式中，W 为调查区块红树林林带宽度，单位为 m；A 为调查区块红树林面积，单位为 m²；L 为调查区块红树林岸线长度，单位为 m。

2）盖度

红树林植被盖度经现场估测获取。

3）红树林植被其他要素

红树林植被其他要素，如种类、植株密度、平均胸径／基径、平均株高、幼苗密度等，调查采用样方调查，根据以下不同植被类型设置不同样方进行调查。其中胸径、基径和株高的测量方法如下。

（1）乔木型植被调查应设置 10 m×10 m 的调查样方，调查样方内成年植株和幼树的物种、数量、株高、胸径、分枝数量。在样方中，布设 1 m×1 m 的嵌套样方，记录样方内的幼苗（株高小于等于 1 m）和附生草本植物的物种、数量、株高、基径及气生根的类型和数量。

（2）灌木型植被调查应设置 5 m×5 m 的调查样方，如植被茂密，可设置 2 m×2 m 的调查样方，调查参数及调查方法同乔木型植被调查方法。

（3）胸径通常测量地上 1.3 m 处树木基干周长，当红树林树木形态难以测量地上 1.3 m 处基干周长时，若树木在胸部高度以下分叉，或在近面或地面之上的基部单向，将每一部分看作单独的茎干加以测量（在记录中，将主干记为"1"，其余的分叉记为"2"）；若茎干具有支撑根系或下部呈凹槽形（红树科植物）则在根上部 20 cm 处量基干周长；若在测量点茎干具有隆起、枝条或畸形时，要把测量基干周长的位置稍微上移或下移。测量树木基干周长的同时测定每株红树林的株高（地面至植株的最高点）。胸径（DBH）按下式计算。

$$DBH = \frac{C}{\pi} \tag{4-2}$$

式中，DBH 为胸径，单位为 cm；C 为树木基干周长，单位为 cm；π 为圆周率。

（4）基径通常测量地上 30 cm 处基干周长，当幼苗形态难以测量地上 30 cm 处基干周长时，胚轴幼苗测定胚轴上方基干周长，其他幼苗测定地上 5 cm 处基干周长。

4.2.3.2　动物群落

1）大型底栖动物

调查分析方法按《海洋监测规范　第7部分：近海污染生态调查和生物监测》（GB 17378.7—2007）中"潮间带生物"部分执行，按高、中、低潮带分别设置站位，每个断面设置3个站位，每个站位随机挖取0.25 cm×0.25 cm×30 cm的定量样方，采集定量生物，放入聚乙烯瓶中，用中性甲醛溶液固定。同时，在整个断面范围内采集定性生物，装入密封袋中冷冻保存。监测频率为2次/a。

2）鸟类

具体调查分析方法按《生物多样性观测技术导则　鸟类》（HJ 710.4—2014）执行，在每个植被监测断面附近设置1条鸟类调查样线，样线长度不短于1.5 km，监测样线两侧的鸟类种类及数量。监测频率为2次/a。

4.2.3.3　环境要素

1）水环境

在每个断面的低潮带或潮沟处采集水样，检测其盐度，具体调查分析方法按《海洋调查规范　第2部分：海洋水文观测》（GB/T 12763.2—2007）执行，监测频率为至少1次/a。

2）底质环境

在每个站位采集表层沉积物样品，检测其粒度，具体调查分析方法按《海洋调查规范　第8部分：海洋地质地球物理调查》（GB/T 12763.8—2007）执行，监测频率为1次/a。

4.2.3.4　干扰因素

1）互花米草

监测互花米草的分布、面积通过遥感影像获取，其他因子通过实地调查获取。

2）外来红树植物

现场调查记录外来红树植物的物种及分布特征，通过遥感影像获取外来红树植物的分布、面积。

3）有害藤本

现场调查记录有害藤本的物种及分布特征，通过遥感影像获取外来有害藤本的分布及面积。

4）病虫害

红树林病虫害的种类、发生情况、寄主植物发病株数/受害株数/受害叶片数等按设计路线进行实地踏查。

5）侵蚀岸滩边缘长度

利用遥感、无人机手段确定侵蚀岸滩边缘长度情况。

各项目具体监测内容与方法详见表4.6。

表4.6 监测和分析方法一览表

监测内容	监测/分析项目	监测/分析方法	方法引用标准
红树林植被	分布、面积、林带宽度	遥感、无人机	HY/T 081—2005、HY/T 0460.3—2024
	种类、盖度、胸径/基径、株高、密度、幼苗密度	现场样方调查	
动物群落	大型底栖动物	个体计数法	GB 17378.7—2007
	鸟类	样线法	HJ 710.4—2014
环境要素	水体盐度	盐度计法	GB/T 12763.2—2007
	沉积物粒度	激光法	GB/T 12763.8—2007
干扰因素	互花米草、外来红树、有害藤本	遥感、无人机、现场核查	HY/T 0460.3—2024
	病虫害	现场踏查	LY/T 2011
	侵蚀岸滩边缘长度	遥感、无人机	GB/T 42435—2023

4.2.4 评价方法

根据各部分监测结果开展东寨港红树林生态系统生态状况评价和生态问题预警，并发布相应的预警产品。评价方法为指标赋值法，评价内容和指标包括植被群落（红树植物种类、面积、覆盖度）、其他生物群落（大型底栖动物物种多样性指数、物种丰富度指数）、环境要素（水体盐度、沉积物粒度）和干扰因素（互花米草面积；有害藤本物种、面积；外来红树植物物种、面积；病虫害类型、影响程度、面积；岸滩侵蚀区域、侵蚀长度）等，具体评价方法参照《红树林生态系统监测、评价与预警技术规程（试行）》的规定。

同时，针对各干扰因素（生态问题）的评价结果确定相应的预警等级，提出处置建议，发布预警产品，具体预警方法参照《红树林生态系统监测、评价与预警技术规程（试行）》的规定。

4.3 生物群落状况

4.3.1 红树林植被

4.3.1.1 面积、分布和林带宽度

经遥感解译，海南东寨港保护区内红树林分布面积为 2322.47 hm^2。红树林主要分布在河口处，被潮沟自然分割成多个植被斑块；红树林分布区岸线总长度为 59.42 km，呈现出曲折绵长的特点（图 4.7）。由红树林面积和岸线长度，可算出东寨港保护区红树林平均林带宽度为 390.86 m。

图 4.7　东寨港红树林植被和岸线分布

4.3.1.2　种类数

通过路线和样方调查以及文献调研等方式，查明东寨港红树林保护区目前共有红树植物 21 科 39 种，其中，真红树植物 11 科 14 属 27 种（表 4.7），半红树植物 10 科 12 属 12 种（表 4.8）；在真红树植物中，无瓣海桑（*Sonneratia apetala*）和拉关木（*Laguncularia racemosa*）为外来物种，其他 25 个种类均为我国原生红树植物。

表 4.7　东寨港保护区中的真红树植物名录

科名	中文名	学名	生长型
凤尾蕨科 Pteridaceae	卤蕨	*Acrostichum aureum*	蕨类
	尖叶卤蕨	*Acrostichum speciosum*	蕨类
棟科 Meliaceae	木果棟	*Xylocarpus granatum*	乔木
大戟科 Euphorbiaceae	海漆	*Excoecaria agallocha*	乔木、灌木
海桑科 Sonneratiaceae	杯萼海桑	*Sonneratia alba*	乔木
	海桑	*Sonneratia caseolaris*	乔木
	海南海桑	*Sonneratia × hainanensis*	乔木
	卵叶海桑	*Sonneratia ovata*	乔木
	拟海桑	*Sonneratia × gulngai*	乔木
	无瓣海桑	*Sonneratia apetala*	乔木
	钟氏海桑	*Sonneratia × zhongcairongii*	乔木
红树科 Rhizophoraceae	木榄	*Bruguiera gymnorhiza*	乔木
	海莲	*Bruguiera sexangula*	乔木
	尖瓣海莲	*Bruguiera sexangula* var. *rhymchopetala*	乔木
	角果木	*Ceriops tagal*	乔木、灌木
	秋茄	*Kandelia obovata*	乔木、灌木
	正红树	*Rhizophora apiculata*	乔木
	红海榄	*Rhizophora stylosa*	乔木
使君子科 Combretaceae	红榄李	*Lumnitzera littorea*	乔木
	榄李	*Lumnitzera racemosa*	乔木、灌木
	拉关木	*Laguncularia racemosa*	乔木
紫金牛科 Myrsinaceae	桐花树	*Aegiceras corniculatum*	乔木、灌木

续表

科名	中文名	学名	生长型
马鞭草科 Avicenniaceae	白骨壤	*Avicennia marina*	乔木、灌木
爵床科 Acanthaceae	老鼠簕	*Acanthus ilicifolius*	亚灌木
	小花老鼠簕	*Acanthus ebracteatus*	亚灌木
茜草科 Rubiaceae	瓶花木	*Scyphiphora hydrophyllacea*	灌木
棕榈科 Arecaceae	水椰	*Nypa fruticans*	灌木

表 4.8　东寨港保护区中的半红树植物名录

科名	中文名	学名	生长型
莲叶桐科 Hernandiaceae	莲叶桐	*Hernandia nymphiifolia*	乔木
豆科 Leguminosae	水黄皮	*Pongamia pinnata*	乔木
锦葵科 Malvaceae	黄槿	*Hibiscus tilisceus*	乔木、灌木
	杨叶肖槿	*Thespesia populnea*	乔木
梧桐科 Sterculiaceae	银叶树	*Heritiera littoralis*	乔木
千屈菜科 Lythraceae	水芫花	*Pemphis acidula*	乔木、灌木
玉蕊科 Barringtoniaceae	玉蕊	*Barringtonia racemosa*	乔木
夹竹桃科 Apocynaceae	海杧果	*Cerbera manghas*	乔木
马鞭草科 Verbenaceae	苦郎树	*Clerodendrum inerme*	灌木
	钝叶臭黄荆	*Premna obtusifolia*	乔木、灌木
紫薇科 Bignoniaceae	海滨猫尾木	*Dolichandron spathacea*	乔木
菊科 Compositae	阔苞菊	*Pluchea indica*	灌木

4.3.1.3　样方调查结果

共设置 5 个红树林植被调查断面，每个断面按高、中、低潮区设置 3 个站位，每个站位设置 3 个 10 m×10 m 的植被样方，共 15 个站位 45 个样方，植被现场调查时间为 2024 年 9 月。

1）盖度

各断面、各站位的红树林植被平均盖度见表 4.9，各站位红树林植被平均盖度范围为 65.7%～90.0%，平均值为 83.6%；各断面红树林植被平均盖度范围为 67.9%～89.0%，平均值为 83.6%。除 B 断面各站位植被平均盖度相对较低外，其他断面平均盖度都在 85% 及以上。

表4.9 各断面、各站位植被平均盖度

断面	站位	平均盖度	断面平均值
A	A1	89.7%	89.0%
A	A2	89.0%	89.0%
A	A3	88.3%	89.0%
B	B1	66.0%	67.9%
B	B2	65.7%	67.9%
B	B3	72.0%	67.9%
C	C1	84.0%	85.0%
C	C2	87.3%	85.0%
C	C3	83.7%	85.0%
D	D1	88.3%	88.3%
D	D2	87.7%	88.3%
D	D3	89.0%	88.3%
E	E1	87.3%	87.7%
E	E2	90.0%	87.7%
E	E3	85.7%	87.7%
平均		83.6%	

2）种类组成

样地内共记录红树植物6科10属12种，其中，真红树5科9属11种，半红树1科1属1种。红树科的种类最多，有6种，占总种类数的50.0%；其次为使君子科，有2种，占总种类数的16.7%；其他科的植物种类数均仅有1种（表4.10）。此外，在调查断面周边，未纳入样地调查的还有老鼠簕和卤蕨2种红树植物，仅在个别断面周边分布，植株个体较小且分布范围小。

表4.10 样地内的红树植物名录

科名	中文名	学名	A	B	C	D	E
海桑科 Sonneratiaceae	无瓣海桑	*Sonneratia apetala*				+	
红树科 Rhizophoraceae	木榄	*Bruguiera gymnorhiza*		+	+		
红树科 Rhizophoraceae	海莲	*Bruguiera sexangula*		+	+	+	+
红树科 Rhizophoraceae	尖瓣海莲	*Bruguiera sexangula* var. *rhymchopetala*			+		
红树科 Rhizophoraceae	角果木	*Ceriops tagal*	+		+	+	+
红树科 Rhizophoraceae	秋茄	*Kandelia obovata*	+				+
红树科 Rhizophoraceae	红海榄	*Rhizophora stylosa*	+				+

续表

科名	中文名	学名	A	B	C	D	E
使君子科 Combretaceae	榄李	*Lumnitzera racemosa*	+		+	+	
	拉关木	*Laguncularia racemosa*		+			
紫金牛科 Myrsinaceae	桐花树	*Aegiceras corniculatum*		+	+	+	
马鞭草科 Avicenniaceae	白骨壤	*Avicennia marina*	+				+
锦葵科 Malvaceae	黄槿	*Hibiscus tilisceus*			+	+	+

从群落类型来看，各断面红树林植被群落主要类型包括海莲群落、木榄群落、红海榄群落、海莲+黄槿群落、木榄+拉关木群落等（图 4.8）。

红海榄群落

木榄群落

海莲群落

图 4.8 样地内的主要红树群落

3）胸径和株高

调查样地中红树植株的胸径和株高情况见表 4.11 至表 4.13。从不同断面看，各断面红树植株平均胸径为 3.63～8.51 cm，平均为 6.00 cm，E 断面平均胸径最大，A 断面平均胸径最小；各断面红树植株平均株高为 155.3～490.4 cm，平均为 354.4 cm，E 断面平均株高最高，B 断面平均株高最低。断面间胸径、株高的差异主要与树龄和树种有关，B 断面为树龄较短的人工林，因此平均胸径和株高均较小，而以海莲为主要群落类型的断面红树植株平均胸径和株高要高于以红海榄群落为主的断面。

表 4.11　各断面红树植株平均胸径和株高

断面	平均胸径 / cm	平均株高 / cm	主要群落类型
A	3.63	269.5	红海榄
B	4.25	155.3	海莲 + 木榄、木榄 + 拉关木
C	6.83	481.5	海莲、海莲 + 木榄 + 尖瓣海莲
D	6.77	375.2	海莲
E	8.51	490.4	海莲
平均	6.00	354.4	—

表 4.12　样地内各红树种类平均胸径和株高

种类	平均胸径 / cm	平均株高 / cm
无瓣海桑	6.53	583.3
木榄	6.23	245.0
海莲	8.32	464.0
尖瓣海莲	7.18	542.5
角果木	5.21	376.9
秋茄	3.65	211.3
红海榄	3.87	298.2
榄李	4.60	304.4
拉关木	3.02	153.8
桐花树	3.39	128.3
白骨壤	6.07	290.0
黄槿	5.66	395.0

表 4.13　不同潮带红树植株平均胸径和株高

潮带	平均胸径 / cm	平均株高 / cm	主要群落类型
高	5.68	341.0	海莲 + 黄槿、木榄 + 拉关木
中	6.08	348.9	海莲、海莲 + 角果木、木榄 + 拉关木
低	6.17	365.9	海莲、红海榄、海莲 + 白骨壤

从不同红树种类看，各红树种类植株的平均胸径为 3.02 ~ 8.32 cm，拉关木的平均胸径最小，海莲的平均胸径最大；各红树种类植株的平均株高为 128.3 ~ 583.3 cm，桐花树的平均株高最低，无瓣海桑的平均株高最高。这也与树龄和生长型的差异有关：调查样地中的拉关木多为树龄较短的小树或幼树，因此，胸径和株高较小；而多呈灌木状或低矮乔木状的桐花树和秋茄，其胸径和株高要明显小于海莲、无瓣海桑等高大乔木。

从不同潮带看，本次调查不同潮带红树植株的平均胸径和平均株高大小关系均为低潮带 > 中潮带 > 高潮带，但潮带间的胸径和株高差异并不大，这主要与调查断面各潮带植株分布较均匀有关。

4）植株密度和优势种

调查样地中红树植株的密度情况见表 4.14 至表 4.16。从不同断面看，各断面红树植株平均密度为 2888.9 ~ 4266.7 ind./hm²，平均为 3353.3 ind./hm²。A 断面平均植株密度最高，C 断面最低。样地调查中，出现频率最高的优势种为海莲，其在 C、D、E 3 个断面均为第一优势种；此外，A 断面第一优势种为红海榄，B 断面第一优势种为木榄。

从不同红树种类看，各红树种类植株的平均密度为 22.2 ~ 1668.9 ind./hm²，其中，白骨壤的平均植株密度最低，海莲的平均植株密度最高。平均密度前 3 位的植物种类依次为海莲、红海榄和木榄，三者的平均植株密度明显高于其他种类。

从不同潮带看，本次调查不同潮带红树植株的平均植株密度大小关系均为高潮带 > 低潮带 > 中潮带，但潮带间的植株密度差异并不大，这主要与调查断面各潮带植株分布较均匀、郁闭度相差不大有关。

表 4.14　各断面植株平均密度和第一优势种

断面	平均密度 /（ind.·hm^{-2}）	主要优势种
A	4266.7	红海榄
B	3144.4	木榄
C	2888.9	海莲
D	2922.2	海莲
E	3544.4	海莲
平均	3353.3	—

表 4.15　样地内各红树种类平均密度

种类	平均密度 /（ind.·hm^{-2}）
无瓣海桑	31.1
木榄	444.4
海莲	1668.9
尖瓣海莲	40.0
角果木	57.8
秋茄	28.9
红海榄	784.4
榄李	57.8
拉关木	62.2
桐花树	80.0
白骨壤	22.2
黄槿	75.6

表 4.16　不同潮带红树植株平均密度

潮带	平均密度 /（ind.·hm^{-2}）
高	3553.3
中	3193.3
低	3313.3

5）幼苗密度

各断面红树幼苗平均密度情况见表 4.17，各断面红树幼苗平均密度为 1811.1～60 888.9 ind./hm^2，平均为 13 880.0 ind./hm^2。B 断面幼苗密度最大，A 断面幼苗密度最小。B 断面幼苗密度远高于其他断面，主要是由于 B 断面为树龄较小的人工林，多数植株仍处于幼树或幼苗状态，属于增长型群落；而其他断面均为发育成熟的天然林，以成长植株为主，幼苗数量相对较少，属于稳定型群落。

表 4.17 各断面幼苗平均密度

断面	幼苗平均密度 / (ind. · hm^{-2})
A	1811.1
B	60 888.9
C	1933.3
D	2111.1
E	2655.6
平均	13 880.0

4.3.2　大型底栖动物

4.3.2.1　种类组成

本次东寨港红树林调查（两季）大型底栖动物样品经鉴定共有 5 大门类 48 种，其中 6 月 42 种，9 月 27 种，有 21 种底栖生物在两次调查中均有发现。在两次调查中，节肢动物种类最多，有 25 种，均约占总种数的 52.08%；软体动物次之，有 13 种，占总种数的 27.08%；环节动物有 8 种，占总种数的 16.67%；纽形动物和脊索动物均为 1 种，占总种数的 2.08%，详细的种类组成如图 4.9 和表 4.18 所示，生物种类组成以近岸暖水性的潮间带大型底栖动物种类为主。

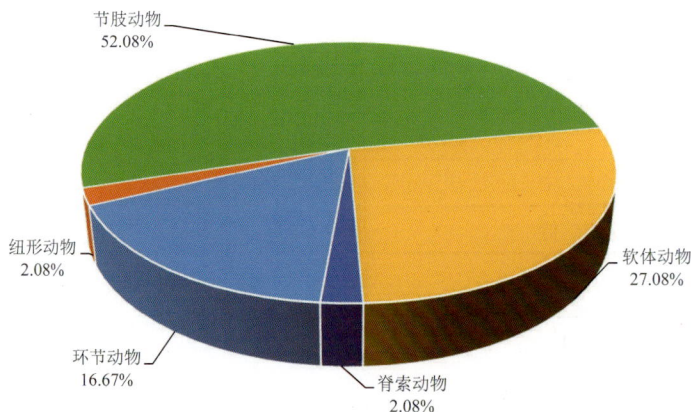

图 4.9　大型底栖动物种类组成（两次调查合计）

表 4.18　大型底栖生物种类组成

类群	6月		9月		合计	
	种类数	占比	种类数	占比	种类数	占比
环节动物	8	19.05%	2	7.41%	8	16.67%
纽形动物	1	2.38%	—	—	1	2.08%
节肢动物	21	50.00%	15	55.56%	25	52.08%
软体动物	11	26.19%	9	33.33%	13	27.08%
脊索动物	1	2.38%	1	3.70%	1	2.08%
总计	42	—	27	—	48	—

4.3.2.2　栖息密度和生物量

大型底栖动物的栖息密度和生物量分析结果来源于定量挖泥样品，结果见表 4.19 和表 4.20。

表 4.19　大型底栖动物种类栖息密度和生物量组成

类群	6月				9月			
	栖息密度 / (ind.·m^{-2})	栖息密度百分比 / %	生物量 / (g·m^{-2})	生物量百分比 / %	栖息密度 / (ind.·m^{-2})	栖息密度百分比 / %	生物量 / (g·m^{-2})	生物量百分比 / %
环节动物	25.87	39.27	3.63	9.27	5.33	17.09	0.89	2.25
纽形动物	0.27	0.40	0.11	0.28	0	0	0	0
节肢动物	12.00	18.22	7.29	18.65	16.53	52.99	27.09	68.18
软体动物	27.47	41.70	27.92	71.42	9.33	29.91	11.75	29.57
脊索动物	0.27	0.40	0.15	0.39	0	0	0	0
合计	65.87	—	39.10	—	31.20	—	39.73	—

表 4.20　大型底栖动物栖息密度和生物量的站位、潮带和底质分布

站号	潮带	沉积物	6月			9月		
			栖息密度 / (ind.·m^{-2})		生物量 / (g·m^{-2})		栖息密度 / (ind.·m^{-2})	生物量 / (g·m^{-2})
A	高	泥	12		0.56		20	19.86
	中	泥	16	37.33	18.96	12.74	32	41.45
	低	泥	84		18.72		36	15.53

续表

站号	潮带	沉积物	6月		9月	
			栖息密度 / (ind. · m⁻²)	生物量 / (g · m⁻²)	栖息密度 / (ind. · m⁻²)	生物量 / (g · m⁻²)
B	高	泥	308	302.57	88	112.30
	中	泥	140	184.00	18.28	110.92	32	65.33	31.13	67.98
	低	泥	104	11.91	76	60.51
C	高	泥	24	5.34	8	6.90
	中	泥	28	22.67	16.97	9.27	24	14.67	38.42	20.53
	低	泥	16	5.50	12	16.26
D	高	泥	40	23.42	8	20.32
	中	泥	60	49.33	17.64	15.47	28	18.67	58.63	27.67
	低	泥	48	5.36	20	4.05
E	高	泥	28	30.29	16	53.14
	中	泥	52	36.00	70.98	47.10	28	28.00	44.97	56.89
	低	泥	28	40.03	40	72.55
平均值			65.87	39.10	31.20	39.73

6月调查大型底栖动物的平均栖息密度为 65.87 ind./m²，平均生物量为 39.10 g/m²；9月调查大型底栖动物的平均栖息密度为 31.20 ind./m²，平均生物量为 39.73 g/m²。在栖息密度方面，6月调查结果高于9月调查结果；在生物量方面，两次调查结果相近。

由表4.19可知，定量样品中大型底栖动物涉及的类群的栖息密度差异较大。6月调查中共发现5个门类，栖息密度最高为软体动物，占总栖息密度的41.70%；其次为环节动物，占总栖息密度的39.27%；节肢动物占总栖息密度的18.22%，纽形动物和脊索动物占的比重很小。按栖息密度组成大小排列依次为软体动物＞环节动物＞节肢动物＞脊索动物＝纽形动物。9月调查中共发现3个门类，栖息密度最高的为节肢动物，占总栖息密度的52.99%；其次为软体动物，占总栖息密度的29.91%；环节动物占总栖息密度的17.09%。按栖息密度组成大小排列依次为节肢动物＞软体动物＞环节动物。

生物量组成结构中，各类群差异较大。6月调查中，软体动物占很大比重，达到71.42%，远高于其他类群；节肢动物占比18.65%；环节动物占比9.27%；脊索动物和纽形动物占比均很低；按生物量组成大小排列依次为软体动物＞节肢动物＞环节动物＞脊索动物＞纽形动物。9月调查中，节肢动物占比68.18%，软体动物占比29.57%，环节动物占比2.25%；按生物量组成大小排列依次为节肢动物＞软体动物＞环节动物。

由表 4.20 可知，由于调查站位的地理位置差异，各站位大型底栖动物栖息密度和生物量存在一定的波动，受大生物量的软体动物（如珠带拟蟹守螺、红树拟蟹守螺等）影响，生物量的站间差异更大。6 月调查中，B 站位的栖息密度最大，达到 184.00 ind./m²，该站位出现大量的珠带拟蟹守螺；密度最低为 C 站位，仅 22.67 ind./m²。B 站位生物量最高，达到 110.92 g/m²；生物量最低为 C 站位，仅 9.27 g/m²。9 月调查中，也是 B 站位的栖息密度最大，达到 65.33 ind./m²；密度最低为 C 站位，仅 14.67 ind./m²。B 站位生物量最高，达到 67.98 g/m²；生物量最低为 C 站位，仅 20.53 g/m²。在两次调查中，栖息密度和生物量均在 B 站位最高，C 站位最低。

4.3.2.3　优势种

根据对大型底栖动物定量数据的分析，优势种见表 4.21。

表 4.21　大型底栖动物优势种及优势度

调查时间	优势种	优势度 Y	出现频率
6 月	珠带拟蟹守螺	0.117	40.00%
	红树拟蟹守螺	0.097	80.00%
	红角沙蚕	0.084	40.00%
	羽须鳃沙蚕	0.078	60.00%
9 月	斑点拟相手蟹	0.145	100.00%
	珠带拟蟹守螺	0.109	40.00%
	羽须鳃沙蚕	0.087	60.00%
	扁平拟闭口蟹	0.082	80.00%
	锐刺管招潮	0.072	60.00%
	蓝额拟相手蟹	0.041	60.00%

6 月大型底栖动物优势种共有 4 种，其中，软体动物 2 种，环节动物 2 种。第一优势种是软体动物的珠带拟蟹守螺，优势度 0.117，在 2 个站位中出现，出现频率 40.00%，主要栖息在泥滩表面，在 B 站和 E 站大量出现；其次为红树拟蟹守螺，优势度 0.097，在 4 个站位中出现，出现频率 80.00%；再次为红角沙蚕和羽须鳃沙蚕。

9 月大型底栖动物优势种共有 6 种，其中，节肢动物 4 种，软体动物 1 种，环节动物 1 种。第一优势种是节肢动物的斑点拟相手蟹，优势度 0.145，在 5 个站位中均有出现，出现频率 100%；其次是软体动物的珠带拟蟹守螺，优势度 0.109，在 2 个站位中出现，出现频率 40.00%；此外，还有羽须鳃沙蚕、扁平拟闭口蟹、锐刺管招潮和蓝额拟相手蟹。

在两次调查中，珠带拟蟹守螺和羽须鳃沙蚕均成为优势种，其他优势种有所更替。

4.3.2.4　物种多样性指数、均匀度指数和物种丰富度指数

生物群落多样性是生物群聚（Population）的一个重要属性，它反映生物群落的种类与个体数量的函数关系，可用物种多样性指数和均匀度指数衡量。现使用 Shannon-Wiener 法的物种多样性指数计算公式和 Pielous 的均匀度指数计算公式：

$$H' = -\sum_{i=1}^{s} Pi \log_2 Pi , \quad J' = \frac{H'}{\log_2 s} \qquad （4-3）$$

式中，H' 为物种多样性指数；J' 为均匀度指数，S 为种类数；$Pi = n_i / N$，其中，n_i 是第 i 个物种的个体数，N 是全部物种的个体数。

物种丰富度指数 D 表示群落中种类丰富程度，是应当首先了解的群落问题。物种丰富度指数的计算公式有多种，现采用马卡列夫（Margalef，1958）的计算公式：

$$D = (S-1) / \log_2 N \qquad （4-4）$$

式中，D 表示物种丰富度指数；S 表示样品中的种类总数；N 表示样品中生物的总个体数。

根据定量样品栖息密度数据计算东寨港红树林底栖动物的物种多样性指数 H'、均匀度指数 J' 和物种丰富度指数 D。计算结果见表 4.22。

6 月调查中物种多样性指数 H' 范围为 1.50～3.12，平均 2.16，最高值出现在 D 站位。

9 月调查中物种多样性指数 H' 范围为 1.80～2.56，平均 2.24，最高值出现在 D 站位。

6 月调查中均匀度指数 J' 范围为 0.63～0.90，平均 0.76，最高值出现在 D 站位。

9 月调查中均匀度指数 J' 范围为 0.64～0.88，平均 0.81，最高值出现在 A 站位。

6 月调查中物种丰富度指数 D 范围为 0.49～1.39，平均 0.88，最高值出现在 D 站位。

9 月调查中物种丰富度指数 D 范围为 0.77～1.21，平均 0.93，最高值出现在 D 站位。

表 4.22　大型底栖动物群落多样性参数

站位	6月				9月			
	种类数	物种多样性指数 H'	均匀度指数 J'	物种丰富度指数 D	种类数	物种多样性指数 H'	均匀度指数 J'	物种丰富度指数 D
A	6	1.70	0.66	0.73	6	2.28	0.88	0.77
B	8	1.88	0.63	0.77	7	1.80	0.64	0.79
C	4	1.50	0.75	0.49	7	2.40	0.86	1.10
D	11	3.12	0.90	1.39	8	2.56	0.85	1.21
E	8	2.61	0.87	1.04	6	2.17	0.84	0.78
平均值	—	2.16	0.76	0.88	—	2.24	0.81	0.93

4.3.3 鸟类

4.3.3.1 调查和统计方法

1）调查方法

参照《生物多样性观测技术导则——鸟类》（HJ 710.4—2014）的要求进行，主要采用样线法进行鸟类观测。

观测者沿着固定的线路行走，并记录样线两侧所见到的鸟种、数量、高度或距离。根据生境类型和地形设置样线，各样线互不重叠。一般而言，每种生境类型的样线应在 2 条以上，每条样线长度以 1～3 km 为宜。若因地形限制，样线长度不应短于 1 km。观测时行进速度通常为 1.5～3 km/h。

根据对样线两侧观测记录范围的限定，样线法又分为不限宽度、固定宽度和可变宽度 3 种方法。不限宽度样线法即不考虑鸟类与样线的距离，固定宽度样线法即记录样线两侧固定距离内的鸟类，可变宽度样线法需记录鸟类与样线的垂直距离。

2）样线布设

调查共布设 5 条样线，每条样线长度约为 2 km，具体样线布设和经纬度如图 4.10 和表 4.23 所示。

图 4.10　鸟类调查样线示意图

表 4.23　鸟类调查样线起止经纬度

序号	样线编号	起始经纬度	终止经纬度	样线长度 / km
1	A	20°00.401 05′N, 110°32.166 34′E	19°59.421 26′N, 110°32.014 93′E	2.2
2	B	19°59.419 84′N, 110°32.016 12′E	19°58.291 19′N, 110°32.629 88′E	2.5
3	C	19°55.544 83′N, 110°35.551 61′E	19°56.227 68′N, 110°35.068 61′E	2.0
4	D	19°55.338 89′N, 110°36.901 15′E	19°54.837 79′N, 110°36.313 66′E	1.8
5	E	19°56.705 23′N, 110°37.512 44′E	19°55.474 04′N, 110°38.061 30′E	2.4

3）统计方法

把整个调查过程中的每种鸟类数量总和除以鸟类调查总数量，求出该种鸟类所占百分数。百分数大于 50%，为极多种；百分数为 10%～50%，为优势种；百分数为 1%～10%，为常见种；百分数小于 1%，为稀有种。

4.3.3.2　种类和数量组成

1）6 月

6 月调查共记录鸟类 9 目 20 科 29 属 36 种（表 4.24），其中，雀形目 13 种，鸻形目 7 种，鹳形目 5 种，佛法僧目 4 种，鸽形目 3 种，犀鸟目、鸽形目、鹤形目和鹃鹛目各 1 种。湿地水鸟是指在生态上依赖于湿地，即某一生活史阶段依赖于湿地，且在形态和行为上对湿地形成适应特征的鸟类。根据 Howes 等（1988）编著的《水禽野外研究实用手册》对水鸟的定义，广义的水鸟包括鹛鹛科（Podicipedidae）、鹭科（Ardeidae）、鸭科（Anatidae）、秧鸡科（Rallidae）、反嘴鹬科（Recurvirostridae）、鸻科（Charadriidae）、鹬科（Scolopacidae）、燕鸻科（Glareolidae）、鸥科（Laridae）、燕鸥科（Sternidae）、翠鸟科（Alcedinidae）等鸟类，其他统称为陆生鸟类。按上述定义，本次调查的鸟类中水鸟有 12 种，其他 24 种为陆生鸟类种，主要为各种生境广泛分布的广布种以及多数在湿地活动的湿地依赖种类。

数量方面，共记录鸟类766只次，其中数量超过10%的3种，以灰背椋鸟（*Sturnia sinensis*）数量最多，共观察到127只次，占总调查数量的16.6%，其次是白头鹎（*Pycnonotus sinensis*）和黑卷尾（*Dicrurus macrocercus*），分别观察到106只次和82只次，分别占总调查数量的13.8%和10.7%（表4.24）。

表4.24 东寨港红树林6月鸟类种群结构、居留型及保护级别

目	科	属	种	拉丁名	居留型	保护级别	相对丰度/%
雀形目	绣眼鸟科	绣眼鸟属	暗绿绣眼鸟	*Zosterops japonicus*	W	LC/3	2.2
	椋鸟科	八哥属	八哥	*Acridotheres cristatellus*	R	LC/3	4.4
		椋鸟属	黑领椋鸟	*Sturnus nigricollis*	R	LC	0.4
			灰背椋鸟	*Sturnia sinensis*	W	LC	16.6
	鹎科	鹎属	白喉红臀鹎	*Pycnonotus aurigaster*	R	LC	0.3
			白头鹎	*Pycnonotus sinensis*	R	LC	13.8
	文鸟科	文鸟属	白腰文鸟	*Lonchura striata*	R	LC	0.5
	卷尾科	卷尾属	黑卷尾	*Dicrurus macrocercus*	R	LC	10.7
	鸦科	蓝鹊属	红嘴蓝鹊	*Urocissa erythroryncha*	R	LC	0.1
	太阳鸟科	花蜜鸟属	黄腹花蜜鸟	*Cinnyris jugularis*	R	LC	0.1
	扇尾莺科	鹪莺属	黄腹山鹪莺	*Prinia flaviventris*	R	LC	0.1
	鸫科	鹊鸲属	鹊鸲	*Copsychus saularis*	R	LC	4.8
	伯劳科	伯劳属	棕背伯劳	*Lanius schach*	R	LC	2.6
鹈形目	鹭科	白鹭属	白鹭	*Egretta garzetta*	R	LC/3	2.1
			黄嘴白鹭	*Egretta eulophotes*	S/P	VU/1	0.1
			岩鹭	*Egretta sacra*	R	LC/2	0.3
		夜鹭属	夜鹭	*Nycticorax nycticorax*	R	LC/3	0.3
		池鹭属	池鹭	*Ardeola bacchus*	R/W	LC/3	4.4
		绿鹭属	绿鹭	*Butorides striata*	R	LC/3	0.5
		苇鳽属	黄苇鳽	*Ixobrychus sinensis*	R	LC/3	0.5

续表

目	科	属	种	拉丁名	居留型	保护级别	相对丰度/%
佛法僧目	翠鸟科	翠鸟属	白胸翡翠	*Halcyon smyrnensis*	R	LC/2	1.6
			普通翠鸟	*Alcedo atthis*	R	LC	0.3
		鱼狗属	斑鱼狗	*Ceryle rudis*	R	LC	2.1
	蜂虎科	蜂虎属	栗喉蜂虎	*Merops philippinus*	R	LC/2	8.1
犀鸟目	戴胜科	戴胜属	戴胜	*Upupa epops*	R	LC	2.2
鸻形目	贼鸥科	贼鸥属	短尾贼鸥	*Stercorarius parasiticus*	P	LC	0.3
鹃形目	杜鹃科	鸦鹃属	褐翅鸦鹃	*Centropus sinensis*	R	LC/2	2.7
			小鸦鹃	*Centropus bengalensis*	R	LC/2	0.3
		地鹃属	绿嘴地鹃	*Phaenicophaeus tristis*	R	LC/3	0.1
		杜鹃属	四声杜鹃	*Cuculus micropterus*	R	LC	0.7
		噪鹃属	噪鹃	*Asian Koel*	R	LC/3	0.4
鹤形目	秧鸡科	黑水鸡属	黑水鸡	*Gallinula chloropus*	R	LC/3	0.4
鸽形目	鸠鸽科	斑鸠属	灰斑鸠	*Streptopelia decaocto*	R	LC/3	1.0
			珠颈斑鸠	*Spilopelia chinensis*	R	LC/3	4.3
鸽形目	燕科	燕属	家燕	*Hirundo rustica*	R	LC	9.8
鸊鷉目	鸊鷉科	小鸊鷉属	小鸊鷉	*Tachybaptus ruficollis*	R	LC	0.8

注：R-留鸟（Resident），W-冬候鸟（Wintering bird），S-夏候鸟（Summer breeders），P-旅鸟（on Passage），1-国家一级重点保护野生动物，2-国家二级重点保护野生动物，3-海南省重点保护陆生野生动物名录，EN-世界自然保护联盟（IUCN）濒危物种红色名录濒危等级，NT-近危，VU-易危，LC-无危。

2）9月

9月调查共记录鸟类8目18科25属34种（表4.25），其中，雀形目11种，鸻形目7种，鹃形目4种，佛法僧目4种，鸽形目4种，鸽形目2种，犀鸟目和鸊鷉目各1种。另外，本次调查的鸟类中水鸟有16种，其他18种为陆生鸟类。

数量方面，共记录鸟类709只次，其中，数量超过10%的有3种，以灰背椋鸟数量最多，共观察到134只次，占总调查数量的18.9%，其次是白头鹎和家燕，分别观察到101只次和83只次，分别占总调查数量的14.2%和11.7%（表4.25）。

表 4.25　东寨港红树林 9 月鸟类种群结构、居留型及保护级别

目	科	属	种	拉丁名	居留型	保护级别	相对丰度 / %
雀形目	绣眼鸟科	绣眼鸟属	暗绿绣眼鸟	*Zosterops japonicus*	W	LC/3	0.6
	椋鸟科	八哥属	八哥	*Acridotheres cristatellus*	R	LC/3	2.1
		椋鸟属	黑领椋鸟	*Sturnus nigricollis*	R	LC	2.4
			灰背椋鸟	*Sturnia sinensis*	W	LC	18.9
	鹎科	鹎属	白喉红臀鹎	*Pycnonotus aurigaster*	R	LC	5.9
			白头鹎	*Pycnonotus sinensis*	R	LC	14.2
			红耳鹎	*Pycnonotus jocosus*	R	LC	0.1
	卷尾科	卷尾属	黑卷尾	*Dicrurus macrocercus*	R	LC	2.3
	太阳鸟科	花蜜鸟属	黄腹花蜜鸟	*Cinnyris jugularis*	R	LC	0.3
	鹟科	鹊鸲属	鹊鸲	*Copsychus saularis*	R	LC	1.7
	伯劳科	伯劳属	棕背伯劳	*Lanius schach*	R	LC	0.1
鹈形目	鹭科	白鹭属	白鹭	*Egretta garzetta*	R	LC/3	9.2
			中白鹭	*Ardea intermedia*	W	LC/3	1.4
			大白鹭	*Ardea alba*	R	LC/3	7.8
			黄嘴白鹭	*Egretta eulophotes*	S/P	VU/1	0.4
		夜鹭属	夜鹭	*Nycticorax nycticorax*	R	LC/3	0.1
		池鹭属	池鹭	*Ardeola bacchus*	R/W	LC/3	1.4
		苇鸦属	黄苇鸦	*Ixobrychus sinensis*	R	LC/3	0.1
佛法僧目	翠鸟科	翠鸟属	白胸翡翠	*Halcyon smyrnensis*	R	LC/2	0.1
			普通翠鸟	*Alcedo atthis*	R	LC	0.3
		鱼狗属	斑鱼狗	*Ceryle rudis*	R	LC	0.1
	蜂虎科	蜂虎属	栗喉蜂虎	*Merops philippinus*	R	LC/2	2.3
犀鸟目	戴胜科	戴胜属	戴胜	*Upupa epops*	R	LC	0.3
鹃形目	杜鹃科	鸦鹃属	褐翅鸦鹃	*Centropus sinensis*	R	LC/2	1.1
			小鸦鹃	*Centropus bengalensis*	R	LC/2	0.1
		地鹃属	绿嘴地鹃	*Phaenicophaeus tristis*	R	LC/3	0.1
		杜鹃属	四声杜鹃	*Cuculus micropterus*	R	LC	0.3

续表

目	科	属	种	拉丁名	居留型	保护级别	相对丰度 / %
鸻形目	鸥科	浮鸥属	须浮鸥	*Chlidonias hybrida*	W/P	LC/3	4.2
	反嘴鹬科	长脚鹬属	黑翅长脚鹬	*Himantopus himantopus*	P/W/S	LC/3	1.0
	鸻科	鸻属	铁嘴沙鸻	*Charadrius leschenaultii*	P	LC/3	2.8
		斑鸻属	金鸻	*Pluvialis fulva*	W	LC/3	2.7
鸽形目	鸠鸽科	斑鸠属	珠颈斑鸠	*Spilopelia chinensis*	R	LC/3	2.5
	燕科	燕属	家燕	*Hirundo rustica*	R	LC	11.7
䴙䴘目	䴙䴘科	小䴙䴘属	小䴙䴘	*Tachybaptus ruficollis*	R	LC	1.1

注：R-留鸟（Resident），W-冬候鸟（Wintering bird），S-夏候鸟（Summer breeders），P-旅鸟（on Passage），1-国家一级重点保护野生动物，2-国家二级重点保护野生动物，3-海南省重点保护陆生野生动物名录，EN-世界自然保护联盟（IUCN）濒危物种红色名录濒危等级，NT-近危，VU-易危，LC-无危。

4.3.3.3　鸟类居留型和生态型组成

1）6月

6月鸟类按主要居留型划分，留鸟32种，迁徙鸟4种。其中，冬候鸟3种，夏候鸟1种，旅鸟1种（表4.24）。

根据鸟类的形态特征和生活习性，可将其大致分为鸣禽（雀形目物种）、攀禽（夜鹰目、鹃形目、佛法僧目、犀鸟目物种）、猛禽（鹰形目、鸮形目、隼形目物种）、陆禽（鸡形目、鸽形目物种）、涉禽（鸻形目、鹈形目、鹤形目物种）和游禽（雁形目、潜鸟目、䴙䴘目、鹱形目、企鹅目物种）六大生态类群。本次记录到的36种鸟类中，鸣禽13种、攀禽10种、陆禽3种、涉禽9种、游禽1种。鸣禽种类最多，其次是攀禽和涉禽，在调查区鸟类群落生态类群组成中占主要地位。

2）9月

9月鸟类按主要居留型划分，留鸟26种，迁徙鸟9种[①]。其中，冬候鸟7种，夏候鸟2种，旅鸟4种（表4.25）。

9月记录到的34种鸟类中，鸣禽11种、攀禽9种、陆禽2种、涉禽11种、游禽1种。其中，鸣禽和涉禽种类最多，在调查区鸟类群落生态类群组成中占主要地位。

---

① 其中，池鹭部分种群为留鸟，部分种群为迁徙鸟。

4.3.3.4 优势物种和涉及的保护鸟类

1）6月

6月调查优势种为灰背椋鸟、白头鹎和黑卷尾。常见种主要为暗绿绣眼鸟（*Zosterops japonicus*）、八哥（*Acridotheres cristatellus*）、鹊鸲（*Copsychus saularis*）、棕背伯劳（*Lanius schach*）、白鹭（*Egretta garzetta*）、池鹭（*Ardeola bacchus*）、白胸翡翠（*Halcyon smyrnensis*）、斑鱼狗（*Ceryle rudis*）、栗喉蜂虎（*Merops philippinus*）、褐翅鸦鹃（*Centropus sinensis*）、灰斑鸠（*Streptopelia decaocto*）、珠颈斑鸠（*Spilopelia chinensis*）和家燕。

根据世界自然保护联盟（IUCN）受威胁状况，本次调查易危鸟1种，为黄嘴白鹭（*Egretta eulophotes*），其他均为无危；国家重点保护陆生动物中的一级保护动物1种，为黄嘴白鹭；国家重点保护陆生动物中的二级保护动物5种，为岩鹭（*Egretta sacra*）、白胸翡翠、栗喉蜂虎、褐翅鸦鹃（*Centropus sinensis*）和小鸦鹃（*Centropus bengalensis*）；海南省重点保护陆生野生动物12种，分别为暗绿绣眼鸟（*Zosterops japonicus*）、八哥、白鹭、黄嘴白鹭、夜鹭（*Nycticorax nycticorax*）、池鹭、绿鹭（*Butorides striata*）、黄苇鳽（*Ixobrychus sinensis*）、绿嘴地鹃（*Phaenicophaeus tristis*）、噪鹃（*Asian Koel*）、黑水鸡（*Gallinula chloropus*）和珠颈斑鸠。

2）9月

9月调查优势种为灰背椋鸟、白头鹎和家燕。常见种主要为八哥、黑领椋鸟（*Sturnus nigricollis*）、白喉红臀鹎（*Pycnonotus aurigaster*）、黑卷尾（*Dicrurus macrocercus*）、鹊鸲、白鹭、中白鹭（*Ardea intermedia*）、大白鹭（*Ardea alba*）、池鹭、栗喉蜂虎、褐翅鸦鹃、须浮鸥（*Chlidonias hybrida*）、黑翅长脚鹬（*Himantopus himantopus*）、铁嘴沙鸻（*Charadrius leschenaultii*）、金鸻（*Pluvialis fulva*）、珠颈斑鸠、家燕和小䴙䴘（*Tachybaptus ruficollis*）。

9月调查1种鸟为易危，为黄嘴白鹭，其他均为无危；国家重点保护陆生动物中的一级保护动物1种，为黄嘴白鹭；国家重点保护陆生动物中的二级保护动物4种，为白胸翡翠、栗喉蜂虎、褐翅鸦鹃和小鸦鹃；海南省重点保护陆生野生动物14种，分别为暗绿绣眼鸟、八哥、白鹭、中白鹭、大白鹭、夜鹭、池鹭、黄苇鳽、须浮鸥、黑翅长脚鹬、铁嘴沙鸻、金鸻、绿嘴地鹃和珠颈斑鸠。

4.4 环境要素

4.4.1 水体盐度

本次调查各断面水体盐度变化范围为 6.028～22.223，平均为 12.671（表 4.26），盐度较低，受河流冲淡水影响较大，呈现出低盐分布特征。

表 4.26　水体盐度统计结果

断面	盐度
A	7.791
B	22.223
C	6.028
D	16.677
E	10.638
最小值	6.028
最大值	22.223
平均值	12.671

4.4.2 沉积物粒度

采用激光粒度仪和筛析法测量沉积物粒度，依据谢帕德沉积物粒度三角图解法进行沉积物分类和命名，测量结果显示（表 4.27 和图 4.11），沉积物类型只有 1 种，即粉砂（T）。各站位沉积物粒级中均不含砾组分，砂含量为 2.6%～5.5%，平均值为 3.9%，含量较少；粉砂含量为 75.6%～78.5%，平均值为 77.2%，各站差异较小，粉砂的含量占绝对优势，各站含量均在 75% 以上；黏土含量为 17.8%～20.8%，平均值为 18.9%。高潮带沉积物砂含量为 2.8%～4.1%，平均值为 3.5%；粉砂含量为 76.2%～78.5%，平均值为 77.4%；黏土含量为 18.4%～20.8%，平均值为 19.1%。中潮带沉积物砂含量为 3.0%～5.2%，平均值为 4.1%；粉砂含量为 75.6%～78.4%，平均值为 77.1%；黏土含量为 17.8%～19.8%，平均值为 18.8%。低潮带沉积物砂含量为 2.6%～5.5%，平均值为 4.1%；粉砂含量为 76.1%～77.7%，平均值为 77.0%；黏土含量为 18.4%～19.7%，平均值为 18.9%。高潮带、中潮带和低潮带沉积物中砂、粉砂和黏土的含量差异较小。

表 4.27　沉积物粒级统计结果

站号	粒级含量 / %				代号及名称
	砾	砂	粉砂	黏土	
A 高	0.0	3.8	77.8	18.4	T 粉砂
A 中	0.0	4.5	77.7	17.8	T 粉砂
A 低	0.0	2.6	77.7	19.7	T 粉砂
B 高	0.0	4.1	77.1	18.8	T 粉砂
B 中	0.0	5.2	75.6	19.2	T 粉砂
B 低	0.0	5.5	76.1	18.4	T 粉砂
C 高	0.0	3.8	77.6	18.6	T 粉砂
C 中	0.0	4.3	77.0	18.7	T 粉砂
C 低	0.0	4.6	77.0	18.4	T 粉砂
D 高	0.0	3.0	76.2	20.8	T 粉砂
D 中	0.0	3.5	76.7	19.8	T 粉砂
D 低	0.0	4.0	76.9	19.1	T 粉砂
E 高	0.0	2.8	78.5	18.7	T 粉砂
E 中	0.0	3.0	78.4	18.6	T 粉砂
E 低	0.0	3.8	77.1	19.1	T 粉砂
最小值	0.0	2.6	75.6	17.8	—
最大值	0.0	5.5	78.5	20.8	—
平均值	0.0	3.9	77.2	18.9	—

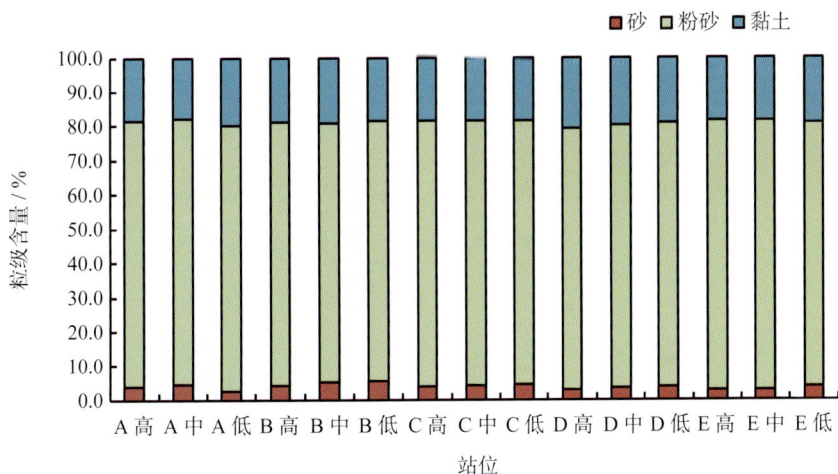

图 4.11　沉积物粒级分布

4.5　干扰因素

4.5.1　互花米草

经遥感、无人机和现场踏勘，本次调查在 4 处互花米草监测点均未发现互花米草分布，显示东寨港保护区红树林受互花米草扩散的影响较小。2023 年 6 月，监测曾发现保护区内存在两个互花米草小斑块，面积分别约为 19 m² 和 290 m²，互花米草分布在红树林林缘。2023 年 7 月，保护区管理局进行了互花米草的治理，已全面清除存活植株，并使用薄膜覆盖防治，本年度调查保护区内未发现互花米草分布（图 4.12），说明保护区内互花米草防治效果显著。

图 4.12　互花米草监测站点无人机航拍图（2023 年互花米草分布处现已无分布）

4.5.2　外来红树植物

东寨港保护区内的外来红树植物主要是无瓣海桑和拉关木。

无瓣海桑隶属海桑科海桑属，为高大乔木，树高最高可达 20 m；无瓣海桑花萼筒平滑无棱，浅杯状，浆果直径 2～3 cm。在全球范围内，无瓣海桑天然分布在印度洋沿岸的红树林区，一般作为先锋树种，形成纯林。1985年，无瓣海桑从恒河和雅鲁藏布江出海口的孟加拉国的孙德尔本斯红树林区（Sundarbans，20°31′—20°30′N，89°—90°E）被引种到东寨港，最早种植于引种园旁，3年后开花结果，并被广泛培育（陈鹭真等，2019）。由于其抗逆性强，生长迅速，且为高大乔木，无瓣海桑被广泛用于红树林造林。在我国，无瓣海桑已经在福建、广东、广西、海南等主要的红树林区用于造林。无瓣海桑被引种到我国后，不少学者担忧其生物入侵潜力，目前，我国造林物种已不再使用无瓣海桑等外来红树植物。

拉关木隶属使君子科假红树属，为高大乔木，树高可达15 m；拉关木雌雄异株或雌雄同株，可产生大量隐胎生的繁殖体。拉关木原产于墨西哥及热带美洲、非洲的大西洋沿岸。东寨港的拉关木是1999年从墨西哥的拉巴斯市（24°30′N，110°40′E）引种而来的（陈鹭真等，2019）。在东寨港的引种园内，拉关木生长迅速，种植3年后开始开花结果。十几年来，拉关木被种植到广东、海南等红树林分布区，成为我国红树林造林恢复树种之一。由于生长速度快，抗逆性强，拉关木作为速生乔木造林树种在我国东南沿海裸滩造林中成为先锋造林树种被推广。然而，与无瓣海桑相似，拉关木成为我国红树林的入侵种的可能性也开始被关注，目前我国造林物种已转变为以乡土物种为主。

本次调查共设置6个外来红树植物监测站点。经遥感、无人机和现场核查，6个外来红树植物监测站点周边红树林区块均发现外来红树植物的分布。各站点外来红树植物面积情况见表4.28，分布情况如图4.13至图4.18所示。由表4.28可知，各监测站点外来红树物种面积为2.07~64.89 hm²，平均为20.16 hm²；无瓣海桑的面积明显大于拉关木。各监测站点外来红树物种面积比例为2.4%~93.3%，平均为26.3%；WL6站点基本全为人工种植的无瓣海桑＋拉关木混生林，外来红树面积比例明显高于其他站点。

表4.28　各监测站点附近斑块外来红树物种面积统计　　　　　　　　　　单位：hm²

种类	WL1	WL2	WL3	WL4	WL5	WL6	平均
无瓣海桑	1.18	6.34	2.86	64.30	30.10	—	18.57
拉关木	0.89	0	1.42	0.59	0	—	1.59
合计	2.07	6.34	4.28	64.89	30.10	13.32	20.16
红树林斑块总面积	84.57	138.4	28.46	354.51	125.69	14.28	124.32
外来红树面积占比	2.4%	4.6%	15.0%	18.3%	23.9%	93.3%	26.3%

　　注：WL6站点外来红树斑块为无瓣海桑和拉关木混生区，统计时各按总面积的一半计算；WL4原定位置与WL3位置太接近，故移位至保护区东南角的位置。

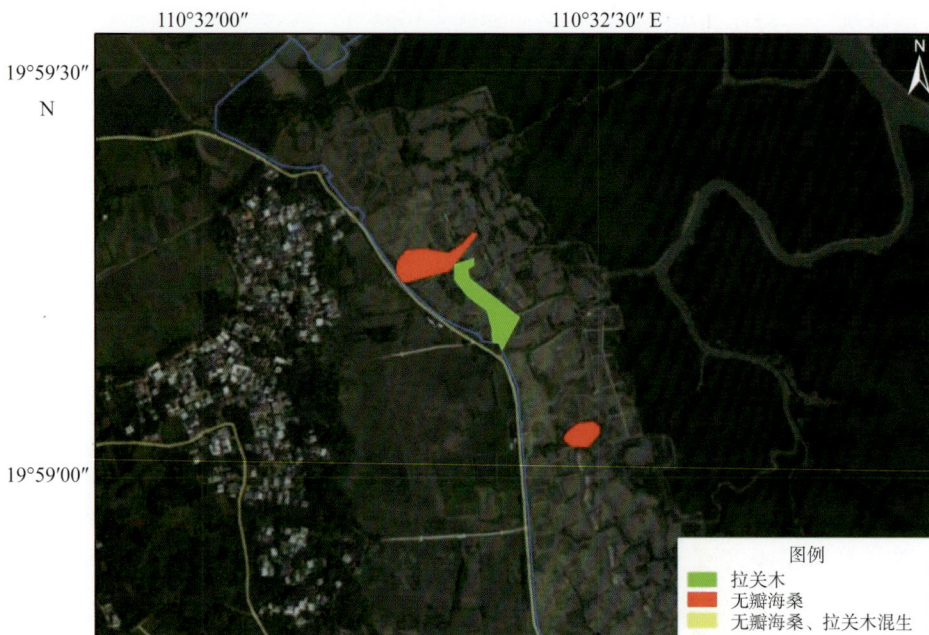

图 4.13　WL1 站点附近外来红树植物分布

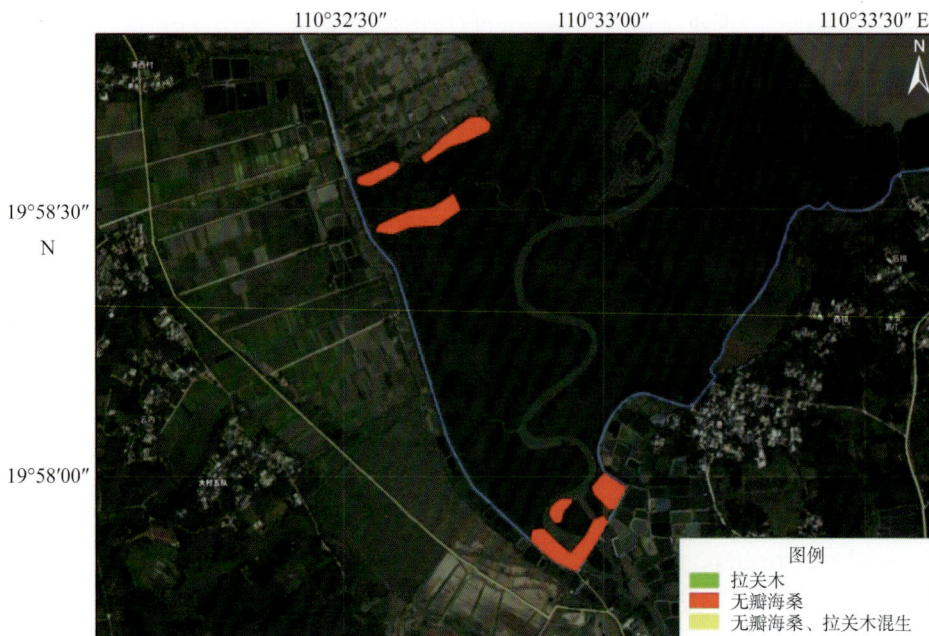

图 4.14　WL2 站点附近外来红树植物分布

图 4.15　WL3 站点附近外来红树植物分布

图 4.16　WL4 站点附近外来红树植物分布

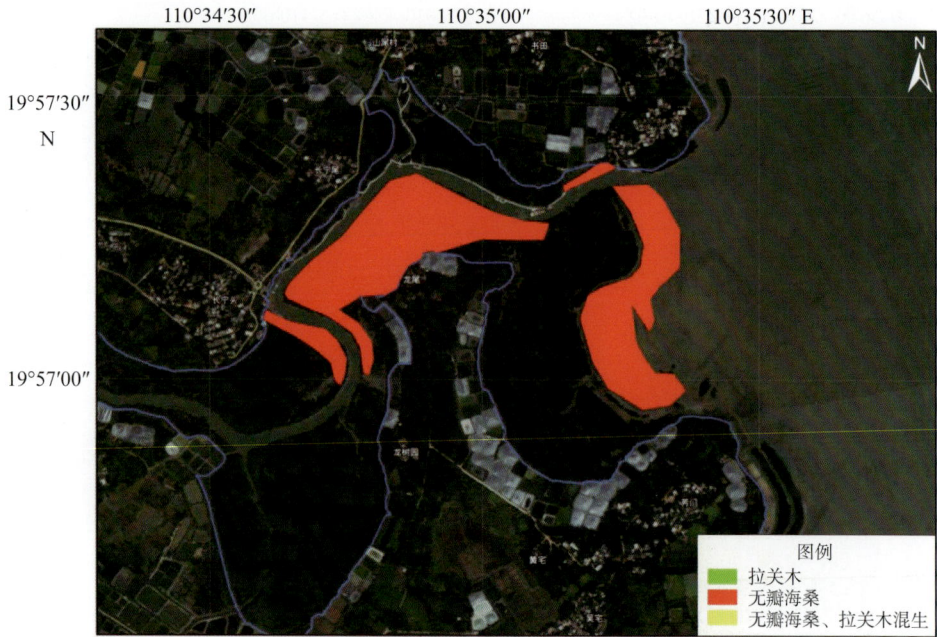

图 4.17　WL5 站点附近外来红树植物分布

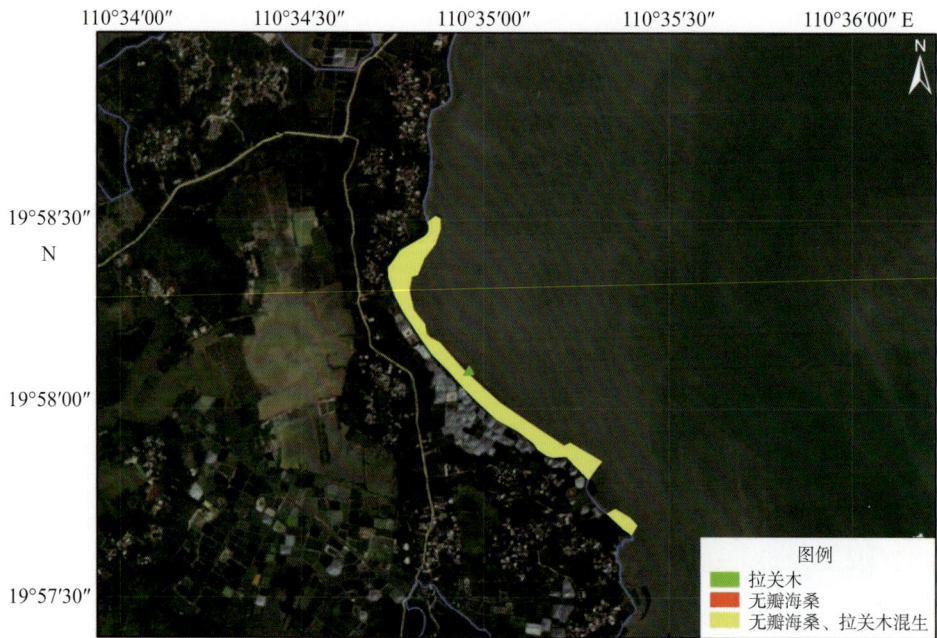

图 4.18　WL6 站点附近外来红树植物分布

现场核查发现（图 4.19 和图 4.20），东寨港的外来红树，既有以人工种植为主的斑块（WL5 站点和 WL6 站点），也有以自然扩散为主的斑块（WL1 站点至 WL4 站点）。对已经扩散的外来红树（尤其是无瓣海桑），应时刻关注其分布变化和对本土红树群落潜在的入侵威胁；而对人工种植的外来红树，也应密切关注，防止其入侵扩散至附近的乡土群落。从现场核查情况来看，东寨港保护区内乡土红树优势群落也多为较高大成熟的乔木群落，长势较好，郁闭度高（较茂密），已与扩散的无瓣海桑形成稳定的混生林，暂未发现明显的被入侵影响生长的情况（图 4.21）。

无瓣海桑

拉关木

图 4.19　现场调查发现的无瓣海桑和拉关木（自然扩散，与其他种类混生）

WL5 站点的无瓣海桑人工林

WL6 站点的无瓣海桑＋拉关木人工林

图 4.20　现场调查发现的无瓣海桑和拉关木人工林

图 4.21　无瓣海桑与乡土群落混生林航拍图

4.5.3　有害藤本和病虫害

4.5.3.1　有害藤本

对东寨港红树林威胁较大的有害藤本主要是鱼藤（*Derris trifoliata*）。鱼藤为豆科鱼藤属植物，是一种常绿攀缘灌木，枝叶无毛。奇数羽状复叶，小叶 3～7 片，全缘，卵状长圆形或长圆形，先端渐尖或尾尖，基部圆。总状花序长 5～10 cm，花冠白色或粉红色。果实圆形或长圆形，淡黄色，种子 1～2 粒。花期 6 月，果期 10 月。其果实成熟后有气室，有利于海中漂浮传播。

鱼藤分布于东南亚至澳大利亚一带，以及我国海南、广东、福建、台湾等地区海滨堤岸上，常生长于潮汐可至的淤泥质海岸上、沿海河岸灌木丛、海边灌木丛或近岸的红树林中。鱼藤在东寨港为本地物种，常常在红树林靠岸林缘大量生长，缠绕盘旋，对红树林的生长不利。鱼藤首先在林缘开始快速生长，随后进入到稠密的矮林，覆盖矮林的树冠，导致被其覆盖的林木见不到阳光，无法进行光合作用，没有能量输入，也就阻断了生态系统的物质循环和能量流动，最终导致树木的死亡。

2015—2016 年，东寨港保护区范围内的红树林湿地鱼藤大量生长，快速生长的鱼藤缠绕、覆盖红树植物，导致植物无法接受阳光照射，生长受到抑制，甚至最终死亡。2016 年，保护区对鱼藤进行清理，以减少有害藤本植物对红树植物生长造成的影响和破坏，共计清理鱼藤 245 hm^2。

本次调查设置 7 个有害藤本监测站点，各监测站点均发现有害藤本攀缘或覆盖在红树植物的情况，其在各站点的分布情况如图 4.22 至图 4.28 所示，现场踏勘及无人机照片见图 4.29 和图 4.30，各站点有害藤本影响的面积和比例见表 4.29。各站点附近有害藤本影响面积范围为 1.62 ~ 5.21 hm^2，平均为 2.79 hm^2；各站点有害藤本影响面积占比为 2.1% ~ 6.7%，平均值为 4.9%。

图 4.22　YH1 站点附近有害藤本分布

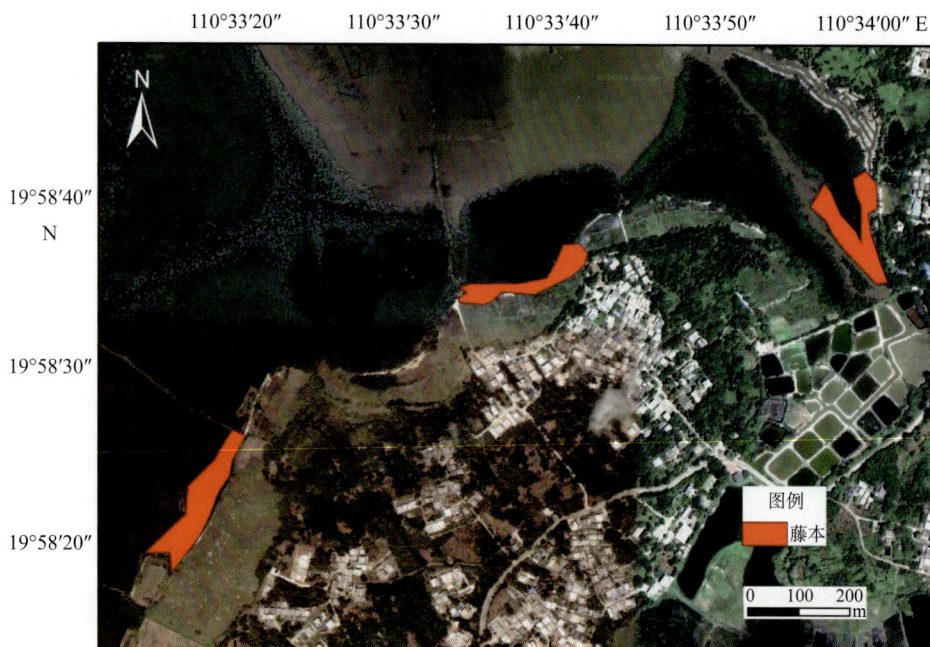

图 4.23　YH2 站点附近有害藤本分布

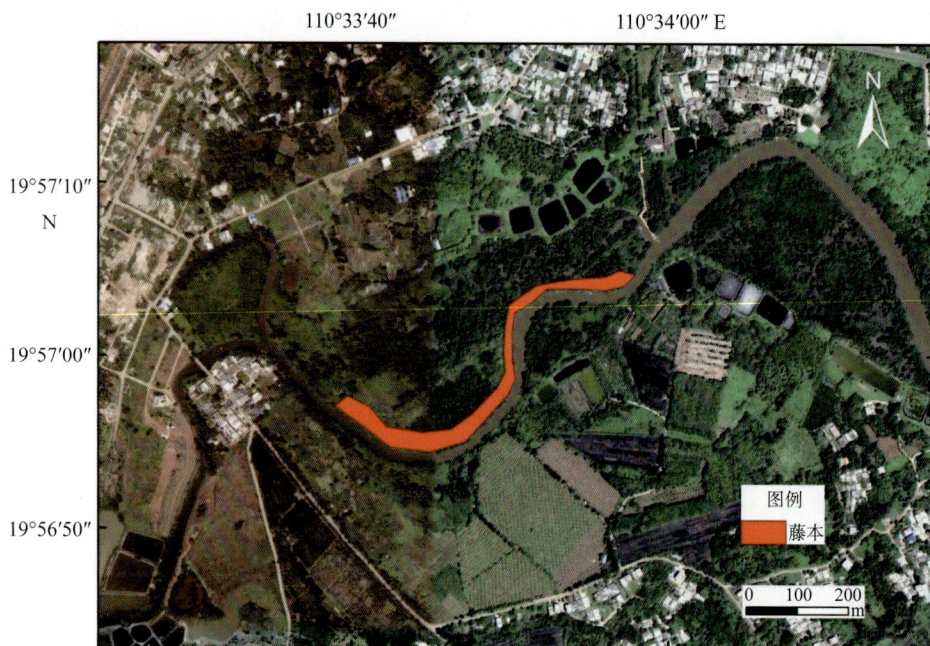

图 4.24　YH3 站点附近有害藤本分布

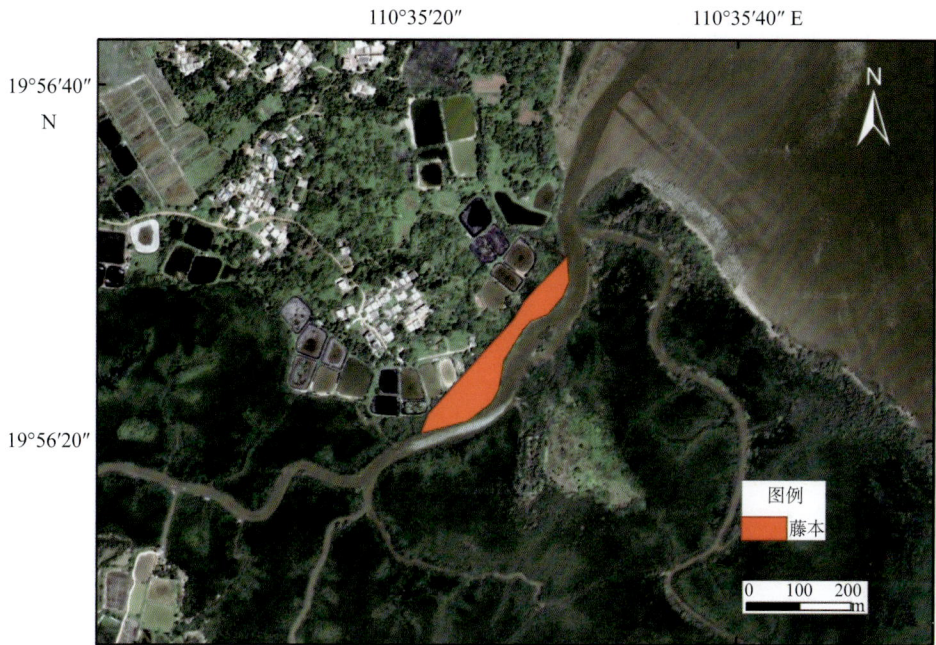

图 4.25　YH4 站点附近有害藤本分布

图 4.26　YH5 站点附近有害藤本分布

图 4.27　YH6 站点附近有害藤本分布

图 4.28　YH7 站点附近有害藤本分布

图 4.29　现场踏勘发现的有害藤本覆盖或攀缘在红树植株上

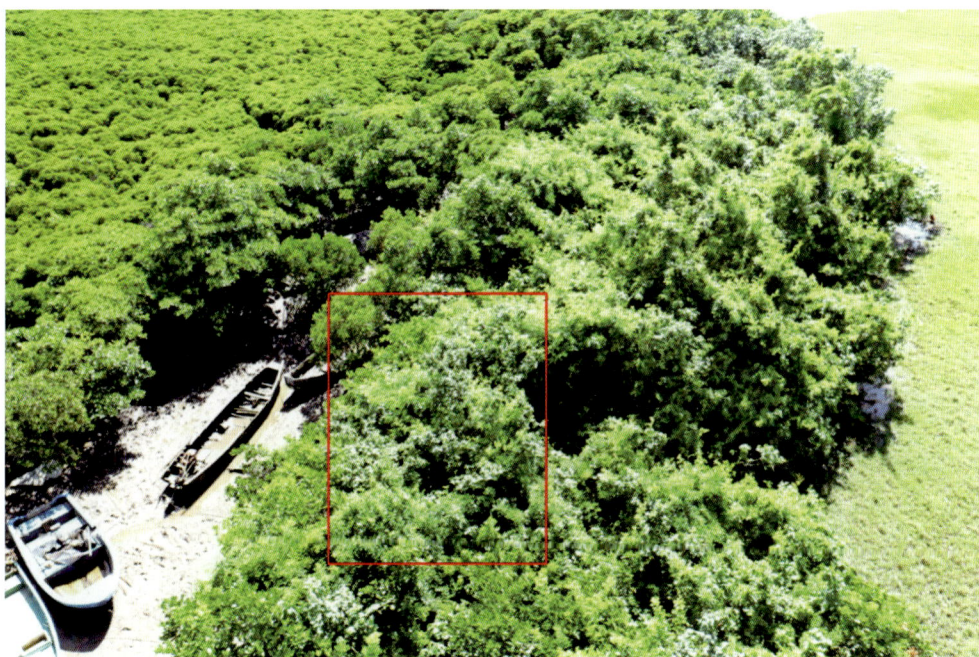

图 4.30　无人机航拍下的有害藤本覆盖在红树植株上

表 4.29　各监测站点附近红树林斑块有害藤本影响面积统计　　　　单位：hm²

监测站点	YH1	YH2	YH3	YH4	YH5	YH6	YH7	平均
有害藤本影响面积			1.62 ~ 5.21					2.79
红树林斑块总面积			26.16 ~ 125.78					65.56
有害藤本影响面积占比			2.1% ~ 6.7%					4.9%

除鱼藤外，现场踏勘还发现了厚藤（*Ipomoea pes-caprae*）、华南云实（*Caesalpinia crista*）、龙珠果（*Passiflora foetida*）等其他藤本，部分藤本植株也存在攀缘或覆盖在附近红树植株上的现象。应加强日常巡查，及时清理可能影响红树植株生长的有害藤本。

4.5.3.2 病虫害

本次调查设置 7 个病虫害监测站点，以下是具体监测结果。

1）病虫害类型及为害对象

本次现场踏查共发现红树林害虫 10 种，除虫体外，还发现菌斑、虫卵、虫瘿、啃食痕迹等受害痕迹，病虫害类型和为害对象统计见表 4.30。由表 4.30 可知，东寨港红树林病虫害受害最严重的红树植物种类为黄槿，其次为桐花树，白骨壤、秋茄、海莲、卤蕨和无瓣海桑等红树植物也存在轻微的病虫害。红树植物病虫害主要发生在高潮区，因高潮区潮水淹没时间较短，更有利于害虫停留、啃食和繁殖。红树植物中受害最严重的为半红树植物——黄槿，主要原因一是其仅分布在高潮带或潮位更高的潮上带，更易接触各类害虫，二是其叶片中的单宁含量少于真红树植物，更易遭受虫害。从现场踏查情况看（图 4.31），红树植株遭受的病虫害既有不同程度的啃食，也有菌斑、虫卵、虫瘿等病害和寄生现象，为害方式较多样，受害程度也不尽相同，宜根据不同病虫害类型、为害方式、为害对象和受害程度，对症下药采取有效的防治措施，以减轻乃至消除病虫害对红树植物的影响。

表 4.30　主要病虫害类型及为害对象

监测站点	受害植株种类及数量	主要病虫害类型
YH1	黄槿（10）、桐花树（5）、白骨壤（3）、秋茄（3）	潜蛾、盾蚧
YH2	黄槿（7）、桐花树（16）	黄毒蛾、霉菌
YH3	黄槿（17）	角蝉、灰象
YH4	黄槿（12）	盾蚧、麻四线跳甲
YH5	黄槿（9）、卤蕨（3）、海莲（3）	疣蝗、斑点广翅蜡蝉
YH6	黄槿（20）	叉带棉红蝽、角蝉、黄毒蛾
YH7	黄槿（3）、无瓣海桑（1）	海南禾斑蛾

注：括号内为受害植株数。

图 4.31　病虫害现场调查情况

2）病虫害植株受害率

各站点病虫害受害植株数和受害率统计见表 4.31，各站点植株受害率为 3.3%~8.1%，平均受害率为 6.8%，各站点均不同程度地遭受病虫害的侵袭。值得一提的是，在其他项目站点（如红树林植被、互花米草、外来红树、人类活动等）的调查、踏查或踏勘过程中，均发现有小部分植株遭受不同类型、不同程度病虫害的侵袭，可见，病虫害是东寨港红树林较为普遍的干扰和威胁因素，应提高警惕，加强日常巡护和防护。

表 4.31　各监测站点病虫害受害植株数和受害率

监测站点	受害植株数	调查总植株数	植株受害率
YH1	21	280	7.5%
YH2	23	310	7.4%
YH3	17	210	8.1%
YH4	12	180	6.7%
YH5	15	220	6.8%
YH6	20	250	8.0%
YH7	4	120	3.3%
平均受害率			6.8%

4.5.4　岸滩侵蚀

共设置 6 个红树林岸滩侵蚀监测站点，运用遥感的方法监测红树林岸滩侵蚀情况，在每个岸滩侵蚀监测站点选取 3 年前（2021 年）的遥感影像与今年（2024 年）的遥感影像进行对比，确定红树林岸滩侵蚀的情况。监测结果表明（图 4.32），6 个监测站点所在区域的红树林岸滩均未发现侵蚀的情况，多数站点的红树林面积均有所增加，即红树林有向岸和向海扩散的趋势，显示近年来监测区域红树林岸滩受人类活动（如工程等）和自然因素（如海平面上升）影响导致侵蚀的情况较少，红树林的自然扩散对防止岸滩侵蚀的作用明显。

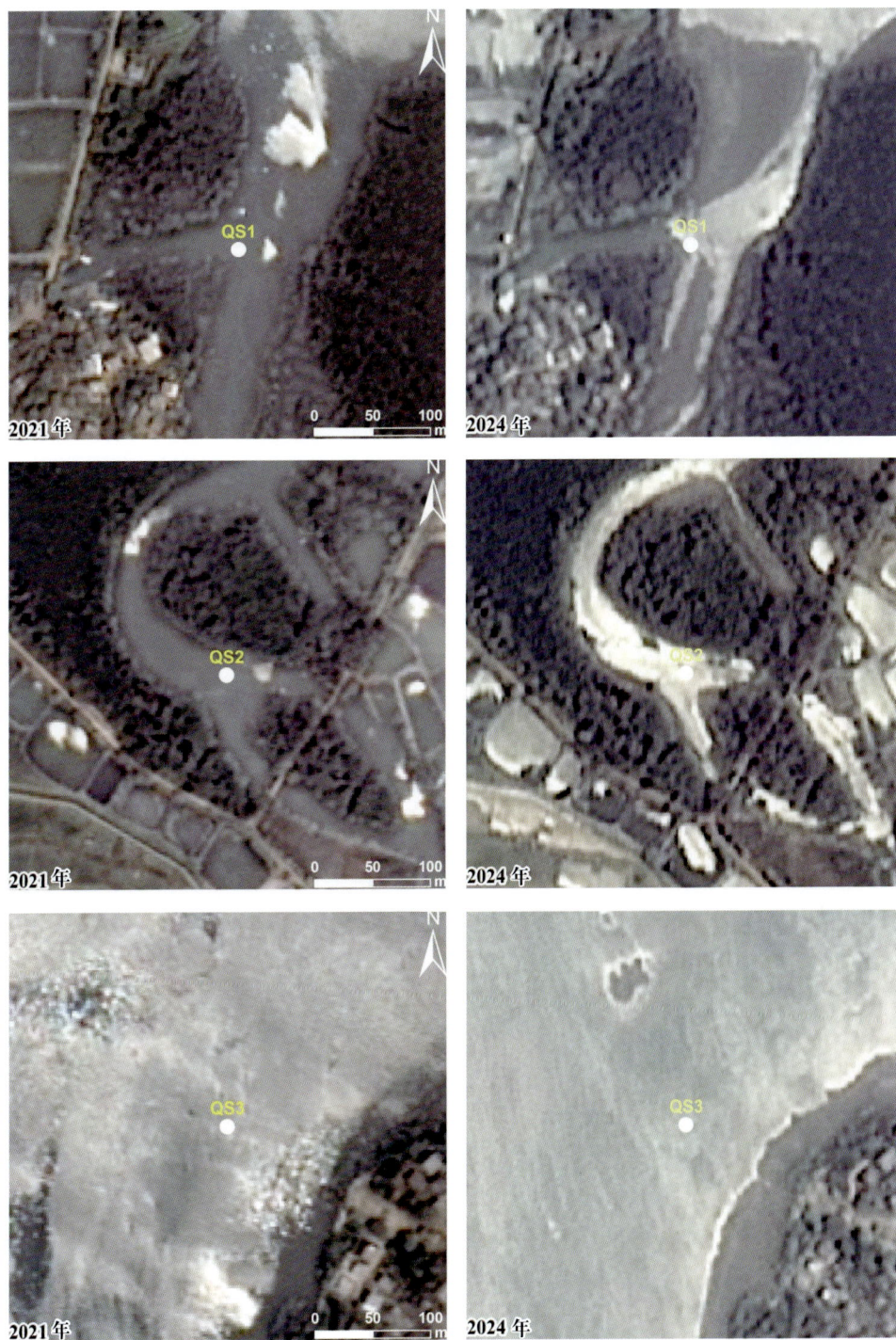

图 4.32　岸滩侵蚀监测站点附近遥感影像比较

数据源：高分一号数据

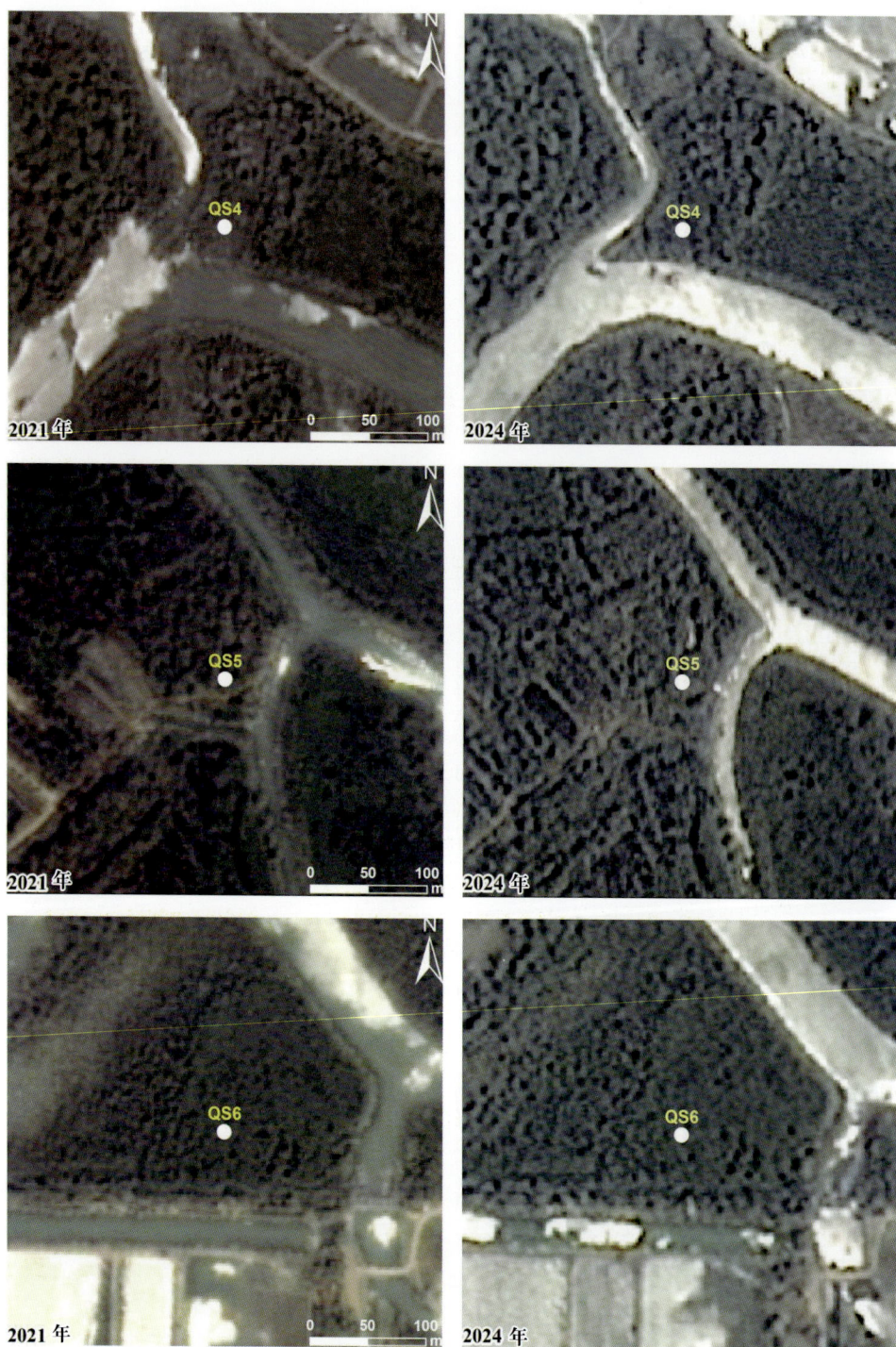

图 4.32　岸滩侵蚀监测站点附近遥感影像比较（续）

数据源：高分一号数据

4.6 生态状况评价

4.6.1 植物群落评价

4.6.1.1 评价方法

1）评价指标及赋值

红树林植物群落指标及其赋值标准见表 4.32。红树林植物群落指标的权重分值为 60，Ⅰ级赋值为 60，Ⅱ级赋值为 36，Ⅲ级赋值为 12。

表 4.32 植物群落评价指标分级标准

序号	指标	Ⅰ级	Ⅱ级	Ⅲ级
1	红树林面积	$\geq 95\% S_0$	$\leq 90\% S_0 \sim < 95\% S_0$	$< 90\% S_0$
2	红树植物种类数	增加或不变	/	减少
3	覆盖度	$\geq 70\%$	$40\% \leq \sim < 70\%$	$< 40\%$
4	互花米草面积占比	0	$< 5\%$	$\geq 5\%$
5	有害藤本影响面积占比	0	$< 5\%$	$\geq 5\%$
6	外来红树植被面积占比	$\leq 5\%$	$5\% < \sim < 10\%$	$\geq 10\%$

注：（1）S_0 为监测区域可获取的红树林面积基准值，宜选择第三次全国国土调查数据为基准值，重点区域面积基准值按表 4.33 确定；

（2）红树植物种类数为监测区域自然分布的红树植物种类数（不包括人工引种的种类）的基准值，以监测区域可获取的最早文献数据为基准值，可选择 2001 年全国红树林资源调查数据，重点区域红树植物种类见表 4.33；

（3）监测区域互花米草面积占比 = 监测区域互花米草面积 / 监测区域红树林面积 ×100%；

（4）监测区域有害藤本影响面积占比 = 监测区域有害藤本覆盖面积 / 监测区域红树林面积 ×100%；

（5）监测区域外来红树面积占比 = 监测区域外来红树植物面积 / 监测区域红树植物面积 ×100%。

表 4.33 重点区域红树林面积及红树植物种类数基准值

区域	面积 / hm^2	红树植物种类
乐清西门岛海洋特别保护区	10.9	1 种：秋茄
泉州湾河口湿地省级自然保护区	245.7	3 种：秋茄、白骨壤、桐花树
厦门下潭尾湿地公园	70.0	4 种：秋茄、白骨壤、桐花树、老鼠簕

续表

区域	面积 / hm²	红树植物种类
九龙江口红树林省级自然保护区	173.4	4 种：秋茄、白骨壤、桐花树、老鼠簕
漳江口红树林国家级自然保护区	74.7	5 种：秋茄、白骨壤、桐花树、木榄、老鼠簕
广东内伶仃福田国家级保护区	144.9	7 种：秋茄、白骨壤、桐花树、老鼠簕、卤蕨、海漆、木榄
广东湛江红树林国家级自然保护区高桥保护小区	539.1	9 种：桐花树、白骨壤、红海榄、秋茄、木榄、榄李、老鼠簕、海漆、卤蕨
山口国家级红树林生态自然保护区	874.3	9 种：秋茄、白骨壤、桐花树、红海榄、老鼠簕、卤蕨、海漆、木榄、榄李
广西北海滨海国家湿地公园中冠沙—大冠沙区域	176.7	6 种：白骨壤、桐花树、秋茄、木榄、海漆、红海榄
广西北仑河口国家级自然保护区	923.2	10 种：白骨壤、桐花树、秋茄、木榄、海漆、榄李、卤蕨、老鼠簕、小花老鼠簕、红海榄
海南东寨港国家级自然保护区	1654.7	14 种：红海榄、角果木、秋茄、木榄、海莲、尖瓣海莲、榄李、桐花树、白骨壤、海漆、水椰、卤蕨老鼠簕、小花老鼠簕
文昌清澜港省级自然保护区	612.0	23 种：秋茄、海莲、尖瓣海莲、木榄、正红树、红海榄、角果木、榄李、木果楝、水椰、瓶花木、桐花树、白骨壤、海漆、老鼠簕、小花老鼠簕、卤蕨、尖叶卤蕨、拟海桑、海桑、海南海桑、卵叶海桑、杯萼海桑

注：（1）厦门下潭尾湿地公园红树林面积为 2021 年调查数据；

（2）其他区域红树林面积为 2019 年第三次全国国土调查数据，若各保护区边界及面积有调整，应以保护区更新的数据为准。

2）植物群落评价指数

红树林植物群落评价指数按下式计算：

$$MR_{indx} = \frac{\sum_{q=1}^{m} MI_q}{m} \qquad (4-5)$$

式中，MR_{indx} 为红树林植物群落评价指数；MI_q 为第 q 项指标区域红树林植物群落评价指标的赋值，按表 4.32 的分级赋值；m 为植物群落评价指标总数。

当 $MR_{indx} \geq 48$ 时，红树林植物群落评价为优良；当 $36 \leq MR_{indx} < 48$ 时，红树林植物群落评价为中等；当 $MR_{indx} < 36$ 时，红树林植物群落评价为差。

4.6.1.2　评价结果

1）红树林面积评价结果

监测区域红树林总面积为 2322.47 hm^2，与东寨港的基准值（1654.7 hm^2）相比多了约 667.77 hm^2，评价级别为 I 级，赋值 60。

2）红树林种类评价结果

监测区域本土真红树种类共有 25 种，与东寨港的基准值（14 种）相比多了 11 种，评价级别为 I 级，赋值 60。

3）红树林覆盖度评价结果

5 个红树林植被监测断面的平均盖度为 83.6%（>70%），评价级别为 I 级，赋值 60。

4）互花米草面积占比评价结果

4 个互花米草监测站点均未发现互花米草分布，即互花米草面积占比为 0，评价级别为 I 级，赋值 60。

5）有害藤本影响面积比例评价结果

7 个有害藤本监测站点有害藤本影响面积占比平均为 4.9%（<5%），评价级别为 II 级，赋值 36。

6）外来红树植被面积比例评价结果

6 个外来红树植物监测站点外来红树植被平均面积占比为 26.3%（>10%），评价级别为 III 级，赋值 12。

7）植物群落综合评价结果

综合红树林面积、红树林种类、红树林覆盖度、互花米草面积占比、有害藤本影响面积占比和外来红树植被面积占比的评价结果，东寨港红树林植物群落评价指数 MR_{indx} 为 48（≥48），评价结果为优良。

4.6.2 其他生物群落评价

4.6.2.1 评价方法

1）评价指标及赋值

其他生物群落指标及其赋值标准见表 4.34。其他生物群落指标的权重分值为 20，Ⅰ级赋值为 20，Ⅱ级赋值为 12，Ⅲ级赋值为 4。

表 4.34 其他生物群落评价指标分级标准

序号	指标	Ⅰ级	Ⅱ级	Ⅲ级
1	大型底栖动物物种丰富度指数	≥ 2.5	1.5 ≤ ~ < 2.5	< 1.5
2	大型底栖动物物种多样性指数	≥ 1.8	1.1 ≤ ~ < 1.8	< 1.1
3	病虫害植株受害率	≤ 2%	2% < ~ < 5%	≥ 5%

注：监测区域植株受害率＝监测区域受害植株数／监测区域总植株数 ×100%。

2）其他生物群落评价指数

其他生物群落评价指数按下式计算：

$$H_{indx} = \frac{\sum_{q=1}^{z} HI_q}{z}$$ （4-6）

式中，H_{indx} 为其他生物群落评价指数；HI_q 为第 q 项其他生物群落指标的赋值，按表 4.34 的分级赋值；z 为其他生物群落评价指标总数。

当 $H_{indx} \geq 16$ 时，其他生物群落评价为优良；当 $12 \leq H_{indx} < 16$ 时，其他生物群落评价为中等；当 $H_{indx} < 12$ 时，其他生物群落评价为差。

4.6.2.2 评价结果

1）大型底栖动物多样性和丰富度评价结果

大型底栖动物物种多样性指数 6 月平均值为 2.16，9 月平均值为 2.24；物种丰富度指数 6 月平均值为 0.88，9 月平均值为 0.93。取两次调查的平均值进行评价，则大型底栖动物物种多样性指数评价值为 2.20（> 1.8），评价级别为Ⅰ级，赋值 20；物种丰富度指数评价值为 0.91（< 1.5），评价级别为Ⅲ级，赋值 4。

2）病虫害植株受害率评价结果

病虫害植株受害率平均为 6.8%（>5%），评价级别为Ⅲ级，赋值 4。

3）其他生物综合评价结果

综合大型底栖动物物种多样性指数和物种丰富度指数，以及病虫害植株受害率评价结果，东寨港红树林其他生物综合评价指数 H_{indx} 为 9.3（<12），评价结果为差。

4.6.3 环境要素评价

4.6.3.1 评价方法

1）评价指标及赋值

环境要素指标及其赋值标准见表 4.35。环境要素指标的权重分值为 20，Ⅰ级赋值为 20，Ⅱ级赋值为 12，Ⅲ级赋值为 4。

表 4.35 环境要素评价指标分级标准

序号	指标	Ⅰ级	Ⅱ级	Ⅲ级
1	水体盐度	5 ≤ ~ < 25	< 5 或 25 ≤ ~ ≤ 30	> 30
2	沉积物粉砂占比	≥ 50%	25% ≤ ~ < 50%	< 25%
3	红树林边缘岸滩侵蚀比例	≤ 2%	2% < ~ ≤ 5%	> 5%

注：监测区域红树林边缘岸滩侵蚀比例 = 监测区域侵蚀的红树林边缘长度 / 监测区域红树林边缘长度 ×100%。

2）环境要素评价指数

环境要素评价指数按下式计算：

$$E_{indx} = \frac{\sum_{q=1}^{e} EI_q}{e} \quad\quad (4-7)$$

式中，E_{indx} 为环境要素评价指数；EI_q 为第 q 项环境要素指标的赋值，按表 4.35 的分级赋值；e 为环境要素评价指标总数。

当 $E_{indx} \geq 16$ 时，环境评价为优良；当 $12 \leq E_{indx} < 16$ 时，环境评价为中等；当 $E_{indx} < 12$ 时，环境评价为差。

4.6.3.2 评价结果

1）水体盐度评价结果

各调查断面水体盐度平均为 12.671，评价级别为Ⅰ级，赋值 20。

2）沉积物粒度评价结果

各调查站位沉积物粉砂占比平均为 77.2%（＞50%），评价级别为Ⅰ级，赋值 20。

3）岸滩侵蚀评价结果

6 个岸滩侵蚀监测站点岸滩侵蚀长度均为 0，即红树林边缘岸滩侵蚀占比为 0，评价级别为Ⅰ级，赋值 20。

4）环境要素综合评价结果

综合水体盐度、沉积物粒度和岸滩侵蚀评价结果，东寨港红树林环境要素综合评价指数 E_{indx} 为 20（＞16），环境评价结果为优良。

4.6.4 综合评价

4.6.4.1 评价方法

红树林生态系统综合评价指数按下式计算：

$$MEH_{indx} = MR_{indx} + H_{indx} + E_{indx} \qquad (4-8)$$

式中，MEH_{indx} 为生态评价指数；MR_{indx} 为植物群落评价指数；H_{indx} 为其他生物群落评价指数；E_{indx} 为环境要素评价指数。

依据 MEH_{indx} 评价红树林生态系统状态：①当 $MEH_{indx} \geqslant 80$ 时，生态系统处于优良状态，红树林植物群落保持稳定或有所改善，生物多样性高或环境条件适宜；②当 $60 \leqslant MEH_{indx} < 80$ 时，生态系统处于中等状态，红树林植物群落有所退化，生物多样性、环境条件一般；③当 $MEH_{indx} < 60$ 时，生态系统处于差的状态，红树林植物群落明显退化，生物多样性低，环境条件不适宜。

结合红树林生态系统综合评价结果，综合分析红树林生态系统退化或影响红树林生态系统稳定的原因和主要生态问题。

4.6.4.2　评价结果

综合植物群落、其他生物群落和环境要素的评价结果，东寨港红树林生态系统综合评价指数 $MEH_{indx} = 48 + 9.3 + 20 = 77.3$，$60 < MEH_{indx} < 80$，评价结果为中等，即生态系统处于中等状态（表4.36）。

表 4.36　东寨港红树林生态系统状况评价结果一览表

类别	指标	分级	赋值	类别总分	评价结果
植物群落	红树林面积	Ⅰ	60	48	优良
	红树植物种类数	Ⅰ	60		
	覆盖度	Ⅰ	60		
	互花米草面积比例	Ⅰ	60		
	有害藤本影响面积比例	Ⅱ	36		
	外来红树植被面积比例	Ⅲ	12		
其他生物群落	大型底栖动物物种丰富度指数	Ⅲ	4	9.3	差
	大型底栖动物物种多样性指数	Ⅰ	20		
	病虫害植株受害率	Ⅲ	4		
环境要素	水体盐度	Ⅰ	20	20	优良
	沉积物粉砂占比	Ⅰ	20		
	红树林边缘岸滩侵蚀比例	Ⅰ	20		
综合评价总分及评价结果				77.3	中等

4.7　生态系统预警

4.7.1　预警指标及方法

根据《红树林生态系统监测、评价与预警技术规程（试行）》开展东寨港红树林生态系统预警，具体指标和方法如下。

4.7.1.1　预警指标

针对红树林生态系统面临的主要问题开展预警，预警指标见表4.37。

表 4.37 红树林预警指标

序号	生态问题		预警指标
1	有害生物	互花米草入侵	红树植被覆盖度（C_{Mg}）、互花米草面积占比（I_{Sa}）
2		有害藤本危害	有害藤本影响面积占比（I_{CR}）
3		病虫害	植株受害率（I_{DI}）
4	外来红树植物扩散		本土红树植被覆盖度（C_{NMg}）和外来红树植物面积占比（I_{es}）
5	岸滩侵蚀		红树林边缘岸滩侵蚀占比（I_E）

4.7.1.2 预警等级

1）有害生物预警

（1）互花米草入侵。基于红树植被覆盖度（C_{Mg}）和互花米草面积占比（I_{Sa}）确定互花米草入侵红树林的预警级别，见表 4.38。

表 4.38 互花米草入侵红树林预警级别

预警级别	预警指标判定标准	级别描述
红色预警	$C_{Mg} < 70\%$ 且 $I_{Sa} \geq 10\%$	红树林被入侵可能性高，且互花米草分布面积多
橙色预警	$C_{Mg} < 70\%$ 且 $0 < I_{Sa} < 10\%$	红树林被入侵可能性高，但互花米草分布面积较少
黄色预警	$C_{Mg} \geq 70\%$ 且 $I_{Sa} \geq 10\%$	互花米草分布面积多，但红树林被入侵可能性低

注：可根据需要开展监测小区和监测区域预警，监测小区互花米草面积占比 = 监测小区互花米草面积 / 监测小区红树林面积 ×100%；监测区域互花米草面积占比 = 监测区域互花米草面积 / 监测区域红树林面积 ×100%。

（2）有害藤本危害预警。基于有害藤本影响面积占比（I_{CR}）确定有害藤本植物的预警级别，见表 4.39。

表 4.39 有害藤本植物危害红树林预警级别

预警级别	预警指标判定标准	级别描述
红色预警	$I_{CR} > 30\%$	有害藤本植物影响面积大，且危害程度重
橙色预警	$10\% \leq I_{CR} \leq 30\%$	有害藤本植物影响面积较大，但危害程度中等
黄色预警	$5 < I_{CR} < 10\%$	存在有害藤本植物影响，危害程度轻

注：可根据需要开展监测小区和监测区域的预警，监测小区有害藤本影响面积占比 = 监测小区有害藤本覆盖面积 / 监测小区红树林面积 ×100%；监测区域有害藤本影响面积占比 = 监测区域有害藤本覆盖面积 / 监测区域红树林面积 ×100%。

（3）病虫害影响预警。基于植株受害率（I_{DI}）确定病虫害的预警级别，见表 4.40。

表 4.40　病虫害危害红树林预警级别

预警级别	预警指标判定标准	级别描述
红色预警	$I_{DI} > 30\%$	病虫害影响程度大，且危害程度重
橙色预警	$10\% \leqslant I_{DI} \leqslant 30\%$	病虫害影响程度较大，但危害程度中
黄色预警	$5\% < I_{DI} < 10\%$	存在病虫害影响，危害程度轻

注：可根据需要开展监测小区和监测区域的预警，监测小区植株受害率 = 监测小区受害植株数 / 监测小区植株数 ×100%；监测区域植株受害率 = 监测区域受害植株数 / 监测区域总植株数 ×100%。

2）外来红树植物扩散预警

基于本土红树植被覆盖度（C_{NMg}）和区域外来红树植物面积占比（I_{es}）确定外来红树植物扩散的预警级别，见表 4.41。

表 4.41　外来红树植物扩散预警级别

预警级别	预警指标判定标准	级别描述
红色预警	$C_{NMg} < 65\%$ 且 $I_{es} \geqslant 20\%$	外来红树植物分布面积多，扩散入本土红树林可能性高
橙色预警	$C_{NMg} < 65\%$ 且 $5 < I_{es} < 20\%$	外来红树植物扩散入本土红树林可能性高，但分布面积较少
黄色预警	$C_{NMg} \geqslant 65\%$ 且 $I_{es} \geqslant 20\%$	外来红树植物分布面积多，但扩散入本土红树林可能性低

注：可根据需要开展监测小区和监测区域预警，监测小区外来红树植物面积占比 = 监测小区外来红树植物面积 / 监测小区红树林面积 ×100%；监测区域外来红树植物面积占比 = 监测区域外来红树植物面积 / 监测区域红树林面积 ×100%。

3）红树林岸滩侵蚀预警

基于红树林边缘岸滩侵蚀占比（I_E）确定红树林岸滩侵蚀的预警级别，见表 4.42。

表 4.42　红树林岸滩侵蚀预警级别

预警级别	预警指标判定标准	级别描述
红色预警	$I_E > 20\%$	红树林岸滩侵蚀比例高，影响区域大
橙色预警	$10\% < I_E \leqslant 20\%$	红树林岸滩侵蚀比例较高，影响区域较大
黄色预警	$5 < I_E \leqslant 10\%$	红树林岸滩侵蚀比例小，影响区域小

注：可根据需要开展监测小区和监测区域预警，监测小区红树林边缘岸滩侵蚀占比 = 监测小区侵蚀的红树林边缘长度 / 监测小区红树林边缘长度 ×100%；监测区域红树林边缘岸滩侵蚀占比 = 监测区域侵蚀的红树林边缘长度 / 监测区域红树林边缘长度 ×100%。

4.7.1.3　处置建议

综合红树林生态系统监测、评价结果，根据红树林生态预警等级判断警情，诊断导致红树林生态系统退化的成因，结合当地实际情况开展有关处置。

针对红色和橙色预警的红树林，建议立刻采取保护或修复措施，加强管理，控制干扰因素，设计修复方案，改善生态系统状况；针对黄色预警的红树林，建议加强管理，控制威胁因素，促进生态系统自然恢复；针对未预警的红树林，建议科学管理，防止受损。

4.7.2　预警结果

4.7.2.1　有害生物预警

1）互花米草入侵预警

经遥感、无人机和现场踏勘，本次调查在 4 处互花米草监测点均未发现互花米草分布，即互花米草面积占比 I_{Sa} 为 0，互花米草入侵无须预警，显示东寨港保护区红树林受互花米草扩散的影响较小。

2）有害藤本危害预警

本次调查 7 个有害藤本监测站点，有害藤本影响面积为 $1.62 \sim 5.21$ hm^2，平均为 2.79 hm^2；各站点有害藤本影响面积占比为 2.1% ~ 6.7%，平均为 4.9%。7 个站点有害藤本影响面积占比 I_{CR} 均小于 10%，共有 4 个监测站点有害藤本影响面积占比 $I_{CR} > 5\%$，预警等级为黄色预警，即存在有害藤本植物影响，危害程度轻；另外 3 个站点 $I_{CR} < 5\%$，无须预警。整个区域 I_{CR} 平均值为 4.9%，虽无须预警，但已接近黄色预警的临界值（5%），建议仍应按照黄色预警的处置方法进行处置，即加强管理，控制威胁因素，促进生态系统自然恢复（表 4.43）。

表 4.43　各站点有害藤本影响面积占比及预警等级　　　　　　　　　　单位：hm^2

监测站点	YH1	YH2	YH3	YH4	YH5	YH6	YH7	平均
有害藤本影响面积				$1.62 \sim 5.21$				2.79
红树林斑块总面积				$26.16 \sim 125.78$				65.56
有害藤本影响面积占比 I_{CR}	3.4%	6.7%	6.3%	5.4%	3.8%	2.1%	6.6%	4.9%
预警等级	—	黄色	黄色	黄色	—	—	黄色	—

注："—"表示未达到预警阈值，无须预警。

3）病虫害影响预警

本次调查 7 个病虫害监测站点，病虫害受害植株数和受害率统计见表 4.44，各站点植株受害率为 3.3% ~ 8.1%，平均受害率为 6.8%，各站点均不同程度地遭受病虫害的侵袭。7 个站点病虫害植株受害率 I_{DI} 均小于 10%，共有 6 个监测站点病虫害植株受害率 $I_{DI} > 5\%$，预警等级为黄色预警，即存在病虫害影响，危害程度轻；仅 YH7 站点 $I_{DI} < 5\%$，无须预警。整个区域 I_{DI} 平均值为 6.8%，预警等级为黄色预警，应按照黄色预警的处置方法进行处置，即加强管理，控制威胁因素，促进生态系统自然恢复。

表 4.44　各站点病虫害植株受害率和预警等级

监测站点	受害植株数	调查总植株数	植株受害率 I_{DI}	预警等级
YH1	21	280	7.5%	黄色
YH2	23	310	7.4%	黄色
YH3	17	210	8.1%	黄色
YH4	12	180	6.7%	黄色
YH5	15	220	6.8%	黄色
YH6	20	250	8.0%	黄色
YH7	4	120	3.3%	—
平均受害率			6.8%	黄色

注："—"表示未达到预警阈值，无须预警。

4.7.2.2　外来红树植物扩散预警

本次调查 6 个外来红树植物监测站点，外来红树植物面积为 2.07 ~ 64.89 hm²，平均为 20.16 hm²。各监测站点外来红树植物面积占比为 2.4% ~ 93.3%，平均为 26.3%。各监测站点本土红树植被覆盖度为 4.5% ~ 88.4%，平均为 65.3%。

6 个站点中，WL5 站点和 WL6 站点外来红树面积占比 I_{es} 均大于 20%，且本土红树植被覆盖度 C_{NMg} 均小于 65%，预警等级为红色，即外来红树植物分布面积多，扩散入本土红树林可能性高。这两个站点人工种植的外来红树植株较多（尤其是 WL6 站点），较容易扩散至周边区域（表 4.45）。

除上述两个站点外，其他 4 个站点外来红树植物面积占比 I_{es} 均小于 20%，且本土红树植被覆盖度 C_{NMg} 均大于 65%，其中，WL1 站点和 WL2 站点外来红树植物面积占比 I_{es} 均小于 5%，无须预警；WL3 站点和 WL4 站点外来红树植物面积占比 I_{es} 大于 5%，预警等级为黄色预警，即外来红树植物分布面积多，但扩散入本土红树林可能性低。

表 4.45　各站点外来红树植物扩散面积占比、本土红树覆盖度和预警等级　　单位：hm^2

监测站点	WL1	WL2	WL3	WL4	WL5	WL6	平均
外来红树植物总面积	2.07 ~ 64.89						20.16
红树林斑块总面积	14.28 ~ 138.4						124.32
外来红树面积比例 I_{es}	2.4% ~ 93.3%						26.3%
本土红树植被覆盖度 C_{NMg}	4.5% ~ 88.4%						65.3%
预警等级	—	—	黄色	黄色	红色	红色	—

注："—"表示未达到预警阈值，无须预警。

整个区域 I_{es} 平均值为 26.3%，本土红树植被覆盖度 C_{NMg} 平均值为 65.3%，预警等级为黄色预警，应按照黄色预警的处置方法进行处置，即加强管理，控制威胁因素，促进生态系统自然恢复。

4.7.2.3　红树林岸滩侵蚀预警

本次调查 6 个监测站点所在区域的红树林岸滩均未发现侵蚀情况，即红树林边缘岸滩侵蚀比例 I_E 均为 0，无须预警。

多数站点的红树林面积均有所增加，即红树林有向岸和向海扩散的趋势，显示近年来监测区域红树林岸滩受人类活动（如工程等）和自然因素（如海平面上升）影响导致侵蚀的情况较少，红树林的自然扩散对防止岸滩侵蚀的作用明显。

4.7.3　预警结论

根据《红树林生态系统监测、评价与预警技术规程（试行）》开展东寨港红树林生态系统预警，结果如下（表 4.46）。

表 4.46　东寨港红树林生态系统预警结果及处置建议

生态问题	监测站点数	各站点预警结果	总体预警结果	处置建议
互花米草入侵	4	未发现互花米草，无须预警	未发现互花米草，无须预警	科学管理，防止受损
有害藤本危害	7	所有站点均发现有害藤本，其中 4 个站点为黄色预警，3 个站点无须预警	无须预警，但总体上接近黄色预警的阈值	加强管理，控制威胁因素，促进生态系统自然恢复

续表

生态问题	监测站点数	各站点预警结果	总体预警结果	处置建议
病虫害	7	所有站点均发现病虫害，其中6个站点为黄色预警，1个站点无须预警	黄色预警	加强管理，控制威胁因素，促进生态系统自然恢复
外来红树植物扩散	6	所有站点均发现外来红树植物，其中2个站点为红色预警，2个站点为黄色预警，2个站点无须预警	黄色预警	加强管理，控制威胁因素，促进生态系统自然恢复；局部区域应立刻采取保护或修复措施，加强管理，控制干扰因素，设计修复方案，改善生态系统状况
岸滩侵蚀	6	未出现岸滩侵蚀，无须预警	未出现岸滩侵蚀，无须预警	科学管理，防止受损

本次调查在4处互花米草监测点均未发现互花米草分布，互花米草入侵无须预警。

7处有害藤本监测点中，共有4个站点有害藤本预警等级为黄色预警，3个站点无须预警，区域有害藤本影响面积比例也接近黄色预警的临界值，建议仍应按黄色预警的处置方法进行处置。

7处病虫害监测点中，共有6个站点预警等级为黄色预警，1个站点无须预警，区域病虫害预警等级也为黄色预警。

6处外来红树植物监测点中，有2个站点预警等级为红色预警，2个站点预警等级为黄色预警，2个站点无须预警，区域外来红树植物扩散预警等级为黄色预警。

6处红树林岸滩侵蚀监测点均未发现岸滩侵蚀，红树林岸滩侵蚀无须预警。

综上所述，东寨港红树林生态系统主要干扰因素为外来红树植物、病虫害和有害藤本，整体上预警等级为黄色预警，建议加强管理，控制威胁因素，促进生态系统自然恢复。

参考文献

陈鹭真，钟才荣，陈松，等，2019. 海口湿地——红树林篇 [M]. 厦门：厦门大学出版社.

陈铁晗，2001. 福建漳江口红树林湿地自然保护区生态系统现状与评价 [J]. 福建林业科技，28(4):25−26.

刘亚云，孙红斌，陈桂珠，2012. 特呈岛红树林自然保护区水环境质量评价 [J]. 海洋与湖沼通报，3:115-122.

区庄葵，郑全胜，黄俊泽，等，2003. 珠海淇澳岛湿地红树林自然保护区现状评价 [J]. 广东林勘设计，(4):1-4.

孙毅，黄奕龙，刘雪朋，2009. 深圳河河口红树林湿地生态系统健康评价 [J]. 中国农村水利水电，(10):32-35.

王丽荣，李贞，蒲杨婕，等，2011. 海南东寨港、三亚河和青梅港红树林群落健康评价 [J]. 热带海洋学，30(2):81-86.

王树功，杨海生，周永章，等，2005. 湿地植物生长模型在红树林湿地人工恢复调控中的应用——以珠江口淇澳岛红树林湿地恢复为例 [J]. 西北植物学报，25(10):2024-2029.

王树功，郑耀辉，彭逸生，等，2010. 珠江口淇澳岛红树林湿地生态系统健康评价 [J]. 应用生态学报，21(2):391-398.

徐福留，赵珊珊，杜婷婷，等，2004. 区域经济发展对生态环境压力的定量评价 [J]. 中国人口资源与环境，14(4):32-38.

郑耀辉，王树功，陈桂珠，2010. 滨海红树林湿地生态系统健康的诊断方法和评价指标 [J]. 生态学杂志，29(1):111-116.

ADEEL Z, POMEROY R, 2002. Assessment and management of mangrove ecosystem in developing countries[J]. Trees Structures and Function, 16:235-238.

GESELBRACHT L, 2005. Marine/Estuarine Site Assessment for Florida[J]. Framework, 9:1-11.

HOLGUIN G, GONZALEZ-ZAMORANO P, DE-BASHMEN L,et al., 2006. Mangrove health in an arid environment encroached by urban development—a case study[J].The Science of the Total Environment, 363(1-3): 260-274.

HOWES J, MELVILLE D, PARISH D, et al., 1988. 水禽野外研究实用手册 [M]. 世界野生动物基金会 .

KAPLOWITZ M D, 2001. Assessing mangrove products and services at the local level: the use of focus groups and individual interviews[J].Landscape and Urban Planning, 56(1):53-60.

SAMOURA K, BOUVIER A L, WAAUB J P, 2007. Strategic environmental assessment for planning mangrove ecosystems in guinea[J].Knowledge Technology and Policy, 19(4):77-93.

5.1 环境因子的区域差异

根据已有搜集和调查的数据，我们分析了广东惠州大亚湾、深圳福田、珠海淇澳岛、广西铁山港、海南三亚青梅港和文昌清澜港的红树林环境因子差异，由于每个调查区域的环境要素的调查指标并不一致，分析过程中我们取共性指标进行分析，分别是沉积物粒度组成、硫化物含量和有机碳含量等，水质部分的分析仅限于海南等地。

5.1.1 沉积物粒度组成的区域差异

大亚湾区域内砾含量范围为 0～5.4%，平均值为 0.8；砂含量范围为 1.2%～29.3%，平均值为 13.7%；粉砂含量范围为 58.0%～87.3%，平均值为 75.5%；黏土含量范围为 6.5%～17.7%，平均值为 10.0%。其中，0～10 cm 层粉砂含量范围为 72.3%～79.3%，平均值为 75.2%；10～20 cm 层粉砂含量范围为 71.0%～82.3%，平均值为 77.3%；20～30 cm 层粉砂含量范围为 58.0%～82.4%，平均值为 75.7%；30～40 cm 层粉砂含量范围为 59.8%～84.3%，平均值为 73.9%；40～50 cm 层粉砂含量范围为 63.7%～87.3%，平均值为 75.4%。可见，不同站位和层位沉积物中的粉砂在粒组中的比例非常高。

淇澳岛区域内砂含量范围为 0～9.4%，平均值为 4.1；粉砂含量范围为 78.1%～86.3%，平均值为 81.7%；黏土含量范围为 9.8%～18.2%，平均值为 14.2%。淇澳岛各站柱状沉积物粉砂含量分析表明，0～10 cm 层粉砂含量范围为 78.3%～86.3%，平均值为 82.07%；10～20 cm 层粉砂含量范围为 79.3%～84.3%，平均值为 81.66%；20～30 cm 层粉砂含量范围为 78.1%～84.4%，平均值为 81.43%；30～40 cm 层粉砂含量为 79.7%。可见，不同站位和层位沉积物中的粉砂在粒组中的比例非常高。

深圳福田区域内砾含量范围为 0～4.9%，平均值为 0.7；砂含量范围为 2.7%～23.7%，平均值为 11.1%；粉砂含量范围为 60.8%～85.2%，平均值为 74.3%；黏土含量范围为 10.0% ~ 19.0%，平均值为 13.8%。其中，0 ~ 10 cm 层粉砂含量范围为 67.2% ~ 79.9%，平均值为 74.5%；10 ~ 20 cm 层粉砂含量范围为 65.5% ~ 85.2%，平均值为 73.4%；20 ~ 30 cm 层粉砂含量范围为 69.6% ~ 81.6%，平均值为 77.5%；30 ~ 40 cm 层粉砂含量范围为 66.3% ~ 80.7%，平均值为 73.6%；40 ~ 50 cm 层粉砂含量范围为 60.8% ~ 79.0%，平均值为 72.6%。

铁山港沙尾区域沉积物监测结果显示，沉积物主要呈褐色和灰色，沉积类型为粉砂质砂（TS）和砂质粉砂（ST）。不同站位和层位沉积物中的砂和粉砂在粒组中的比例非常高，砂 + 粉砂的比例高达 79.67% ~ 97.83%，平均值为 92.27%。

文昌清澜港沉积物以黑色和灰色为主，粒度组分有砾、砂、粉砂、黏土等，且以粉砂为主，沉积类型主要为砾质砂（GS）、砂质砾（SG）、砂（S），偶有粉砂质砂（TS）、砂－砾（S-G）、砂－粉砂（S-T）、砂质粉砂（ST）。区域内砾含量范围为 0 ~ 59.0%，平均值为 25.2%；砂含量范围为 35.5% ~ 99.9%，平均值为 63.1%；粉砂含量范围为 0 ~ 61.2%，平均值为 11.1%；黏土含量范围为 0 ~ 3.4%，平均值为 0.6%。其中，0 ~ 10 cm 层砂含量范围为 40.6% ~ 82.9%，平均值为 61.0%；10 ~ 20 cm 层砂含量范围为 35.5% ~ 82.4%，平均值为 61.2%；20 ~ 30 cm 层砂含量范围为 45.3% ~ 82.6%，平均值为 62.8%；30 ~ 40 cm 层砂含量范围为 46.0% ~ 99.9%，平均值为 64.7%；40 ~ 50 cm 层砂含量范围为 48.3% ~ 99.9%，平均值为 65.8%。不同站位和层位沉积物的砂在粒组中的比例非常高，整体没有明显分布规律，但分布范围较宽，范围为 35.5% ~ 99.9%。

三亚亚龙湾青梅港沉积物以黑色和灰色为主，粒度组分有砾、砂、粉砂、黏土等，且以粉砂为主，沉积类型主要为粉砂质砂（TS）、砂（S），偶有粉砂－砂（T-S）。区域内砾含量范围为 0.1% ~ 14.4%，平均值为 5.5%；砂含量范围为 43.0% ~ 78.1%，平均值为 65.4%；粉砂含量范围为 13.7% ~ 42.9%，平均值为 26.1%；黏土含量范围为 0.6% ~ 7.1%，平均值为 3.0%。其中，0 ~ 10 cm 层砂含量范围为 55.8% ~ 77.4%，平均值为 67.4%；10 ~ 20 cm 层砂含量范围为 57.2% ~ 76.3%，平均值为 67.0%；20 ~ 30 cm 层砂含量范围为 48.6% ~ 78.1%，平均值为 65.5%；30 ~ 40 cm 层砂含量范围为 43.0% ~ 77.4%，平均值为 63.7%；40 ~ 50 cm 层砂含量范围为 43.9% ~ 76.7%，平均值为 63.3%。

调查显示，东寨港红树林沉积物的粒度组分有一定的规律性，主要由粉砂组成，不同断面分布有一定含量的砂和黏土，滩面较为稳定。整体来看，各断面柱状岩心中的砂含量范围为 5.48% ~ 6.42%，粉砂含量范围为 79.24% ~ 81.23%，黏土含量范围为 13.29% ~ 14.34%。

各监测区域不同层位沉积物粒度组成见图 5.1 至图 5.5。

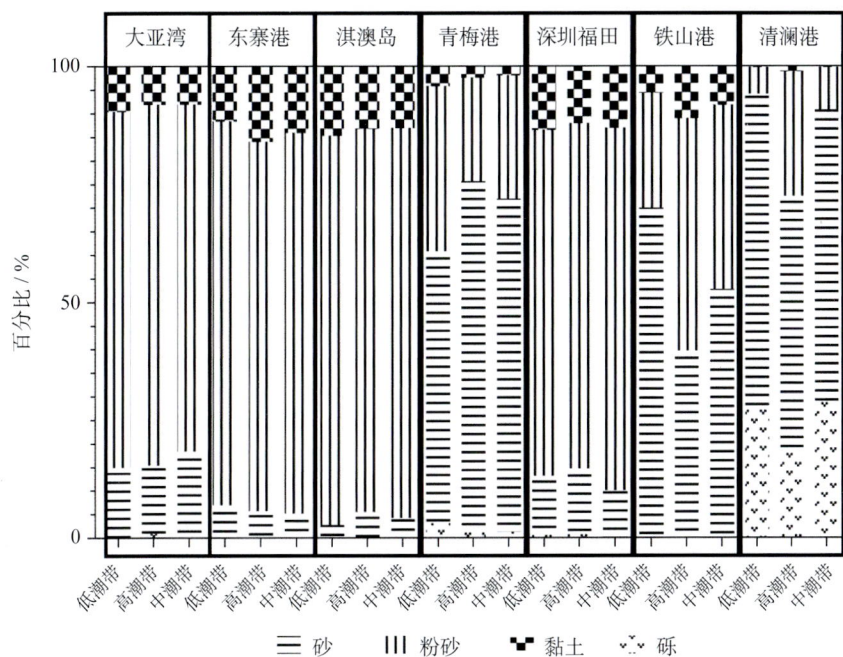

图 5.1　不同监测区域的沉积物粒度组成（0~10 cm 层）

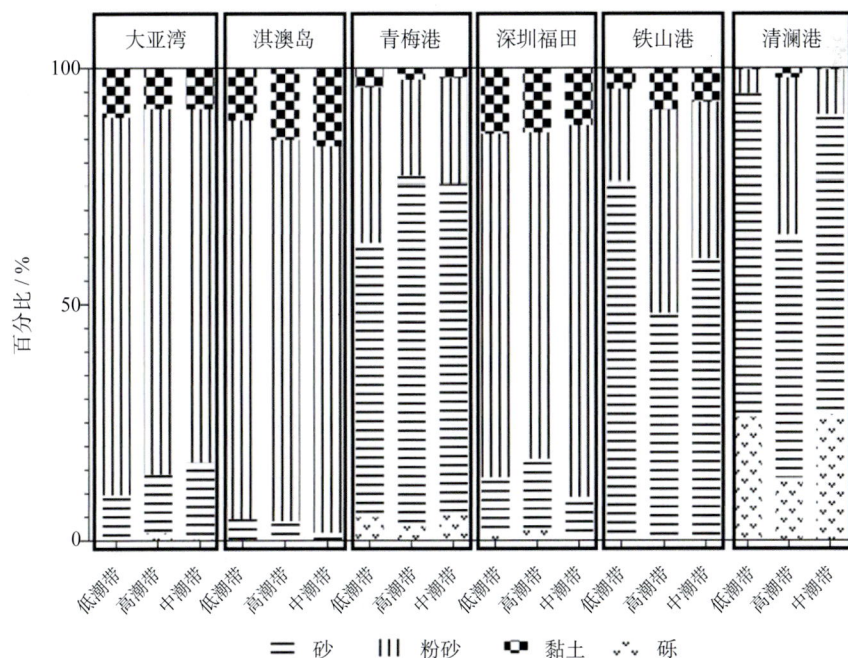

图 5.2　不同监测区域的沉积物粒度组成（10~20 cm 层）

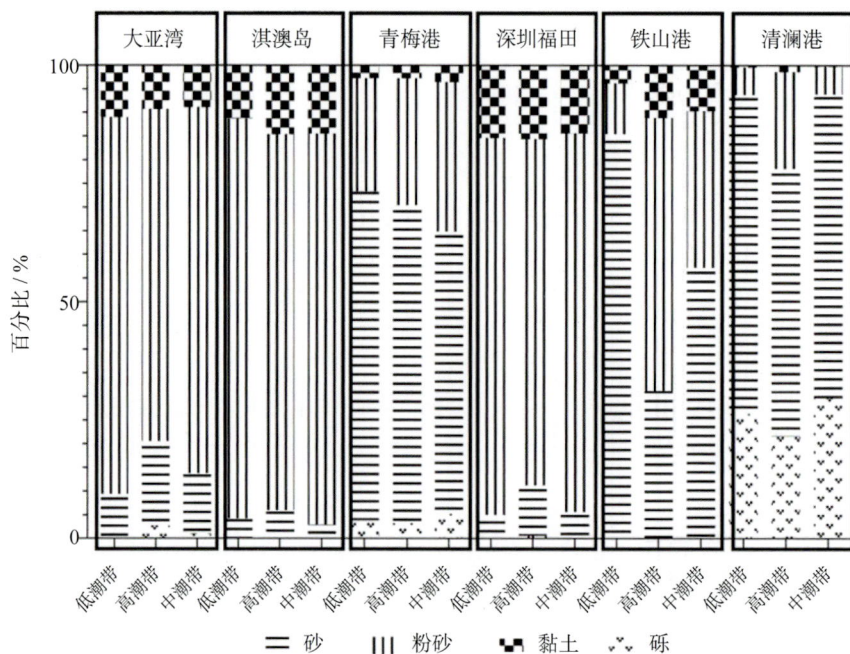

图 5.3　不同监测区域的沉积物粒度组成（20～30 cm 层）

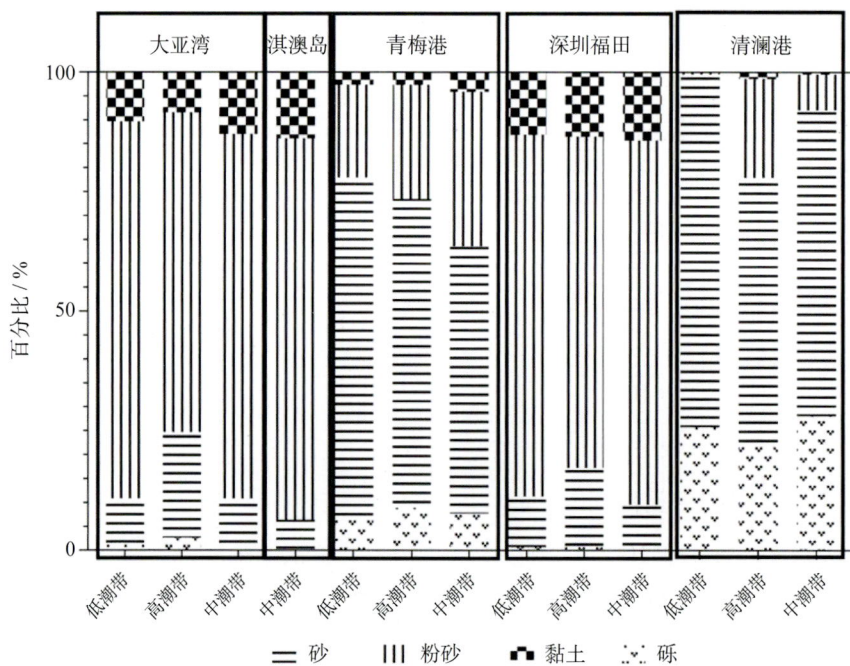

图 5.4　不同监测区域的沉积物粒度组成（30～40 cm 层）

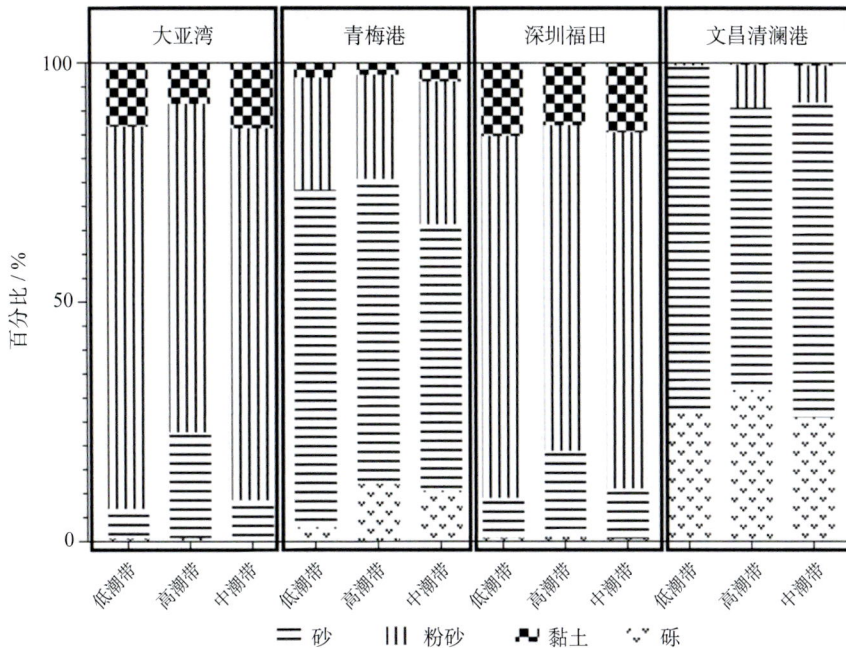

图 5.5　不同监测区域的沉积物粒度组成（40～50 cm）层

5.1.2　沉积物硫化物含量差异

大亚湾监测区域表层沉积物硫化物含量范围为 $70 \times 10^{-6} \sim 262 \times 10^{-6}$，平均值为 181×10^{-6}。其中，高潮站硫化物含量范围为 $117 \times 10^{-6} \sim 262 \times 10^{-6}$，平均值为 189×10^{-6}；中潮站硫化物含量范围为 $70 \times 10^{-6} \sim 169 \times 10^{-6}$，平均值为 120×10^{-6}；低潮站硫化物含量为 $219 \times 10^{-6} \sim 248 \times 10^{-6}$，平均值为 233×10^{-6}。

文昌清澜港表层沉积物硫化物含量范围为 $10 \times 10^{-6} \sim 95 \times 10^{-6}$，平均值为 58×10^{-6}。其中，高潮站硫化物含量范围为 $23 \times 10^{-6} \sim 95 \times 10^{-6}$，平均值为 61×10^{-6}；中潮站硫化物含量范围为 $53 \times 10^{-6} \sim 92 \times 10^{-6}$，平均值为 67×10^{-6}；低潮站硫化物含量为 $10 \times 10^{-6} \sim 67 \times 10^{-6}$，平均值为 46×10^{-6}。

三亚亚龙湾青梅港表层沉积物硫化物含量范围为未检出～37×10^{-6}，平均值为 36×10^{-6}。其中，高潮站硫化物含量范围为未检出～35×10^{-6}，平均值为 35×10^{-6}；中潮站硫化物含量范围为未检出～37×10^{-6}，平均值为 37×10^{-6}；低潮站硫化物含量为未检出。

铁山港沙尾区域沉积物监测结果显示，沉积物硫化物含量的变化范围为 $8.5 \times 10^{-6} \sim 195.6 \times 10^{-6}$，平均值为 61.3×10^{-6}。

淇澳岛监测区域表层沉积物硫化物含量范围为未检出～151×10^{-6}，平均值为 97.6×10^{-6}。其中，高潮站硫化物含量范围为未检出～121×10^{-6}，平均值为 73×10^{-6}；中潮站硫化物含量范围为未检出～137×10^{-6}，平均值为104×10^{-6}；低潮站硫化物含量为151×10^{-6}。

深圳福田监测区域红树林表层沉积物硫化物含量为64×10^{-6}～724×10^{-6}，平均值为288×10^{-6}。其中，高潮站硫化物的变化范围为64×10^{-6}～724×10^{-6}，平均值为381×10^{-6}；中潮站硫化物的变化范围为253×10^{-6}～338×10^{-6}，平均值为290×10^{-6}；低潮站硫化物的变化范围为152×10^{-6}～272×10^{-6}，平均值为194×10^{-6}。

从东寨港红树林沉积物硫化物含量数据的分析结果来看，高潮带各断面沉积物硫化物含量的变化范围为16.7×10^{-6}～215.0×10^{-6}，平均值为144.9×10^{-6}；中潮带各断面沉积物硫化物含量的变化范围为48.7×10^{-6}～362.0×10^{-6}，平均值为188.9×10^{-6}；低潮带各断面沉积物硫化物含量的变化范围为45.1×10^{-6}～170.0×10^{-6}，平均值为110.4×10^{-6}。

各监测区域沉积物硫化物含量平均值如图5.6所示。

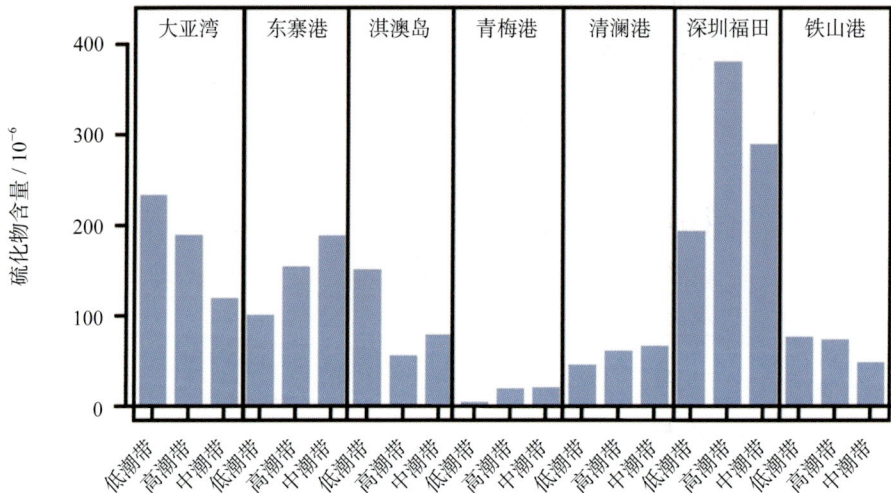

图5.6　不同监测区域的硫化物含量平均值

5.1.3　沉积物有机碳含量差异

大亚湾监测区域沉积物有机碳含量范围为1.39%～2.43%，平均值为1.84%。其中，高潮站有机碳含量范围为1.65%～2.43%，平均值为2.20%；中潮站有机碳含量范围为1.39%～1.88%，平均值为1.57%；低潮站有机碳含量范围为1.58%～2.24%，平均值为1.74%。总体上，各断面有机碳含量随离岸距离的增大而减少，但中潮站多数低于低潮站。

文昌清澜港监测区域沉积物有机碳含量范围为0.49%～4.62%，平均值为2.10%。其中，高潮站有机碳含量范围为0.96%～4.48%，平均值为2.55%；中潮站有机碳含量范围为0.82%～4.62%，平均值为2.50%；低潮站有机碳含量范围为0.49%～3.76%，平均值为1.26%。

三亚亚龙湾青梅港监测区域沉积物有机碳含量范围为0.62%~2.90%，平均值为1.43%。其中，高潮站有机碳含量范围为0.62%~1.86%，平均值为1.02%；中潮站有机碳含量范围为1.02%~2.01%，平均值为1.35%；低潮站有机碳含量范围为1.35%~2.90%，平均值为1.93%。

铁山港沙尾区域沉积物监测结果显示，沉积物有机碳含量的变化范围为0.19%~2.36%，平均值为0.78%。

淇澳岛监测区域沉积物有机碳含量范围为1.5%~2.95%，平均值为2.16%。其中，高潮站有机碳含量范围为1.5%~2.95%，平均值为2.44%；中潮站有机碳含量范围为1.75%~2.33%，平均值为2.01%；低潮站有机碳含量范围为1.76%~1.86%，平均值为1.82%。

深圳福田监测区域沉积物有机碳含量范围为1.68%~6.29%，平均值为2.96%。其中，高潮站有机碳含量范围为2.14%~6.29%，平均值为3.56%；中潮站有机碳含量范围为1.68%~3.80%，平均值为2.78%；低潮站有机碳含量范围为1.92%~2.98%，平均值为2.52%。

从东寨港监测区域各断面不同潮滩沉积物有机碳含量数据分析结果来看，高潮带各断面沉积物有机碳含量的变化范围为7.73%~8.24%，平均值为7.94%；中潮带各断面沉积物有机碳含量的变化范围为3.77%~6.93%，平均值为5.16%；低潮带各断面沉积物有机碳含量的变化范围为4.45%~7.14%，平均值为5.60%。

各监测区域沉积物有机碳含量平均值如图5.7所示。

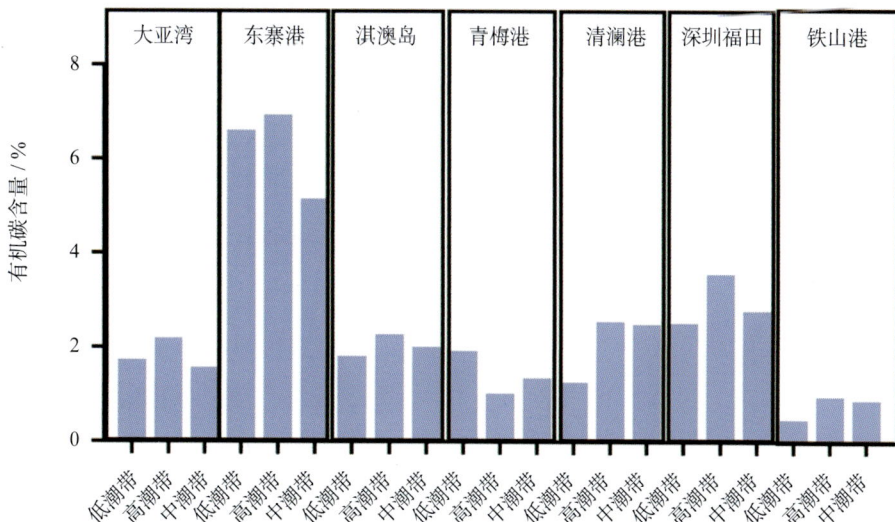

图5.7 不同监测区域的有机碳含量平均值

5.1.4 沉积物 Eh 值差异

大亚湾监测区域内表层沉积物 Eh 的变化范围为 60～194 mV，平均值为 130 mV，表明区域内为中度还原环境，含有较多还原性有机物。其中，高潮站 Eh 的变化范围为 133～194 mV，平均值为 163 mV；中潮站 Eh 的变化范围为 61～155 mV，平均值为 108 mV；低潮站 Eh 的变化范围为 60～179 mV，平均值为 120 mV。

文昌清澜港监测区域表层沉积物 Eh 的变化范围为 28～206 mV，平均值为 114 mV，表明区域内为中度还原环境，含有较多还原性有机物。其中，高潮站 Eh 的变化范围为 42～184 mV，平均值为 120 mV；中潮站 Eh 的变化范围为 28～206 mV，平均值为 96 mV；低潮站 Eh 的变化范围为 64～169 mV，平均值为 127 mV。

三亚亚龙湾青梅港监测区域表层沉积物 Eh 的变化范围为 21～165 mV，平均值为 71 mV，表明区域内为中度还原环境，含有较多还原性有机物。其中，高潮站 Eh 的变化范围为 21～100 mV，平均值为 60 mV；中潮站 Eh 的变化范围为 50～165 mV，平均值为 108 mV；低潮站 Eh 的变化范围为 31～59 mV，平均值为 45 mV。

铁山港沙尾监测区域内表层沉积物监测结果显示，沉积物中 Eh 的变化范围为 −386～155 mV，平均值为 −188.9 mV，整体上看，该区域的沉积物处于强度还原状态。

淇澳岛红树林沉积物监测在现场测定了各沉积物站位表层的 Eh。区域内表层沉积物 Eh 的变化范围为 125～152 mV，平均值为 97.57 mV，表明区域内为中度还原环境，含有较多还原性有机物。其中，高潮站 Eh 的变化范围为 130～152 mV，平均值为 141 mV；中潮站 Eh 的变化范围为 125～146 mV，平均值为 205 mV；低潮站 Eh 为 128 mV。

深圳福田监测区域红树林表层沉积物 Eh 的变化范围为 115～206 mV，平均值为 179 mV，表明区域内为中度还原环境，含有较多还原性有机物。其中，高潮站 Eh 的变化范围为 205～206 mV，平均值为 205 mV；中潮站 Eh 的变化范围为 204～206 mV，平均值为 205 mV；低潮站 Eh 的变化范围为 115～144 mV，平均值为 128 mV。

各监测区域沉积物 Eh 值平均值如图 5.8 所示。

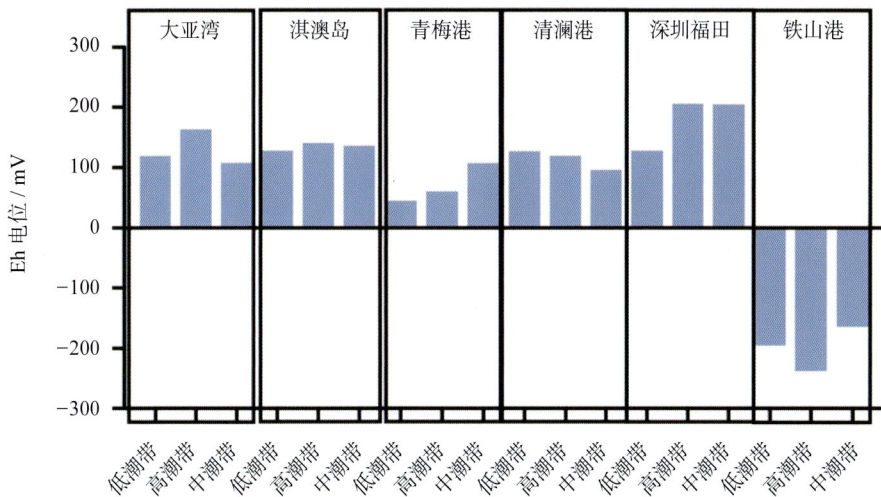

图 5.8　不同监测区域的 Eh 值平均值

5.2　红树林群落与环境因子的关系

以皮尔森（pearson）相关性分析探讨了广东惠州大亚湾、深圳福田、珠海淇澳岛、广西铁山港、海南三亚青梅港和文昌清澜港的红树林群落与环境因子的关系，分析结果表明（图 5.9），Eh、有机碳和硫化物等会对红树群落有正反馈的作用。

红树林湿地是世界上最高产的生态系统之一，红树林通过凋落物及根系系统更新等能够自身产生有机质，也能够通过特殊复杂的气生根和支柱根结构捕捉水体中的悬浮物质和促进来自海草床等系统外有机碳的固定或陆源有机质的沉积，成为热带海岸生态系统养分和有机碳的重要来源。本次测定了南海区红树林沉积物中的有机碳含量，表明有机碳与红树林的密度和种群数量呈正相关关系。

红树林沉积物中普遍富含硫。由于沉积物中共生的大量底栖生物和红树植物发达的呼吸根消耗了 O_2，随着沉积物深度的增加，生物可利用的 O_2 含量逐渐降低。在有氧层，O_2 是最重要的氧化剂，有机物的降解主要通过微生物的有氧呼吸来实现；而在缺氧层，SO_4^{2-} 是最重要的氧化剂，有机物主要通过微生物驱动的硫酸盐还原来分解。微生物能够将包括还原反应产生的硫化氢（H_2S）在内的硫化物（HS^-/S^{2-}）氧化为单质硫（S_0），然后 S_0 被歧化为 SO_4^{2-} 和 HS^-/S^{2-}，从而保留在沉积物中。本次测定了南海区红树林沉积物中的硫化物含量，表明硫化物与红树林的密度和种群数量呈正相关关系，有利于红树林群落的生长和繁殖。

165

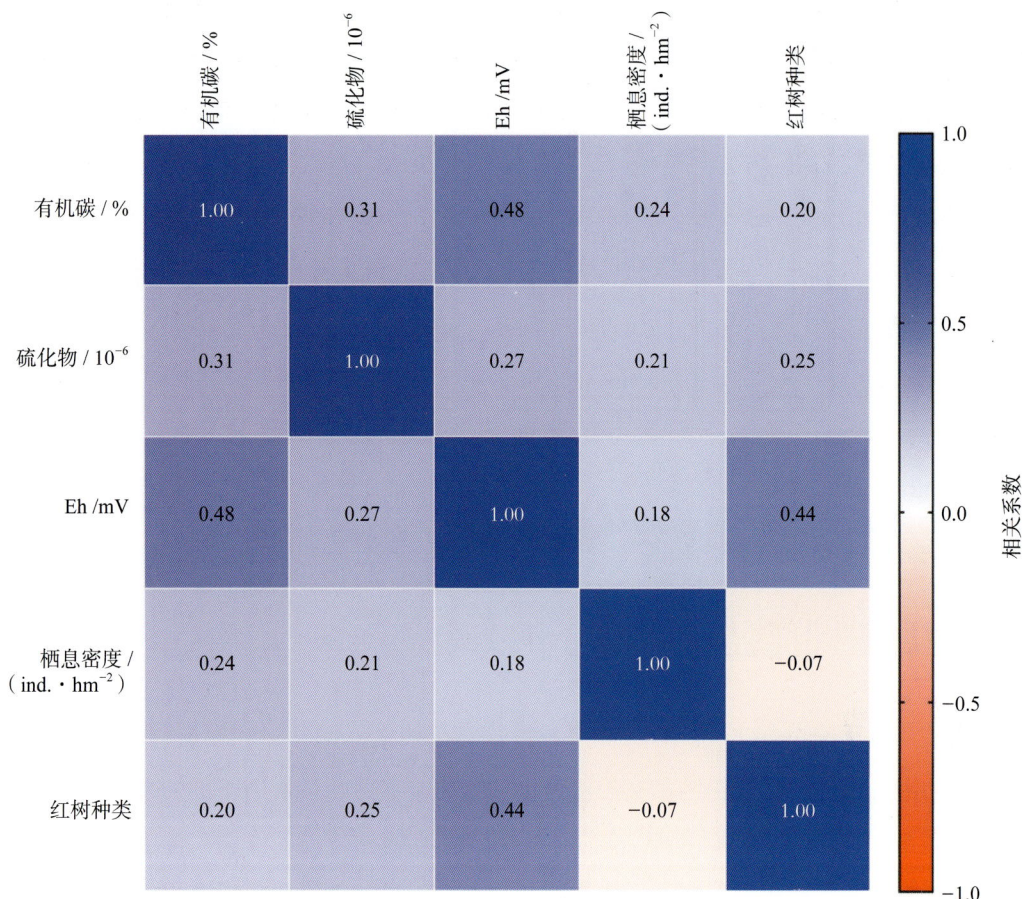

图 5.9　红树林群落与环境因子的关系

氧化还原电位（Eh）是多种氧化物质和还原物质发生氧化还原反应的综合结果，反映了体系中所有物质表现出来的宏观氧化－还原性，它表征介质氧化性或还原性的相对强弱。红树林沉积物的 Eh 受到多个因素的影响，主要有沉积物中的氧气含量、易分解有机质的含量、易氧化－还原的无机物质以及微生物活动的强弱。本次测定了南海区红树林沉积物中的氧化还原电位，表明氧化还原电位与红树林的密度和种群数量呈正相关关系，有利于红树林群落的生长和繁殖。

5.3　大型底栖动物与环境因子的关系

以皮尔森相关性分析探讨了广东惠州大亚湾、深圳福田、珠海淇澳岛、广西铁山港、海南三亚青梅港和文昌清澜港的底栖生物群落与环境因子的关系，分析结果表明，Eh、有机碳和硫化物等会对底栖生物群落有负反馈的作用。进一步利用曼特尔检验（Mantel test）测试了Y1（有机碳）、Y2（硫化物）和Y3（氧化还原电位）对底栖生物群落的作用，结果表明，Y1对软体动物种类数，Y3对星虫动物种类数具有显著性的影响，根据热图的结果，Y1主要对软体动物有负反馈作用，两者呈负相关，而Y3对星虫动物的种类数影响最大，同样具有负反馈作用，两者呈负相关（图5.10）。本书根据Eh值对氧化还原状况进行分级，分级标准如表5.1所示。根据Eh值的氧化状态划分，氧化还原电位过高，处于强氧化状态，通气性过强，不利于星虫动物的生长和栖息。

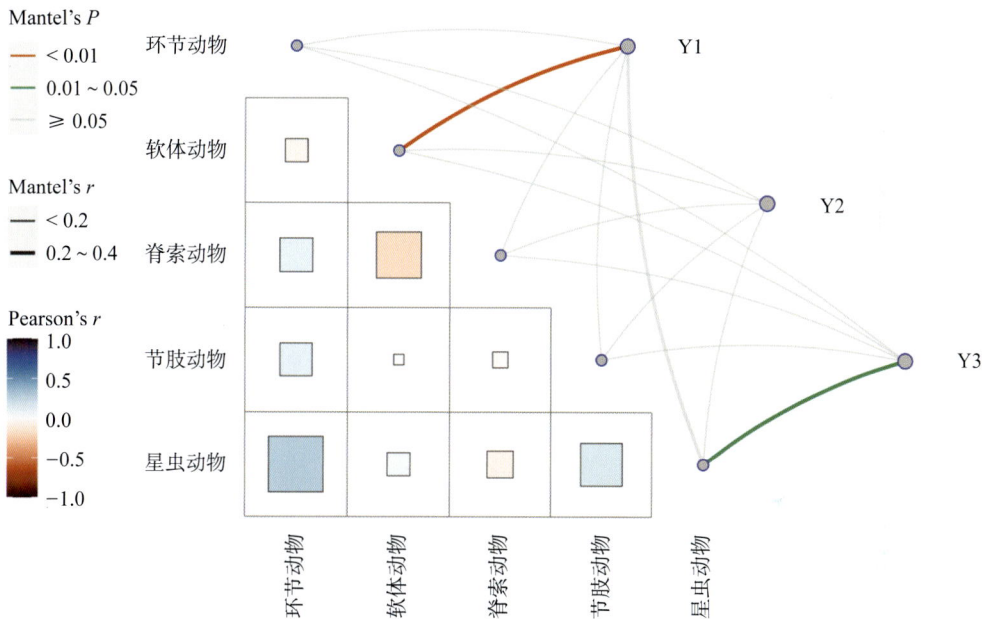

图5.10　底栖生物群落与环境因子的关系

表5.1　沉积物氧化还原状况分级标准

Eh 值	氧化还原状态	形成原因
大于 700 mV	强氧化	通气性过强
700 ~ 400 mV	氧化状态	氧化过程占绝对优势，各种物质以氧化态存在
400 ~ 200 mV	弱度还原状态	NO_3^-、Mn^{4+} 被还原
200 ~ −100 mV	中度还原状态	较多还原性有机物，Fe^{3+}、SO_4^{2-} 被还原
小于 −100 mV	强度还原状态	CO_2、H^+ 被还原，且硫化物开始大量出现

其他因素的分析表明，栖息密度、生物量与物种多样性指数、均匀度指数和物种丰富度指数等呈一致性的关系，底栖生物越丰富，这些指数同样趋好。

第6章
南海区红树林储碳功能研究

2009 年，联合国环境规划署（UNEP）、联合国粮农组织（FAO）和联合国教科文组织政府间海洋学委员会（IOC/UNESCO）联合发布了题为《蓝碳——健康海洋固碳作用的评估报告》(*Blue Carbon—The Role of Healthy Oceans in Binding Carbon*)，明确指出了蓝碳在缓解全球气候变化中的关键作用，并将蓝碳定义为由滨海湿地生态系统所封存的碳，其中以红树林、海草床、滨海盐沼三大蓝碳生态系统占据主导地位。由于其独特的厌氧环境，蓝碳生态系统固碳量巨大、固碳效率高、碳存储周期长，不仅可以减缓气候变化造成的影响，而且在保护海岸带免受侵蚀和减轻水体污染等方面发挥至关重要的作用（图 6.1）。恢复并扩大蓝碳生态系统不仅有助于分担和缓解碳排放压力，而且有助于促进我国海洋经济健康可持续发展。

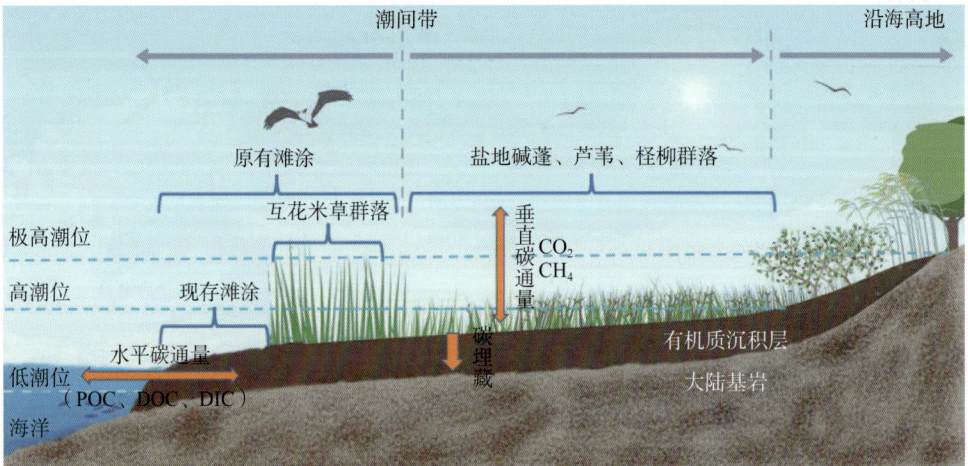

图 6.1　我国滨海湿地主要生态类型的相对地理分布及其储碳机制（王法明等，2021）

在红树林生态系统中，碳积累过程与进潮量、地表植被密度、水体颗粒物含量、斜压环流、水流状态，以及红树分泌黏性物质的速率密切相关。红树林根系分泌的有机质及潮汐冲刷带来的泥沙在红树林中缓慢沉淀，形成稳定的有机质。小颗粒沉积物因其具有较大的表面积通常会吸附更多的有机物。相对于盐沼生态系统，红树林冠层相对整齐密集，根部和地表空疏，潮汐作用形成的有机碳水平交换通量可能对系统碳累积有重要影响。河口区因得益于有机碳的水平交换而有较高的碳累积，边滩大多表现为水平净输出。

红树林固碳机理的具体过程主要包括以下 4 个步骤：①光合作用。红树林植物通过光合作用将二氧化碳转化为有机物质，并释放出氧气。光合作用是红树林固碳的基本途径，通过光合作用，红树林植物能够吸收大量的二氧化碳，并将其转化为葡萄糖、淀粉等有机物质。②根系吸收。红树林植物的根系具有发达的吸收功能，能够吸收土壤中的养分，并将其转化为有机物质储存在植物体内。③土壤固碳。红树林植物生长在泥质土壤中，通过根系的吸收作用将土壤中的碳元素转化为有机物质，并储存在土壤中。④植物残体。红树林植物在生长过程中会产生大量的植物残体，包括树叶、树枝等。这些植物残体在分解过程中会释放出二氧化碳，但同时也会将一部分碳元素固定在土壤中，形成有机质。

6.1　红树林碳储量研究进展

世界海洋中生物固定的碳被称为"蓝碳"（Blue Carbon），其占整个世界由光合作用所储存的"绿碳"的 55%（王珊珊等，2022）。红树林与盐沼、海草床并称为三大滨海蓝碳生态系统，由于其独特的厌氧或缺氧环境，吸收的碳可被大范围长期封存，因此具有极高的固碳能力和生态资源价值。红树林是地球上最多样化的湿地生态系统（谈思泳，2017），主要分布在滨海滩涂、开阔海岸、浅水潟湖、溺谷湾、海湾、河口、河流三角洲等潮水涨落区域（Drexler，2016；Eid and Shaltout，2016）。据统计，红树林是世界上含碳量最高的热带森林，平均含碳量 1023 Mg/hm^2（Donato et al.，2011），土壤碳储量占河口生态系统总碳储量的 71%～98%（Ezcurrap et al.，2016）。全球红树林总面积为 $1.4 \times 10^5 \sim 1.8 \times 10^5$ km^2，仅占全球陆地面积的 0.1%，但其固定的碳量占全球总固碳量的 5%（Spalding et al.，1997；Giri et al.，2011；Bouilon et al.，2008）。

红树林湿地是全球碳循环的重要组成部分，其碳循环过程与其他湿地类型相似，但也有它的特殊性，主要体现在高生产率、高分解率和高归还率的"三高"特性（陈小刚等，2022）。红树林湿地具有很高的生产力，其中，赤道周围红树林的生物量超过很多热带雨林植物的生物量（Alongi，2009）。此外，红树林植物根际碳循环周期长，土壤有机碳分解速率低，碳储存时间长，红树林生态系统具有很高的碳汇潜力，因此，是非常重要的碳汇。然而，受海岸带开发、水产养殖及围垦等多方面的影响，全球红树林面积在过去的 50 年减少了 30%～50%（FAO，2007）。随着红树林面积的减小，红树林湿地抵御海啸、台风等自然灾害，以及防风消浪、维持生物多样性等方面的生态功能受到严重影响，随着其碳储量减少、碳汇能力下降，甚至可能由碳汇转为碳源，从而进一步加剧气候暖化。

红树林是海岸带"蓝碳"的主要来源之一。南海3省（区）是我国红树林集中分布区，因此，在南海区海岸带蓝碳中发挥重要作用。了解南海区红树林湿地的碳储量及其特征和碳储量的研究方法，明确影响红树林碳储量的各种因素，为科学恢复红树林湿地系统以及进行红树林"蓝碳"碳汇功能的评估提供理论指导，同时，对评价南海区红树林对全球碳平衡的作用有着重要的意义。

6.1.1　红树林碳储量

红树林的总碳储量分为两部分：一部分储存于植物体内，包括地上部分植物体、地下根（植物碳储量）和枯枝落叶（凋落物碳储量）；另一部分储存于土壤中［沉积物（土壤）碳储量］，红树林总碳储量为植物碳储量、沉积物碳储量和凋落物碳储量之和。全球红树林生物量总碳储量为 4.03 Pg（Twilley et al., 1992）。我国红树林生态系统总碳储量为（6.91±0.57）Tg，其中，广东红树林碳储量约为 322.2×10^4 t，植被碳储量约为 109.4×10^4 t，土壤碳储量约为 212.8×10^4 t（苏思琪等，2024）。全国蓝碳生态系统碳储量试点调查显示，广东湛江红树林总碳储量为 150.47×10^4 t，其中，植物碳储量、沉积物碳储量、凋落物碳储量分别为 68.32×10^4 t、82.11×10^4 t 和 0.001×10^4 t；广西红树林（包括广西山口红树林和广西铁山港红树林）总碳储量为 353.52×10^4 t，其中，植物碳储量、沉积物碳储量、凋落物碳储量分别为 33.90×10^4 t、319.30×10^4 t 和 0.002×10^4 t；海南东寨港红树林总碳储量为 81.34×10^4 t，其中，植物碳储量、沉积物碳储量、凋落物碳储量分别为 37.82×10^4 t、43.21×10^4 t 和 0.003×10^4 t。史娴等（2023）利用 InVEST 模型对海南岛红树林生态系统碳储量增量进行预估，海南岛红树林生态系统碳储量约为 124×10^4 t，其中，土壤碳储量约为 84×10^4 t。

6.1.1.1　红树林植被碳储量特征

不同种类红树林群落的植被碳储量不同。苏思琪等（2024）研究发现，广东不同红树林群落中，桐花树的植被碳储量最高，为 152.8 t/hm²；其次是无瓣海桑，植被碳储量为 125.8 t/hm²；秋茄和白骨壤的植被碳储量分别为 86.1 t/hm² 和 1.7 t/hm²。彭聪姣等（2016）通过调查深圳福田红树林 4 种代表性群落的植被碳储量，发现秋茄群落植被碳储量最高（127.6 t/hm²），随后依次是海桑群落（100.1 t/hm²）、无瓣海桑群落（73.6 t/hm^2）和白骨壤群落（28.7 t/hm^2）。高天伦等（2017）研究雷州附城红树林发现，20年生红树林各群落碳储量排序为无瓣海桑＋桐花树＞桐花树＋秋茄＞无瓣海桑＞桐花树＞无瓣海桑＋白骨壤＞秋茄＞白骨壤，碳储量分别为305.52 t/hm^2、236.26 t/hm^2、178.15 t/hm^2、172.96 t/hm^2、145.99 t/hm^2、136.98 t/hm^{2}和97.42 t/hm^2。海南琼山的55龄海莲林总生物量最高，碳储量约为210.15 t/hm^2，6龄海桑＋秋茄林的总生物量最低，为38.35 t/hm^2（碳储量约为19.675 t/hm^2）。广西钦州湾沿海红树林区域内的红树植物碳储量的大小顺序为桐花树（33.88 t/hm^2）＞白骨壤（10.36 t/hm^2）＞秋茄（3.72 t/hm^2），桐花树、白骨壤和秋茄3种红树林湿地的总碳储量分别为79.14 t/hm^2、62.09 t/hm^{2}和43.49 t/hm^2（何琴飞等，2017）。

红树林植物碳储量随着纬度升高而降低。Twilley等（1992）研究发现，赤道附近红树林储存了2.72 PgC，10°—20°N的红树林碳储量为1.0 Pg，而20°—30°N的红树林碳储量只有0.29 Pg。在密克罗尼西亚联邦的Yap地区，红树林湿地的平均碳储量为1062 t/hm^2（Kauffman et al.，2011），海南岛红树林生态系统碳储量为217.01 t/hm^2（史娴等，2023），而深圳福田红树林保护区碳储量只有64.94 t/hm^2（Wang et al.，2002）。与热带地区相比，我国红树林碳储量相对较低。此外，研究发现，在同一地区内，红树林湿地的碳储量分布不均，与离海的距离成反比。帕劳群岛近海区的红树林总碳储量为479 t/hm^2，近陆区域的红树林碳储量达1068 t/hm^2，是近海区域的两倍多。同样，Yap地区近海区的红树林碳储量为853 t/hm^2，近陆区达1385 t/hm^2（Kauffman et al.，2011）。

6.1.1.2 红树林土壤碳储量特征

土壤（沉积物）碳储量在红树林总碳储量中占比很高，是红树林总碳储量极其关键的一部分。2021年度广西铁山港红树林生态系统蓝碳调查与评估试点报告显示，铁山港北部红树林生态系统的分布面积约为791.14 hm^2，总碳储量为（286 380.59 ± 46 782.92）t，其中，植被碳储量为（23 208.22 ± 2049.36）t，沉积物碳储量为（263 135.86 ± 46 738.01）t，占总储量的份额高达91.88%；凋落物碳储量为（36.51 ± 22.22）t。卢伟志等（2014）研究广东湛江次生与原生红树林群落碳储量与凋落物，发现高桥桐花树与木榄群落的植物碳储量分别为（51.16 ± 12.06）t/hm^{2}和（38.52 ± 6.94）t/hm^2，土壤碳储量分别为（111.86 ± 7.96）t/hm^{2}和（106.13 ± 11.12）t/hm^2。密克罗尼西亚地区1~2 m深的红树林土壤中储存的有机碳占其红树林碳储量的70%（Kauffman et al.，2011）。在太平洋与印度洋之间横跨30°N，73°E的25块红树林湿地中，0~3 m深的土壤碳储量占各研究区总碳储量的49%~90%（Donato et al.，2011）。

覃国铭等（2023）统计广东红树林相关文献发现，广东红树林土壤碳储量为 154.2×10^4 t，土壤碳密度为 230 t/hm²。广东 13 个沿海地市的红树林土壤碳储量按大小顺序为湛江（89.45×10^4 t）> 阳江（19.5×10^4 t）> 江门（9.8×10^4 t）> 珠海（9.1×10^4 t）> 茂名（6.0×10^4 t）> 汕头（5.1×10^4 t）> 中山（4.9×10^4 t）> 惠州（3.6×10^4 t）> 广州（3.5×10^4 t）> 深圳（1.8×10^4 t）> 汕尾（1.1×10^4 t）> 东莞（0.28×10^4 t）> 潮州（0.01×10^4 t）。对于不同红树林群落，红海榄和木榄群落的土壤碳密度最高，分别是 0.27 t/hm² 和 0.23 t/hm²，而秋茄群落土壤碳密度最低，仅为 130 t/hm²（覃国铭等，2023），无瓣海桑群落土壤碳密度为 260.54 t/hm²（胡懿凯等，2019）。广西茅尾海红树林自然保护区土壤有机碳储量由大到小依次为混交林 > 桐花 > 光滩，三者 0 ~ 50 cm 土层土壤有机碳密度分别为 142.79 t/hm²、47.25 t/hm² 和 47.21 t/hm²（莫莉萍等，2015）。本地的红树林群落的土壤有机碳含量大部分显著高于外来红树林，其含量由大到小分别为红海榄 > 木榄 > 秋茄 > 桐花 > 本地树种混交 > 无瓣海桑 > 白骨壤 > 外来树种混交（覃国铭等，2023）。

红树林湿地土壤碳储量占其生态系统总碳储量的比例很高，土壤中的碳主要集中在 1 m 深土层，1 m 以下土层含碳量低且随土层加深而不断下降。胡懿凯等（2019）对广东 10 个地区的无瓣海桑林的土壤土样进行分析，发现大部分地区的土壤有机碳含量在 0 ~ 30 cm 土层表现出最高水平，在 60 ~ 100 cm 土层表现出最低水平。管东生和王刚（2015）研究发现，红树林土壤有机碳含量与植被生物量存在明显的相关性，不同红树林群落的土壤有机碳含量在 0 ~ 50 cm 均随采样深度的变化而减小。伏箫诺（2015）对海南岛东寨港红树林湿地潮间带土壤的研究表明，红树林土壤有机碳含量最高值集中在 20 ~ 40 cm 层，最低的在 80 ~ 100 cm 层，平均含量分别为 59.16 g/kg 和 25.54 g/kg，并且达到最高值后随着土壤深度的增加土壤有机碳含量呈下降趋势。该研究还显示，土壤理化因子包含土壤空间粒径、土壤质地、土壤的盐度、含水率、pH、土壤碳氮比、土壤营养元素含量、凋落物量等均会影响土壤有机碳含量和有机碳在土壤中的转化速率进而影响其稳定性（伏箫诺，2015）。

6.1.2　红树林碳储量的研究方法

6.1.2.1　植被碳储量研究方法

1）异速生长方程法

异速生长方程法通过测量样木的胸径、株高、盖度等便于测量的外部生长特征数据构建与树木各器官生物量的回归方程，从而估算红树林的生物量，再通过估算出的红树林生物量乘以植被含碳系数来计算碳储量。该方法的优点在于能够快速地估算大尺度区域的红树林生物量，不会造成大面积的植被破坏。目前已经针对多种红树植物建立了异速生长方程，如正红树（Ong et al., 2004）、秋茄（Khan et al., 2007）、红茄苳（Kirue et al., 2007）等，实现了不同树种的红树林地上部和地下部生物量的估算。但是红树林中的植被种类多样，对不同树种建立各自的异速方程耗时、费力，Komiyama 等（2005）建立了红树林生物量测定的普适生物量异速生长方程。该方程不考虑树种差异，只与林分密度相关，有利于对大尺度的红树林生物量测定。但是，对于没有明显主干的一些红树植物，如秋茄、红海榄、白骨壤等（Dahdouh-Guebas et al., 2006），采用测量胸径和树高的方式建立异速生长方程来评估群落植物生物量可能不够准确（Clough et al., 1997）。

2）遥感反演法

遥感技术已被广泛应用于红树林研究中，如红树林分类、分区划界（Kuenzer et al., 2011），监测红树林动态变化及制图（Giri et al., 2011），测定红树林密度、面积分布（Seto，2007）、红树林生物量、碳储量和固碳能力等多方面的研究，在红树林生态系统固碳研究中发挥了巨大作用（Suratman，2014）。雷达遥感和基于 TM 影像遥感应用于红树林生物量的测定，可以获取全面立体的植被生物量信息。利用遥感来反演红树植被碳储量，是通过建立遥感参数与植被生物量之间的关系，进而求得植被的碳储量。目前，主要有光学遥感和雷达遥感两种方法，核心是拟合植被指数或雷达散射系数与植被生物量之间的关系（赵天舸等，2016）。Rodriguez 等（2015）利用 SRTM 数据构建了红树植物平均高度与生物量之间的关系，获得美国大沼泽地国家公园生物量地图。Proisy 等（2007）使用合成孔径雷达数据对澳大利亚地区的红树植被生物量进行研究。黎夏等（2006a；2006b）基于雷达后向散射系数建立了红树林植被生物量的估算模型，经对比发现雷达后向散射系数模型相较 NDVI 模型具有更高的精度。

6.1.2.2　土壤碳储量研究方法

直接测量法是土壤碳储量研究中的基础方法。该方法根据实地土壤剖面取样，直接测定各土层的有机碳含量，然后采用加权的方法计算整个土壤剖面的有机碳含量，再用面积求出整个红树林湿地的土壤碳储量（张莉等，2013）。土壤有机碳的实测方法主要包括容量法、燃烧法、稳定同位素法（魏建兵等，2023），这些方法可以较为准确地测算土壤有机碳含量并用于区域储量估算，但存在耗时、费力等成本缺陷。

目前，已经有许多建模技术应用于土壤有机碳含量的估算，包括多元线性回归（罗梅等，2020）和机器学习方法，如增长回归树（BRT）（张法伟等，2022）、人工神经网络（ANN）（赖雨晴等，2020）和支持向量机（SVM）（Taghizadeh-Mehrjardi et al.，2016）。基于 ANN 和决策树（DT）的评价系统是回归分析中最常使用的机器学习技术。ANN 的优点是处理变量之间的非线性关系和处理不充分知识的能力强（Banimahd et al.，2005）。缺点是① ANN 的"黑箱"性质；② 需要大量的数据；③ 需要更长的训练时间等（Ghasemi et al.，2018）。

实验室的测试方法成本高且效率较低，而遥感技术具有数据采集时间短、图像信息丰富、生产成本低等优势，在大面积土壤特性的动态时空监测方面引起广泛关注。目前，已开发可见光近红外（VNIR）、短波红外（SWIR）、中红外（MIR）和弥散反射光谱（DRS）等方法来预测土壤有机碳含量（魏建兵等，2023）。利用无人机、卫星平台的光谱技术可以预测土壤有机碳含量，包括航空摄影（Chen et al.，2000）、Hymap 传感器（Gomez et al.，2008）、GER DAIS-7915 空中传感器（Ben-Dor et al.，2002）、CASI-2 影像（Stevens et al.，2006）和 AHS-160 影像（Denis et al.，2014）等。Meng 等（2022）结合野外样方调查和"哨兵 2"（Sentinel-2）号高精度遥感影像，开发了红树林全碳库的估算方法。基于经验模型、机器学习、遥感反演等技术实现大尺度、快速测量土壤有机碳及其变化的方法获得较快的发展，但需要解决精度较低和结果不确定性等突出问题。

6.1.3　红树林碳储量的影响因素

6.1.3.1　物种组成对红树林碳储量的影响

红树林植被的生物量是决定红树林碳储量的重要因素，而红树林植被的生物量受林龄、形态学和树种组成的影响（Alongi，2009）。通常情况下，植被碳储量会在达到成熟林前不断增加（文丽等，2014）。彭聪姣等（2016）研究发现，深圳福田红树林保护区内，秋茄、海桑、无瓣海桑和白骨壤 4 种不同植被群落的植被碳储量由大到小依次为 128 t/hm^2、100 t/hm^2、74 t/hm^2、29 t/hm^2。通过比较广州南沙的两种纯林红树林发现，无瓣海桑林的生物量、单位面积的生产力和植物生物量碳储量均高于木榄林（朱可峰等，2011）。印度 Sundarbans 地区的无瓣海桑的生物量最高、碳储量最大，其次是白骨壤，海漆生物量最低、碳储量最少（Mitra and Sengupta，2011）。红树林植物的类型不仅影响红树林的生物量碳储量，也对红树林土壤碳储量有很大影响，这主要是因为红树林树种会改变土壤理化性质和微生物活性，进而影响土壤有机碳的密度（王薪琪等，2015）。

6.1.3.2 温度对红树林碳储量的影响

温度是决定红树林的分布范围及生产力、调节红树林生长和影响红树林碳储量的重要外界因子（张乔民等，2001）。当全球变暖时，有利于红树植物的生长以及向高纬度地区扩张（Wang and Gu，2021）。纬度越低，红树植物的种类越多，并且红树植物的碳储量与其株高和所处纬度呈现出较高的相关性。随着纬度的降低，红树植物的碳储量及其株高也随之上升（张乔民等，2001）。小幅度的温度升高，可增强红树植物的光合作用，从而增加碳储量；而温度大幅度升高会导致高温胁迫，降低红树林沉积物的碳密度（Howard et al.，2017a，2017b）。低温抑制了红树林的固碳能力，是限制红树植物在高纬度地区分布的主要原因（陈鹭真等，2017）。温度主要通过两个方面影响红树林碳储量。一方面，温度影响红树植物生物量的碳积累。温度适宜时，红树植物繁殖力较高；温度过高时，红树林群体呼吸增强从而降低其光合作用，当叶片温度高于40℃时，植物光合作用几乎为0，植物不能生产和积累有机碳（陈卉，2013）。另一方面，温度影响土壤微生物活性。在一定范围内，温度升高可以增强土壤微生物细胞内的酶活性，促进土壤呼吸，使储存的有机碳被分解，释放二氧化碳（卢昌义等，2012）。

6.1.3.3 盐度对红树林碳储量的影响

红树林生长在海岸潮间带，受周期性潮水浸淹，红树植物具有独特的形态结构特征和生理生态过程以适应不同的盐度。盐度主要通过限制红树林内分布的植物种类以及植物的生存生长状态，从而对红树林碳储量产生影响。红树植物的最适生长盐度为10～20（唐密，2014），当盐度过低或过高时，红树植物的光合作用、蛋白质合成和能量代谢等生理生态过程就会受到抑制，进而降低了其固碳能力。廖岩和陈桂珠（2007）发现海桑、无瓣海桑及红海榄的净光合速率、气孔导度和蒸腾速率与盐度呈负相关关系。盐度限制红树植物萌根、发芽和生长。盐度在10以下可促进木榄胚轴萌根和发芽，而红海榄胚轴最适的萌根盐度在20左右（Mo et al.，2001），海水盐度超过25会明显抑制无瓣海桑的生长速度，产生胁迫作用，而且盐度在10以上会抑制其种子的发芽（Liao，2009）。秋茄、海莲生长的适宜盐度在15以下，当达到20或30的高盐度时，叶片的蒸腾作用、气孔导度和幼苗成活率明显降低，出现高盐生长胁迫（Mo et al.，2001），植物生长明显受到抑制。

6.1.3.4　土壤对红树林碳储量的影响

土壤沉积物是影响红树林固碳潜力的重要环境因子，红树林可以生长分布在砂质、泥炭、基岩和珊瑚礁海岸上，但是在淤泥质潮滩分布最广、生长最好（张莉等，2013）。刘金铃等（2008）研究发现，红树林生物量与沉积物中粒径大于 0.02 mm 的颗粒百分含量有关，大于 0.02 mm 的颗粒含量越高红树林生物量越大。梁文和陈广钧（2002）研究发现，土壤条件影响着红树林的组成、分布和生长，且不同红树植物通过促淤保滩等作用又对土壤产生不同影响。土壤 pH 通过影响土壤微生物活性和种类进而影响土壤有机碳的分解释放。华国栋等（2021）研究发现土壤有机碳含量与土壤电导率呈显著正相关关系，与土壤容重呈显著负相关，主要原因可能是较高的土壤盐度可以抑制土壤有机碳的降解，从而促进土壤有机碳的保存，而土壤容重的变大，土壤的水分和空气等发生变化，从而导致土壤孔隙度降低，结构性下降，导致土壤变得紧实，最终影响土壤有机碳含量。

6.1.3.5　人类活动对红树林碳储量的影响

人类活动不仅直接挤占了红树林的立地空间，还间接导致了红树林生态系统的退化（彭逸生等，2008）。世界各地的红树林广泛遭受城市污染、溢油、水运发展等人类活动的威胁，造成我国红树林退化的主要原因有污染、围垦、城市建设、过度捕捞和采集、外来物种入侵等（但新球等，2016）。人类活动是导致红树林面积减小最多的因素。随着红树林的面积减小，其地上部分生物量中 75% 的碳会由此而损失（Kauffman et al.，2009）。

Duguma 等（2022）研究发现，红树林的大量枯竭与鱼类和贝类等水产养殖有关。在 1951—1999 年，菲律宾的红树林面积减少了 50%，主要原因也是水产养殖（Friess et al.，2019）。红树林生态系统的退化、水质的恶化、土地占用只是虾类养殖对红树林的影响中的一小部分（FAO，1997）。虾类养殖还会导致红树林生态系统重要生态和社会经济功能的丧失、水文变化、盐碱化、有害物种和疾病的引入，污水、化学品和药物的污染（Ashton，2008）。徐蒂等（2014）研究海南东寨港红树林退化原因时发现，鸭群放养导致表层土壤的松动、高位养殖虾塘排放污水的冲刷等导致局部地形的降低，退潮时容易形成积水，使红树林水淹时间变长，同时也给团水虱提供更多的滤食时间，导致团水虱数量的增长，红树植物的呼吸根及根茎被破坏。根系的蛀蚀和腐烂，地表又会进一步发生沉降，最终导致红树林退化程度不断加重。徐颂军等（2016）发现重污水会降低红树林植物叶片的光合作用、叶绿素浓度、酶活力等，从而影响红树植物的生长和生物量。毛子龙等（2011）研究发现，外来种薇甘菊（*Mikania micrantha* H.B.K.）的入侵显著降低了红树林生态系统碳储量，碳储量从未被入侵时的 215.73 t/hm^2 减少到轻、高度入侵下的 197.56 t/hm^2 和 166.70 t/hm^2。其中，植被和土壤碳储量显著减少，凋落物碳储量显著增加。薇甘菊入侵一方面导致红树林枯萎，减少植被生物量，增加凋落物量；另一方面促进了土壤微生物活动，使土壤有机碳分解释放，降低土壤碳储量。

6.1.4 展望

红树林面积占全球陆地面积虽小，但其固碳量却占了全球总固碳量的 5%，因此，在全球碳循环中具有重要地位和意义。红树林的生长环境是高度动态的，包括海岸线持续演变及海平面变化，因此，不同区域、不同地点及不同群落类型的红树林生物量碳储量差异大，对于大尺度（如全球尺度）的红树林湿地碳储量推算而言，研究地点的代表性很重要。土壤的空间异质性对红树林土壤有机碳含量的影响很大。我国不同区域的红树林土壤碳储量分布规律、有机碳种类组成以及土地利用变化等因素对土壤碳储量动态影响的研究较少，会对大尺度的红树林土壤碳储量的估算精度产生影响。

遥感技术发展迅速，实现智能化、规模化、经济化地估算红树林植被碳储量和土壤碳储量将成为主要趋势。为此需要与硬件设备领域、计算机领域进行深度合作，构建效益更高的遥感估算红树林碳储量方法。无人机遥感数据不受大气辐射影响且分辨率极高，开发针对无人机遥感的红树林碳储量和碳汇研究方法有助于提高局部地区的数据精度。目前，无人机的图像合成技术仍不够成熟，还无法对水面进行拼接，因此，无法利用无人机对红树林及近海水体进行整体制图研究。另外，一些面向红树林及周边环境的空中三角测量算法、图像拼接算法以及海上控制点布设方法仍在探索阶段，仍需要大量的试验进行改进。

物种组成、温度、盐度、土壤和人类活动是影响红树林碳储量的重要因素。目前，对影响红树林生态系统碳循环的因素的研究还较为单一，缺少对多种因素综合系统的研究，今后应进一步加强对该领域的研究。明确各因素在红树林碳储量和碳汇中的作用机制以及不同影响因素的影响系数，有利于建立准确、科学的红树林生态系统碳循环模型和评价红树林生态系统在全球碳循环中的地位和作用。

6.2 南海区红树林生态系统碳储量调查

6.2.1 红树林碳储量调查与评估技术规程的制定

为统一我国红树林碳储量相关调查监测与核算，根据自然资源部的统一部署和有关要求，在自然资源部南海局组织下，南海生态中心于 2021 年牵头编制了《红树林生态系统碳储量调查与评估技术规程（试点）》，并用以指导广东湛江、广西山口、广西铁山港、海南东寨港、厦门下潭尾等区域开展红树林生态系统碳储量试点调查工作。经过试点验证和专家质询，于 2023 年 5 月形成《红树林生态系统碳储量调查与评估技术规程》，由自然资源部统一发布，形成统一的红树林生态系统碳储量调查与评估行业标准。南海生态中心参与编制的相关标准还有《红树林生态系统碳汇计量监测技术规程（试行）》、《蓝碳生态系统碳库规模调查与评估技术规程　红树林》行业标准等。

6.2.2 红树林碳储量调查

2021—2022 年，自然资源部南海局和南海 3 省（区）自然资源（海洋）主管部门在南海区（广东、广西、海南）选定了多个红树林典型区域开展碳储量试点调查工作。

2021 年，在南海区选定了 4 个红树林生态系统试点区域开展碳储量调查与评估工作，试点调查区域为广东湛江高桥红树林、广西山口红树林、广西铁山港红树林和海南东寨港红树林，调查范围原则上与红树林分布范围一致。红树林生态系统碳储量调查包括 4 部分，分别为红树植被、植物碳储量、沉积物碳储量和凋落物碳储量，基于调查结果评估南海区红树林生态系统碳储量情况，获取第一手的红树林碳储量调查数据。

2022 年，在汕头组织开展义丰溪河口红树林生态系统碳储量和碳汇能力试点调查，摸清区域内的红树林碳储量本底情况，并通过碳来源、碳沉积试点研究，评估碳汇能力。

6.2.2.1 碳储量调查内容与方法

南海区红树林生态系统碳储量调查依据《红树林生态系统碳储量调查与评估技术规程（试点）》开展，包括红树植被、植物碳储量、沉积物碳储量和凋落物碳储量 4 部分内容（表 6.1）。其中，植物碳储量包括地上植物碳储量和地下植物碳储量，地上植物碳储量主要指地上活体植被中储存的有机碳总量，地下植物碳储量主要指植物根系中储存的有机碳。沉积物碳储量的柱状样品采用 1 m 长的柱状采样器获取。

表 6.1　红树林生态系统碳储量调查内容及方式

调查内容	调查要素	调查要素的作用	调查方式
红树植被	面积、物种	物种和面积分布调查为调查区块划分、区域碳储量计算提供依据和数据基础	面积为遥感调查，其他要素为现场调查
	植株密度、株高、基径/胸径	为评估区域红树林生物量提供基础数据	
植被碳储量	地上生物量、地下生物量	评估红树林植被碳储量的重要数据	现场调查、室内分析
沉积物碳储量	沉积物粒度	掌握调查区域沉积物环境的重要指标	现场调查、室内分析
	沉积物总有机碳、容重	评估沉积物碳储量的重要参数	
凋落物碳储量	凋落物生物量	评估红树林凋落物碳储量的重要数据	现场调查、室内分析

红树植被主要调查红树林的面积、物种、植株密度、株高和胸径；红树植物碳储量调查内容主要包括地上生物量（红树植物地上部分，包括树干、枝干、茎、气生根、花、繁殖体和叶等器官）和地下生物量（红树植物地下部分根系和茎基部的生物量，通常不包括难以从沉积物有机成分或枯落物中区分出来的活细根，直径小于 2.0 mm）；沉积物碳储量调查内容包括沉积物粒度、总有机碳和容重；凋落物碳储量主要调查凋落物生物量（0.25 m² 样方内死的叶片、花、果实、枝干等凋落物）。

6.2.2.2　调查区域

调查区域包括广东汕头义丰溪河口红树林、广东湛江高桥红树林、广西山口红树林、广西铁山港北部红树林和海南东寨港红树林 5 处典型红树林分布区。

6.2.2.3　分区与站位布设情况

综合考虑调查区域内的红树林植被分布、水环境、底质类型等因素，并结合遥感解译结果，对调查区域进行分区划分及站位、样方设置。分区划定原则和分区数量按照《红树林生态系统碳储量调查与评估技术规程》的规定。

参考划定为同一调查分区的红树林应符合以下条件：①主要植被种类及群落特征一致；②地形地貌一致；③其他可能影响红树林生态系统碳储量的因素一致。

站位设置应满足以下要求：①应满足调查目的及准确度的要求；②应覆盖所有调查分区，并反映各分区的生态特征；③优先选择干扰少的位置布设；④地上生物量和地下生物量样方应一致；⑤尽量减少对红树林生态系统的干扰和破坏；⑥应满足作业的要求。

布设方法：每个断面结合离岸距离和植物群落类型设置调查站位，站位应尽量覆盖断面内绝大多数主要红树种类。

站位数量：每个断面设置 3 个站位。

样方大小：①每个调查站位设置 3 个 10 m×10 m 的永久固定红树植被样方，各样方红树植被密度和生长情况应尽量相似；②若站位所在区域的红树群落以灌木为主，可改为 5 m×5 m 的固定样方。

1）广东汕头义丰溪河口红树林

广东汕头义丰溪河口红树林生态系统的红树群落类型十分单一，全部为无瓣海桑群落，零星分布极少量的桐花树。因此，随机设置 6 个碳储量调查站位，具体站位分布和位置如图 6.2 所示。

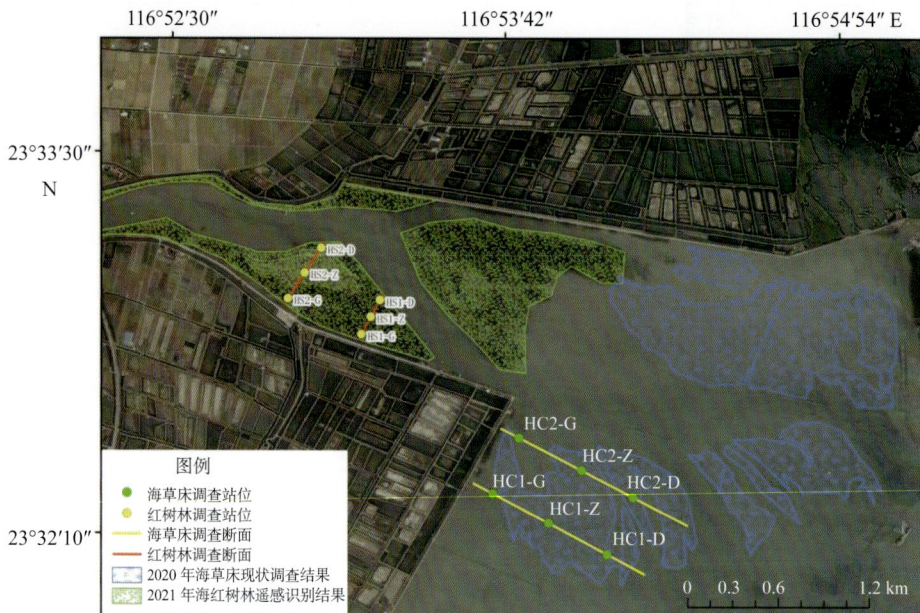

图 6.2　广东汕头义丰溪河口红树林碳储量调查站位分布示意图

2）广东湛江红树林

广东湛江红树林生态系统调查区域为高桥红树林区，是广东湛江红树林国家级自然保护区的主要核心区。布设调查断面 6 个，碳储量调查站位 18 个，具体站位分布和位置如图 6.3 所示。

3）广西山口红树林

根据历史调查情况，结合广西山口红树林现场踏勘情况，布设调查分区 5 个，碳储量调查站位 15 个，分区分布和位置如图 6.4 所示。

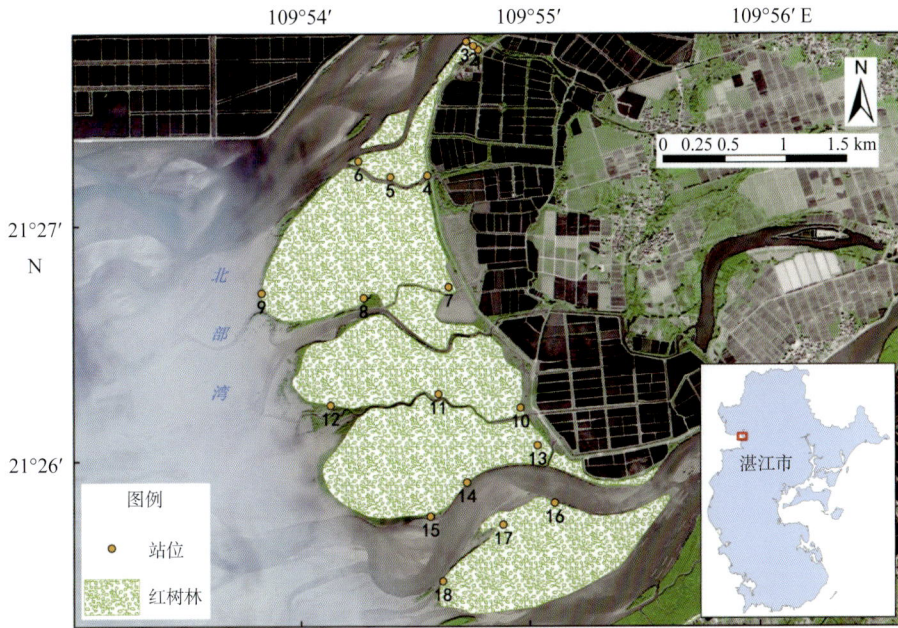

图6.3 广东湛江高桥红树林碳储量调查站位分布示意图

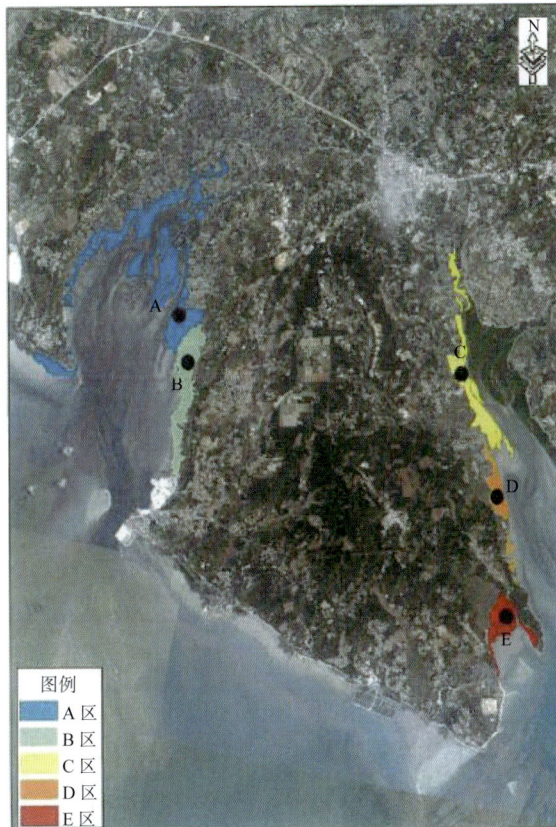

图6.4 广西山口红树林碳储量调查分区示意图

4）广西北海铁山港红树林

调查区域位于广西北海铁山港北部区域，铁山港北部红树林呈斑块状分布。根据红树林布设的原则和分布情况，在铁山港北部布设调查分区 3 个，碳储量调查站位 9 个，分区分布和位置如图 6.5 所示。

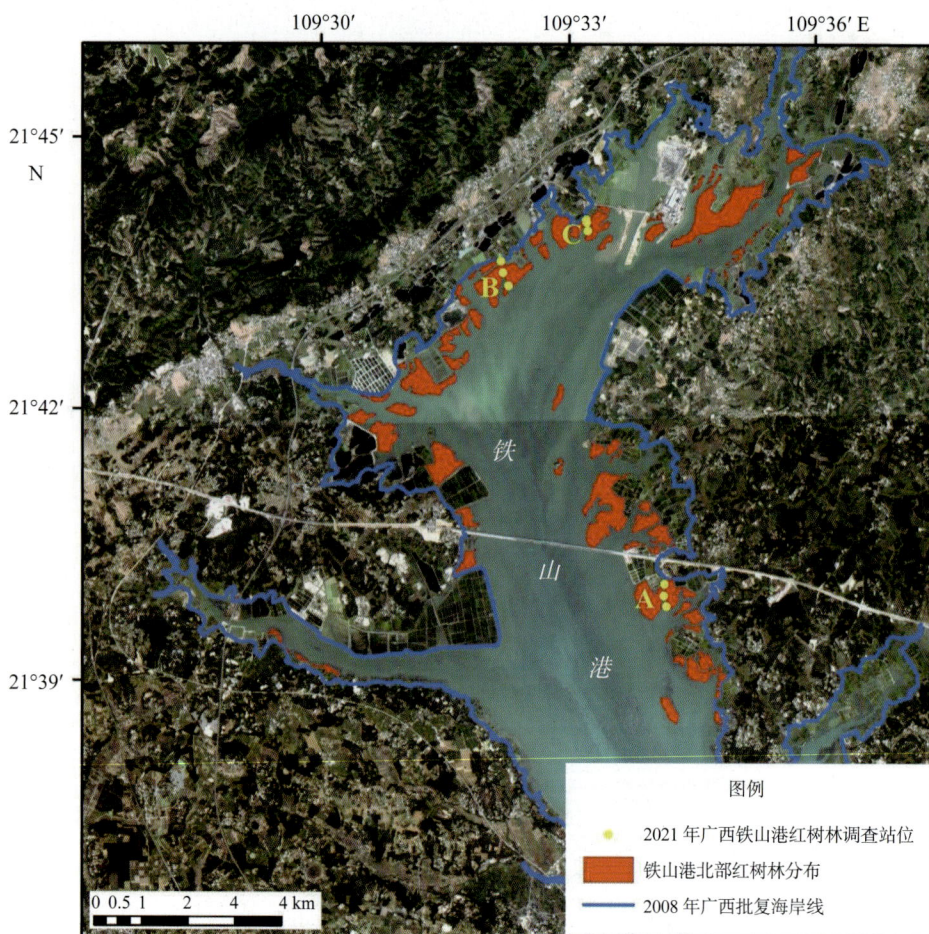

图 6.5　铁山港北部红树林分布及碳储量调查分区示意图

5）海南东寨港红树林

海南东寨港调查区域红树林分布区域范围大，为避免对红树林生长造成严重破坏，本次红树林调查分区及站位主要布设在红树林中的潮沟附近。根据历史调查情况结合东寨港红树林现场踏勘，布设调查分区 7 个，其中分区 A、B、C 位于实验区，分区 E、F 位于核心区，分区 D、G 位于缓冲区，调查分区位置如图 6.6 所示。每个分区在高、中、低 3 个潮带各布设 1 个站位。

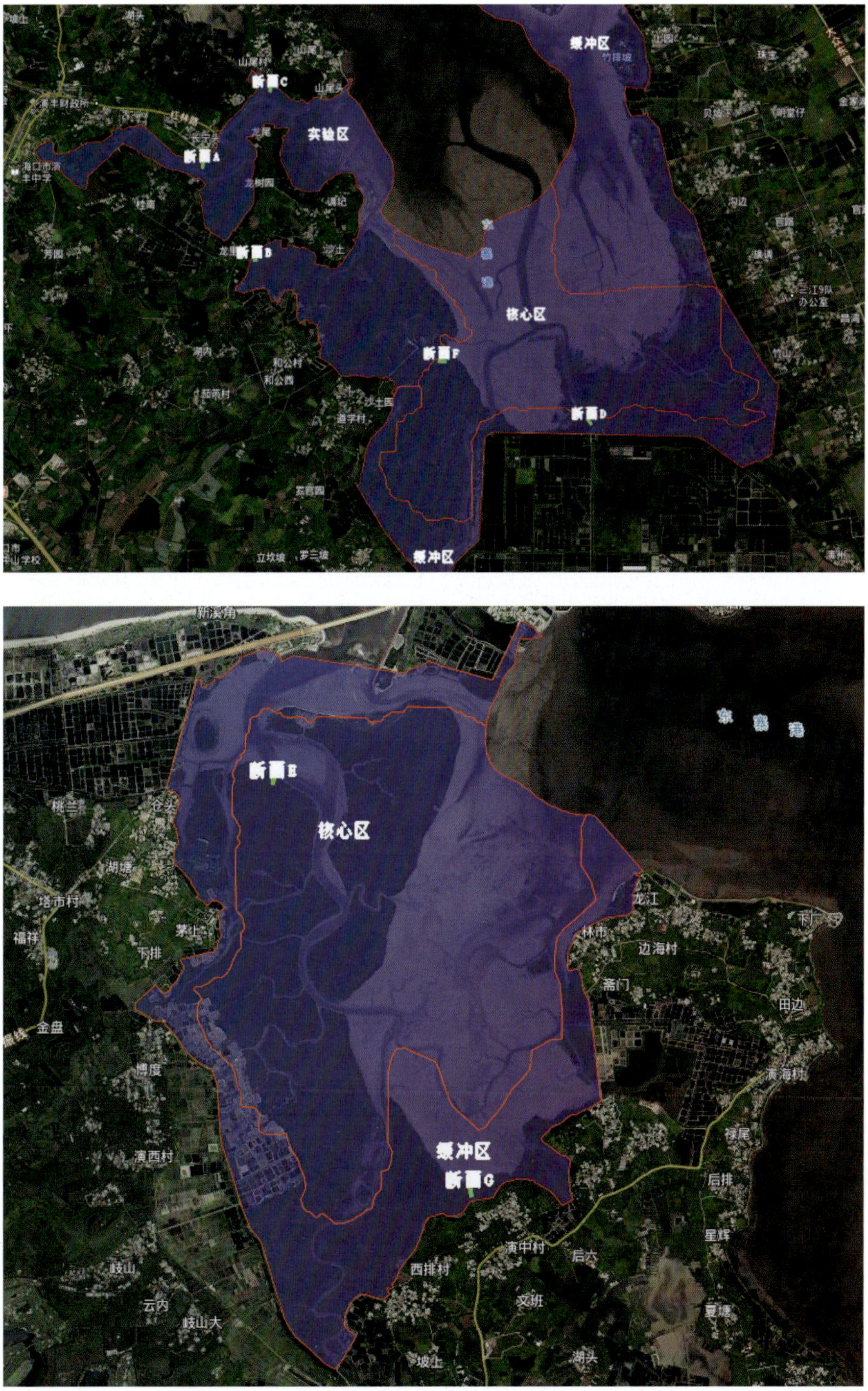

图 6.6　海南东寨港红树林碳储量调查分区示意图

6.2.2.4　调查结果

5 个红树林区域的碳储量调查结果见表 6.2，碳储量调查现场如图 6.7 所示。

表 6.2　5 个红树林区域的碳储量调查结果

调查区域	调查内容	广东		广西		海南
		义丰溪河口	湛江高桥	山口	铁山港	东寨港
植被群落特征	植被密度 /（株·hm^{-2}）	2055	2381	8142	3856	4505
	胸径 / cm	21.63	6.76	4.01	5.82	5.17
	株高 / m	12.55	3.37	2.82	2.28	4.21
植物生物量 /（g·m^{-2}）	地上生物量	55 957	10 519	8087	5841	9853
	地下生物量	23 734	3274	1357	714	4934
	总生物量	79 691	13 793	9444	6566	7394
凋落物生物量 /（g·m^{-2}）		/	0.07	73.80	10.10	18.08
沉积物特征	容重 /（g·cm^{-3}）	0.91	0.68	2.43	2.49	0.51
	有机碳 / %	1.06	1.15	1.98	1.34	2.70
调查样方主要建群种		无瓣海桑、桐花树	桐花树、无瓣海桑、秋茄、白骨壤、木榄、红海榄	桐花树、秋茄、白骨壤、木榄、红海榄	白骨壤	海莲、尖瓣海莲、红海榄、角果木、木榄、桐花树、秋茄

注：表中数字均为区域平均值；"/"表示未开展该项调查。

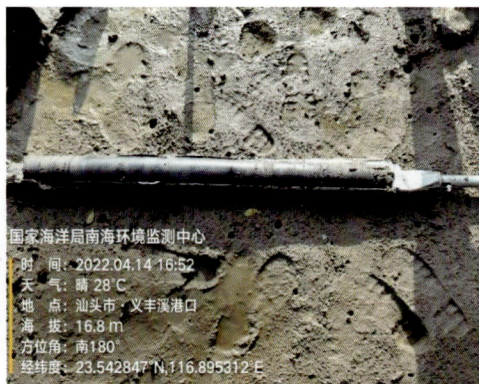

沉积物柱状样采集

图 6.7　红树林生态系统碳储量调查现场

植被碳储量调查

凋落物采集

图6.7（续） 红树林生态系统碳储量调查现场

1）植被群落特征

（1）广东汕头义丰溪河口红树林。调查区内只发现无瓣海桑和少量的桐花树。各调查样方红树的平均植被密度变化范围为 900～3300 株 /hm²，平均为 2055 株 /hm²；平均胸径变化范围为 17.66～28.19 cm，平均为 21.63 cm；平均株高变化范围为 9.61～15.56 m，平均为 12.55 m。调查区内无瓣海桑占绝对优势，桐花树的植株密度、胸径和株高均明显低于无瓣海桑。

（2）广东湛江高桥红树林。调查区内主要的红树群落类型有 12 种。各调查样方红树的平均植被密度变化范围为 475～4000 株 /hm²，平均为 2381 株 /hm²；平均胸径变化范围为 2.26～13.55 cm，平均为 6.76 cm；平均株高变化范围为 1.43～7.75 m，平均为 3.37 m。其中，白骨壤和秋茄样方所占比例最大，白骨壤 + 木榄群落的平均植被密度最高（4000 株 /hm²），无瓣海桑的平均株高（7.75 m）最大，白骨壤 + 无瓣海桑群落的平均胸径（13.55 cm）最大。

（3）广西山口红树林。调查区内主要的红树群落类型有 8 种。各调查样方红树的平均植被密度变化范围为 3400 ~ 11 800 株 /hm²，平均为 8142 株 /hm²；平均胸径变化范围为 2.39 ~ 8.82 cm，平均为 4.01 cm；平均株高变化范围为 1.97 ~ 7.34 m，平均为 2.82 m。其中，桐花树样方所占比例最大，桐花树 + 白骨壤群落的平均植被密度最高（11 800 株 /hm²），木榄 + 秋茄群落的平均胸径（8.82 cm）和株高（7.34 m）最大。

（4）广西北海铁山港红树林。调查区内的红树主要优势种为白骨壤，各调查样方红树的平均植被密度变化范围为 2300 ~ 6100 株 /hm²，平均为 3856 株 /hm²；平均胸径变化范围为 4.31 ~ 7.63 cm，平均为 5.82 cm；平均株高变化范围为 1.88 ~ 2.66 m，平均为 2.28 m。

（5）海南东寨港红树林。调查区内主要的红树群落类型有 8 种，各调查样方红树的平均植被密度变化范围为 2700 ~ 13 000 株 /hm²，平均为 4505 株 /hm²；平均胸径变化范围为 2.70 ~ 7.36 cm，平均为 5.17 cm；平均株高变化范围为 1.39 ~ 5.95 m，平均为 4.21 m。其中，海莲群落样方所占比例最大，角果木群落的平均植被密度最高（13 000 株 /hm²），尖瓣海莲群落的平均胸径（7.36 cm）和株高（5.95 m）最大。

综合来看，广东湛江高桥红树林的优势群落种类最多，广东汕头义丰溪河口和广西铁山港红树林的优势物种较单一；广西山口红树林的整体植被密度最大，广东汕头义丰溪河口红树林的整体植被密度最小，但义丰溪河口红树林优势种群的胸围、胸径和株高均较大。

2）植被生物量特征

红树植物地上生物量和地下生物量均依据《红树林生态系统碳储量调查与评估技术规程》，用异速生长方程进行估算。

广东汕头义丰溪河口红树林平均地上生物量变化范围为 20 982 ~ 121 922 g/m²，平均为 55 957 g/m²；平均地下生物量变化范围为 7857 ~ 51 922 g/m²，平均为 23 734 g/m²；平均总生物量变化范围为 29 008 ~ 173 844 g/m²，平均为 79691 g/m²。

广东湛江高桥红树林平均地上生物量变化范围为 333 ~ 56 000 g/m²，平均为 10 519 g/m²；平均地下生物量变化范围为 250 ~ 23 000 g/m²，平均为 3274 g/m²；平均总生物量变化范围为 5834 ~ 790 004 g/m²，平均为 13 793 g/m²。

广西山口红树林平均地上生物量变化范围为 5035 ~ 14 025 g/m²，平均为 8087 g/m²；平均地下生物量变化范围为 925 ~ 4625 g/m²，平均为 1357 g/m²；平均总生物量变化范围为 5960 ~ 18 650 g/m²，平均为 9444 g/m²。

广西铁山港红树林平均地上生物量变化范围为 3733 ~ 7021 g/m²，平均为 5841 g/m²；平均地下生物量变化范围为 589 ~ 908 g/m²，平均为 714 g/m²；平均总生物量变化范围为 4384 ~ 7831 g/m²，平均为 6566 g/m²。

海南东寨港红树林平均地上生物量变化范围为 1733 ~ 35 000 g/m²，平均为 9853 g/m²；平均地下生物量变化范围为 500 ~ 20 000 g/m²，平均为 4934 g/m²；平均总生物量变化范围为 2556 ~ 19 418 g/m²，平均为 7394 g/m²。

综合来看，广东汕头义丰溪河口红树林的平均总生物量较大，广西铁山港红树林的总生物量较小，各区域红树林植被地上生物量均大于地下生物量。

3）凋落物特征

广东湛江高桥红树林平均凋落物生物量变化范围为 0.01 ~ 0.10 g/m²，平均为 0.07 g/m²。

广西山口红树林平均凋落物生物量变化范围为 13.00 ~ 144.00 g/m²，平均为 73.80 g/m²。

广西铁山港红树林平均凋落物生物量变化范围为 0.70 ~ 30.00 g/m²，平均为 10.10 g/m²。

海南东寨港红树林平均凋落物生物量变化范围为 0.60 ~ 64.00 g/m²，平均为 18.08 g/m²。

广东汕头义丰溪河口红树林试点未开展凋落物调查。

综合来看，与植被地上生物量和地下生物量比较，凋落物生物量可忽略不计。

4）沉积物特征

选取沉积物容重和有机碳含量两个指标来反映沉积物碳库参数特征。

广东汕头义丰溪河口红树林沉积物的容重变化范围为 0.75 ~ 1.08 g/cm³，平均为 0.91 g/cm³；有机碳含量变化范围为 0.66% ~ 1.55%，平均为 1.06%。

广东湛江高桥红树林沉积物容重平均值变化范围为 0.67 ~ 0.69 g/cm³，平均为 0.68 g/cm³；有机碳含量平均值变化范围为 1.08% ~ 1.23%，平均为 1.15%。

广西山口红树林沉积物容重平均值变化范围为 2.32 ~ 2.66 g/cm³，平均为 2.43 g/cm³；有机碳含量平均值变化范围为 1.26% ~ 2.19%，平均为 1.98%。

广西铁山港红树林沉积物容重平均值变化范围为 1.50 ~ 3.03 g/cm³，平均为 2.49 g/cm³；有机碳含量平均值变化范围为 1.17% ~ 1.55%，平均为 1.34%。

海南东寨港红树林沉积物容重平均值变化范围为 0.45 ~ 0.55 g/cm³，平均为 0.51 g/cm³；

有机碳含量平均值变化范围为 1.33%～3.71%，平均为 2.70%。

综合来看，各区域沉积物容重和有机碳含量有一定的差异。其中，海南东寨港红树林的沉积物容重最低，有机碳含量最高；广西铁山港红树林的沉积物容重最高；广东汕头义丰溪河口红树林沉积物的有机碳含量最低。

6.2.2.5 碳储量评估

红树林生态系统碳储量评估依据《红树林生态系统碳储量调查与评估技术规程》进行。

1）评估方法

红树林总碳密度由生物量碳密度、凋落物碳密度和沉积物碳密度组成。生物量碳密度分为地上生物量碳密度和地下生物量碳密度，碳密度由生物量与有机碳含量系数的乘积获得。其中，生物量为异速方程求得，有机碳含量系数取默认值。红树林调查区地上生物量和地下生物量的有机碳含量取固定值 46% 和 39%，凋落物的有机碳含量取 45%。红树林沉积物碳密度采用分层计算的方式，获取表层 1 m 深度沉积物单位面积碳储量。

调查区红树林生态系统碳储量计算时包括植物碳储量、沉积物碳储量和凋落物碳储量 3 部分。碳储量计算结果以"平均值 ± 标准差"表示。

2）碳密度评估

（1）调查结果评估。

广东汕头义丰溪河口红树林平均总碳密度约为 428.98 Mg/hm²。植物地上生物量碳密度贡献最大（平均为 56.09%），其次为沉积物碳密度，植物地下生物量碳密度贡献略低于沉积物。

广东湛江高桥红树林平均总碳密度约为 141.42 Mg/hm²。沉积物对碳密度贡献最大，贡献范围为 21.86%～80.03%，其次为地上生物量碳密度，凋落物碳密度贡献最小。

广西山口红树林平均总碳密度为 420.01 Mg/hm²，主要来自沉积物碳密度的贡献，贡献范围为 86.79%～93.94%。

广西铁山港红树林平均总碳密度为 362.00 Mg/hm²，主要来自沉积物碳密度的贡献（91.71%）。

海南东寨港红树林平均总碳密度为 143.05 Mg/hm²，主要来自沉积物碳密度的贡献，贡献范围为 21.70%～81.52%。部分群落地上生物量碳密度贡献较大，如角果木群落、红海榄群落等，其地上生物量碳密度占比超过 50%；凋落物碳密度贡献最小。

（2）与现有文献结果对比。

上述南海区红树林碳储量调查中所得的碳密度，与全球红树林碳密度、我国红树林碳密度的相关研究成果和文献资料（卢伟志等，2014；何琴飞等，2017；颜葵，2015；Howard et al.，2014）进行比较，结果见表 6.3。

表 6.3　红树林生态系统碳密度研究成果对比

文献研究成果		南海区现有工作	
区域	碳密度 /(Mg·hm⁻²)	碳密度 /(Mg·hm⁻²)	备注
全球	386	—	
全国	211～304	—	
广东	138.30～251.09	285.20	义丰溪河口（428.98）、湛江高桥（141.42）
广西	43.49～312.06	391.01	山口（420.01）、铁山港（362.00）
海南	187.54～405.30	143.05	东寨港（143.05）

全球红树林碳密度的平均值为 386 Mg/hm²，全国红树林平均碳密度为 211～304 Mg/hm²，广东红树林平均碳密度为 138.30～251.09 Mg/hm²，广东省深圳市福田红树林平均碳密度为 28.7～694.46 Mg/hm²，广东省珠海市淇澳岛红树林平均碳密度为 199.23～360.65 Mg/hm²，广西红树林平均碳密度为 43.49～312.06 Mg/hm²，海南东寨港红树林平均碳密度为 187.54～405.30 Mg/hm²。

2021—2022 年，南海区红树林调查结果显示，①广东：汕头义丰溪河口红树林总碳密度为 428.98 Mg/hm²、湛江高桥红树林平均总碳密度为 141.42 Mg/hm²，两地平均为 285.20 Mg/hm²；②广西：山口红树林总碳密度为 420.01 Mg/hm²，铁山港红树林总碳密度为 362.00 Mg/hm²，两地平均为 391.01 Mg/hm²；③海南：东寨港红树林总碳密度为 143.05 Mg/hm²。

可见，红树林碳密度的地域差异较大，与其他研究结果相比，本次在广东和广西调查区域的平均碳密度结果在正常变化范围内处于中高水平，海南省调查区域则处于较低水平。造成结果的差异原因可能如下：一是红树林群落类型复杂多样，调查样方群落类型和样方数量的差异导致了结果的差异；二是调查范围和具体区域不一致，导致了调查结果的差异；三是采用通用的异速生长方程获得的结果与现实情况出入较大。

3）碳储量评估

综合碳密度及红树林分布面积数据（表 6.4）计算得出，南海区红树林生态系统总碳储量为 737.68×10⁴ t，其中，广东 303.45×10⁴ t，广西 353.20×10⁴ t，海南 81.03×10⁴ t。

表 6.4 南海区各省（区）红树林碳储量

省（区）	代表区域	红树林总面积 / km²	碳储量 / 10⁴ t			
			植物碳储量	沉积物碳储量	凋落物碳储量	总碳储量
广东	广东汕头义丰溪河口红树林	106.40	214.06	89.39	0.001	303.45
	广东湛江高桥红树林					
广西	广西山口红树林	94.13	33.90	319.30	0.002	353.20
	广西铁山港红树林					
海南	海南东寨港红树林	56.86	37.82	43.21	0.003	81.03
总计	—	257.39	285.78	451.90	0.006	737.68

6.2.3 基于碳储量的红树林碳汇估算

6.2.3.1 估算方法

红树林蓝碳生态系统碳汇计量由植物碳汇计量和沉积物碳汇计量组成，植物碳汇和沉积物碳汇计算方法主要参考行业标准《海洋碳汇核算方法》（HY/T 0349—2022）有关规定进行估算。

1）植物碳汇

植物碳汇能力计算公式如下：

$$C_m = \sum (A_i^m \times P_i^m \times CF_i^m) \tag{6-1}$$

式中，P_i^m 为植物年净初级生产力，单位为 [t/(hm²·a)]；CF_i^m 为植物平均含碳比率无量纲；A_i^m 为面积，单位为 hm²。

其中，红树植物净初级生产力的调查与计算方法较多，得出的研究成果差别也较大。为使估算结果更倾向于现场实测，本章节主要参考采用"生长增量＋凋落物产量法"得到的红树林净初级生产力估算结果（彭聪姣等，2016；林鹏等，1992；毛子龙等，2012；昝启杰等，2001），具体见表6.5，并统一使用全国红树林净初级生产力平均值［12.60 t/（hm²·a）］进行估算。此外，植物平均含碳比率按平均值0.46计算。

表6.5　红树林净初级生产力部分研究成果

研究区域及群落类型		平均净初级生产力/（t·hm^{-2}·a^{-1}）
深圳福田红树林	海桑＋无瓣海桑＋秋茄	18.20
	秋茄	15.01
海南东寨港红树林	海莲	14.76
广西英罗湾红树林	红海榄	8.39
福建九龙江口	秋茄	11.73
全国红树林平均值		12.60

2）沉积物碳汇

沉积物碳汇的计算公式如下：

$$C_{ms} = \rho_m \times SOC_m \times R_m \times A_m \qquad (6-2)$$

式中，ρ_m 为红树林沉积物容重，单位为 g/cm³；SOC_m 为红树林沉积物中有机碳含量，单位为 mg/g；R_m 为红树林沉积速率，单位为 mm/a；A_m 为红树林面积，单位为 m²。

红树林区沉积物沉积速率的测定方法较多，不同地区红树林的沉积物沉积速率差别也较大，本章节取张乔民等（2001）在粤西廉江红树林区采用 ^{210}Pb 同位素定年法测定的红树林潮滩 0～90 cm 段沉积速率均值（6.2 mm/a）作为参考值进行估算；沉积物容重和有机碳含量则各取试点调查区域的平均值进行估算，其中，广东取汕头义丰溪河口和湛江高桥区域的均值，广西取铁山港和山口区域的均值，海南取东寨港区域的值。红树林面积值与植物碳汇估算相同。

6.2.3.2　估算结果

1）南海区红树林生态系统现状及分布

基于 2019 年国产多源卫星影像数据遥感调查结果，我国红树林生态系统总面积约为 27 100 hm²，遥感识别的南海区红树林生态系统面积为 26 702.24 hm²，占全国红树林总面积的 98% 以上。其中，广东红树林生态系统面积为 11 928.47 hm^2，占南海区红树林生态系统面积的 44.67%，主要分布在湛江、水东港、海陵湾和镇海湾等地；广西红树林生态系统面积为 10 171.70 hm^2，占南海区红树林生态系统面积的 38.09%，主要分布在珍珠湾、防城港、廉州湾、大风江和丹兜海等地；海南红树林生态系统面积为 4602.07 hm^2，占南海区红树林生态系统面积的 17.23%，主要分布在东寨港、清澜港、花场湾、新英湾和后水湾等地。广东湛江红树林的优势群落种类最多（主要群落有 12 种，白骨壤和秋茄最多），广东汕头义丰溪河口和广西铁山港红树林的优势种较单一（义丰溪河口以无瓣海桑和少量桐花树为主，铁山港以白骨壤为主）。广西山口红树林的整体植被密度最大，广东汕头义丰溪河口红树林的整体植被密度最小。广东汕头义丰溪河口红树林优势种群的胸围、胸径和株高均较大。广东汕头义丰溪河口红树林的平均总生物量较大，广西铁山港红树林的总生物量较小，各区域红树林植被地上生物量均大于地下生物量。

2）基于碳储量的南海区红树林生态系统碳汇估算

（1）植物碳汇。

经估算，南海区红树林植物年碳汇量约为 1.548×10^5 t（15.48×10^4 t/a），换算成二氧化碳当量约为 5.676×10^5 t CO_2（56.76×10^4 t/a）。其中，广东红树林年植物碳汇量约为 2.535×10^5 t CO_2，广西红树林年植物碳汇量约为 2.162×10^5 t CO_2，海南红树林年植物碳汇量约为 9.779×10^4 t CO_2。

（2）沉积物碳汇。

经估算，广东红树林沉积物年碳汇量约为 6.501×10^3 t，换算成二氧化碳当量约为 2.384×10^4 t CO_2。其中，广西红树林沉积物年碳汇量约为 1.011×10^5 t CO_2，海南红树林沉积物年碳汇量约为 1.441×10^4 t CO_2。则南海区红树林沉积物年碳汇总量约为 1.327×10^5 t CO_2（13.27×10^4 t/a）。

（3）总碳汇。

将植物碳汇与沉积物碳汇的估算结果相加，则初步估算基于碳储量得到南海区红树林总年碳汇量约为 1.910×10^5 t（19.10×10^4 t/a），换算成二氧化碳当量约为 7.003×10^5 t CO_2（70.03×10^4 t/a CO_2）。其中，广东红树林年碳汇总量约为 2.775×10^5 t CO_2，广西红树林年碳汇总量约为 3.106×10^5 t CO_2，海南红树林年碳汇总量约为 1.122×10^5 t CO_2。

6.3 关于巩固和提升红树林生态系统碳汇能力的建议

6.3.1 红树林碳汇能力巩固提升工作相关难点

6.3.1.1 蓝碳调查与评估标准未统一

国内目前尚未形成统一的蓝碳生态系统碳储量和碳汇调查与评估标准（行业标准或国家标准），现有的规程方法主要参照《滨海蓝碳——红树林、盐沼、海草床碳储量和碳排放因子评估方法》以及国际上认可的其他碳汇核算和计量方法，如自然资源部海洋预警监测司统一部署编制的三大蓝碳生态系统碳储量调查与评估技术规程和碳汇计量监测技术规程；另有部分科研院所制定的监测与核算标准和地方制定的地方标准。这些方法规程参照引用的方法学不尽相同，调查监测的侧重点、核算评估的方法也存在众多不一致的地方，导致目前全国范围内的蓝碳生态系统碳储量和碳汇调查与评估无论是调查指标还是评估方式和核算方法都无法统一，根据不同方法得出的评估结果存在较大差异。因此，亟须建立统一的兼具科学性和可行性的蓝碳生态系统碳储量和碳汇调查与评估标准，形成统一的蓝碳生态系统调查与评估方法体系。

6.3.1.2 部分关键因子存在"卡脖子"问题

部分碳储量和碳汇调查评估过程中的关键因子，如沉积物容重、沉积速率、碳埋藏速率、沉积物碳来源、植物净初级生产力等是进行蓝碳生态系统碳储量或碳汇评估的重要指标或参数，但部分指标参数的调查、分析或计算方法有的尚处在摸索起步阶段，有的由于方法未统一造成估算结果差异较大。这些"卡脖子"的关键指标参数大大影响了碳储量和碳汇能力的评估精度和科学性。因此，亟须加强这些关键指标参数调查、分析和评估方法的科研探索力度，攻克这类"卡脖子"问题。

6.3.1.3 红树林植物群落类型多样，大尺度评估难度较大

相对于盐沼和海草床，我国红树林植物种类更多，群落类型更为复杂，人工林和自然林常交织夹杂，且不同地区的区域性特征十分明显，同一地区也常存在许多不同的植物群落。因此，较难找到具有普遍代表性的调查区域作为大尺度（省份、海区乃至全国）评估的样本，有必要加强不同区域、不同群落类型红树林生态系统碳储量和碳汇调查与评估基础研究工作，扩大研究样本。

6.3.1.4 蓝碳调查评估成果的价值转化仍需加强

国内外学界已经证实，蓝碳生态系统的单位面积碳储量（碳密度）和碳汇能力均远超绿碳；但由于蓝碳生态系统存量（面积）远小于绿碳（主要是森林），海岸带蓝碳生态系统的总碳储量、碳汇量及其对碳中和的贡献量明显少于绿碳，因此，蓝碳的价值常被忽视，以蓝碳为对象的碳交易尝试也较少。鉴于蓝碳生态系统对于生物多样性、防灾减灾等多方面的不可替代的功能，以及远超陆地森林的固碳储碳效率，加强蓝碳调查评估成果的价值转化，构建蓝碳交易体系，加大蓝碳生态系统保护修复力度，有利于充分发挥服务"双碳"目标的"海洋力量"，具有突出的必要性和紧迫性。

6.3.2 巩固和提升红树林碳汇能力的工作建议

巩固和提升生态系统碳汇能力，是贯彻新发展理念、实现碳达峰碳中和的重要行动，是推动生态文明建设、减缓和适应气候变化的重要举措。2023 年 4 月，自然资源部、国家发展改革委、财政部、国家林草局联合印发了《生态系统碳汇能力巩固提升实施方案》（以下简称《方案》）。《方案》以生态系统碳汇能力巩固和提升两个关键、科技和政策两个支撑为主线，研究提出了到 2025 年、2030 年的主要目标和重点任务。《方案》提出，生态系统碳汇能力巩固提升包括 4 个方面重点任务。一是守住自然生态安全边界，巩固生态系统碳汇能力。包括构建绿色低碳导向的国土空间开发保护新格局、助力巩固生态系统碳汇能力，严格保护自然生态空间、夯实生态系统碳汇基础，强化国土空间用途管制、严防碳汇向碳源逆向转化，全面提高自然资源利用效率、减少资源开发带来的碳排放影响，强化生态灾害防治、降低灾害对生态系统固碳能力的损害等 5 项举措。二是推进山水林田湖草沙系统治理，提升生态系统碳汇增量。包括统筹布局和实施生态保护修复重大工程、持续提升生态功能重要地区碳汇增量，突出森林在陆地生态系统碳汇中的主体作用、增强草原碳汇能力，整体推进海洋、湿地、河湖保护和修复，提升农田和城市人工生态系统碳汇能力，加强退化土地修复治理 5 项举措。三是建立生态系统碳汇监测核算体系，加强科技支撑与国际合作。包括构建生态系统碳汇调查监测评估体系、完善拓展生态系统碳汇计量体系、大力加强科技支撑、促进国际交流合作 4 项举措。四是健全生态系统碳汇相关法规政策，促进生态产品价值实现。包括强化生态系统碳汇法治保障、健全体现碳汇价值的生态保护补偿机制、推进生态系统碳汇交易、完善生态保护修复多元化投入机制 4 项举措。

为巩固和提升海岸带蓝碳生态系统碳汇能力，实现蓝碳高质量发展，未来亟须优化海岸带蓝碳生态碳汇空间格局、重视蓝碳生态空间功能转换过程中的碳要素评估、推动海岸带蓝碳与陆地碳汇的协同发展、完善我国蓝碳的功能价值研究体系、创新蓝碳增汇方案与发展路径等相关研究。

6.3.2.1 开展不同空间分布、发育尺度的固碳能力及其主要影响因子研究

海岸带蓝碳吸收、转化和保存的过程是一系列复杂的生物、物理和化学过程，涉及海陆交换，植物、动物和微生物的相互作用，以及碳通量和库存量的动态时空变换（图6.8），蓝碳固碳主要包括垂直方向的沉积物的碳埋藏和水平方向通过潮汐作用与海水中无机碳（DIC）、溶解有机碳（DOC）和颗粒有机碳（POC）的交换等。

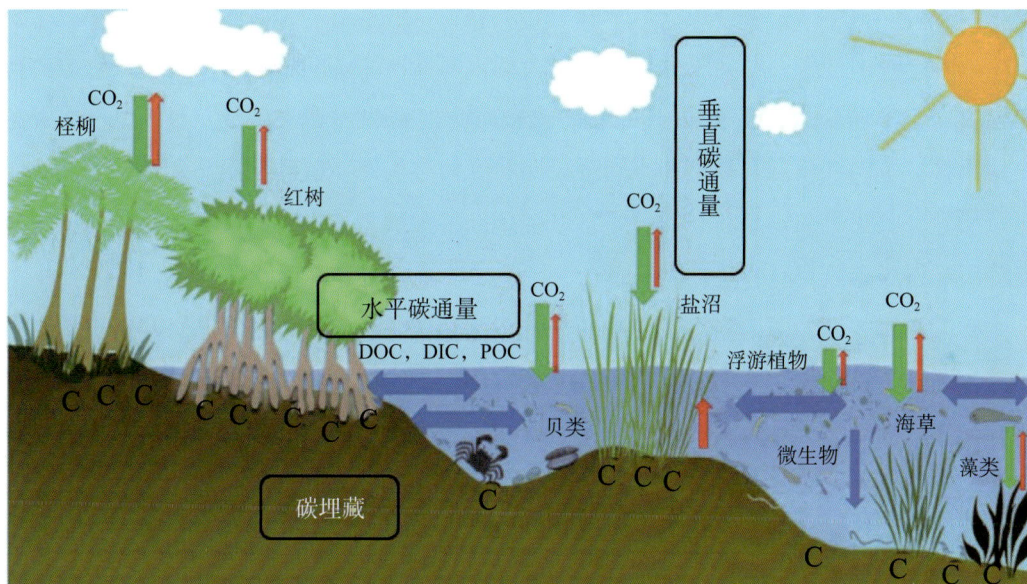

图6.8　海岸带蓝碳过程及其固碳机制（唐剑武等，2018）

而目前有关研究海岸带蓝碳固碳影响因素的主要特点是：①研究多集中于单个因素或多个因素的直接影响，而没有考虑到直接因素之间以及直接因素与间接因素之间错综复杂的关系对海岸带蓝碳固碳的影响；②有关海岸带蓝碳固碳在垂直方向上的分布特征、转化和影响机制研究较为深入，而其在水平方向上的迁移、转化及其影响机制研究较少；③关于沉积物固碳的研究很少涉及植物根系对固碳的影响，也就是不同微区域（根区、非根区和远根区）对固碳的影响，主要涉及根系分泌物和根系微生物的共同作用关系及其对沉积物固碳调控的作用机制。

因此，建议未来结合在南海区已开展的试点区域，通过野外调查、在线检测、实验室分析、遥感数据解译等手段，探究不同空间分布、发育尺度情况下红树林蓝碳固碳能力，探讨分析其主要影响因子，并用结构方程模型分析各个因子相互作用关系及其对固碳的影响机制。同时，通过调查不同微区域之间的固碳能力及其影响因素，分析不同地区、不同植物对固碳的影响机制，为进一步揭示红树林蓝碳固碳机理奠定基础。

6.3.2.2　拓展红树林蓝碳生态系统和保护修复策略的研究

红树植物生物量估算方面，部分植物异速生长方程拟合效果欠佳，可能存在较大的估算误差；部分植物，尤其是灌木类红树植物、红树幼苗、幼树的合适异速生长方程较少。因此，建议加强红树植物异速生长方程模型研究。针对目前拟合效果欠佳、无理想拟合方程的红树植物，加强野外实验验证和方程拟合研究，因地制宜，探索出适合不同分布地区、不同种类的异速生长方程；重点加大对灌木类、幼树和幼苗异速生长方程的研究投入，弥补这几类植株生物量估算模型的不足。在此基础上，建议进一步加强不同立地条件、不同红树群落类型和不同生长期的红树林生态系统碳储量和碳汇调查与评估试点研究，收集更加丰富的红树林生态系统碳储量和碳汇能力本底调查数据资料，形成能够用于指导碳汇交易的基础数据库。

碳汇估算方面，国内尚没有统一的蓝碳碳汇估算、核算的标准规程，目前国内的蓝碳碳汇估算、核算方法较多样，使用的参数不尽相同，适用的尺度也不完全一致，使基于不同方法或参数进行的碳汇估算和经济价值核算结果可能存在较大的差异。因此，建议建立统一的蓝碳碳汇估算和核算标准体系。探索建立指标科学性强、参数获取方便、计算过程合理、适合多种规模尺度的碳汇估算和核算标准体系，规范红树林等海岸带蓝碳生态系统碳汇潜力、碳汇经济价值的估算和核算方法，实现蓝碳碳汇估算和核算的标准化和规范化。

参考文献

陈卉,2013.中国两种亚热带红树林生态系统的碳固定、掉落物分解及其同化过程[D].厦门：厦门大学.

陈鹭真,郑文教,杨盛昌,等,2017.红树林耐寒性和向海性生态系列对气候变化响应的研究进展[J].厦门大学学报(自然科学版),56(3):305-313.

陈小刚，李凌，杜金洲，2022. 红树林和盐沼湿地间隙水交换过程及其碳汇潜力 [J]. 地球科学进展，37(9):881-898.

但新球，廖宝文，吴照柏，等，2016. 中国红树林湿地资源、保护现状和主要威胁 [J]. 生态环境学报，25(7):1237-1243.

伏箫诺，2015. 东寨港红树林潮间带沉积物有机碳储量分布研究 [C]//2015 年中国地理学会（华南片区）学术年会论文集.

高天伦，管伟，毛静，等，2017. 广东省雷州附城主要红树林群落碳储量及其影响因子 [J]. 生态环境学报，26(6):6.

管东生，王刚，2015. 不同空间尺度（广东英罗湾及中国）的红树林生态系统碳储量研究 [C]// 第七届全国红树林学术研讨会论文集.

何琴飞，郑威，黄小荣，等，2017. 广西钦州湾红树林碳储量与分配特征 [J]. 中南林业科技大学学报，37(11):121-126.

胡懿凯，徐耀文，薛春泉，等，2019. 广东省无瓣海桑和林地土壤碳储量研究 [J]. 华南农业大学学报，40(6): 95-103.

华国栋，庄礼凤，李家祥，等，2021. 广东台山镇海湾红树林国家湿地公园土壤有机碳含量及其影响因素分析 [J]. 林业与环境学，37(6):118-123.

金川，王金旺，郑坚，等，2012. 异速生长法计算秋茄红树林生物量 [J]. 生态学报，32(11): 3414-3422.

赖雨晴，孙孝林，王会利，2020. 人工神经网络及其与地统计的混合模型在小面积丘陵区土壤有机碳预测制图上的应用研究 [J]. 土壤通报，51(6):1313-1322.

黎夏，刘凯，王树功，2006a. 珠江口红树林湿地演变的遥感分析 [J]. 地理学报，61(1): 26-34.

黎夏，叶嘉安，王树功，等，2006b. 红树林湿地植被生物量的雷达遥感估算 [J]. 遥感学报，10(3):387-396.

梁文，黎广钊，2002. 广西红树林海岸现代沉积初探 [J]. 广西科学院学报，18(3):131-134.

廖岩，陈桂珠，2007. 三种红树植物对盐胁迫的生理适应 [J]. 生态学报，27(6):2208-2214.

林鹏，卢昌义，王恭礼，等，1990. 海莲红树林的生物量和生产力 [J]. 厦门大学学报（自然科学版),29(2):209-213.

林鹏，尹毅，卢昌义，1992. 广西红海榄群落的生物量和生产力 [J]. 厦门大学学报（自然科学版),31(2): 199-203.

刘金铃，李柳强，林慧娜，等，2008.中国主要红树林区沉积物粒度分布特征 [J]. 厦门大学学报 (自然科学版),47(6):891−893.

卢昌义，金亮，叶勇，等，2012.秋茄红树林湿地土壤呼吸昼夜变化及其温度敏感性 [J]. 厦门大学学报 (自然科学版),51(4):793−797.

卢伟志，林广旋，王参谋，等，2014.广东湛江次生与原生红树林群落碳储量与掉落物动态研究 [J]. 海洋环境科学 ,33(6):913−919.

罗梅，郭龙，张海涛，等，2020 .基于环境变量的中国土壤有机碳空间分布特征 [J]. 土壤学报 ,57(1):48−59.

毛子龙，赖梅东，赵振业，等，2011.薇甘菊入侵对深圳湾红树林生态系统碳储量的影响 [J]. 生态环境学报 ,20(12):1813−1818.

毛子龙，杨小毛，赵振业，等，2012.深圳福田秋茄红树林生态系统碳循环的初步研究 [J]. 生态环境学报 ,21(7):1189−1199.

莫莉萍，周慧杰，刘云东，等，2015.广西红树林湿地土壤有机碳储量估算 [J]. 安徽农业科学 , (15):81−84.

彭聪姣，钱家炜，郭旭东，等，2016.深圳福田红树林植被碳储量和净初级生产力 [J]. 应用生态学报 ,27(7):2059−2065.

彭逸生，周炎武，陈桂珠，2008.红树林湿地恢复研究进展 [J]. 生态学报 ,28(2):786−797.

覃国铭，张靖凡，周金戈，等，2023.广东省红树林土壤碳储量及固碳潜力研究 [J]. 热带地理 ,43(1):23−30.

史娴，聂堂哲，熊千，等，2023. 基于 InVEST 与 MaxEnt 模型的海南岛红树林生态系统碳储量增量预估 [J]. 热带生物学报 ,14(3):298−306.

苏思琪，邹冠华，余云军，等，2024.广东省红树林碳储量与碳汇潜力估算 [J]. 南方能源建设 ,11(5):95−103.

谈思泳，2017.华南红树林湿地表层土壤有机碳分布特征及其影响因子 [D]. 南宁：广西师范学院 .

唐剑武，叶属峰，陈雪初，等，2018.海岸带蓝碳的科学概念、研究方法以及在生态恢复中的应用 [J]. 中国科学 : 地球科学 ,48(6):661−670 .

唐密，2014.红树植物对不同盐度水体适应能力研究 [D]. 长春：东北师范大学 .

王法明，唐剑武，叶思源，等，2021.中国滨海湿地的蓝色碳汇功能及碳中和对策 [J]. 中国科学院院刊 ,36(3):241−251.

王珊珊，徐明伟，韩宇，等，2022. 杭州湾南岸滩涂湿地多年蓝碳分析及情景预测 [J]. 中国环境科学，42(9): 4380−4388.

王薪琪，王传宽，韩轶，2015. 树种对土壤有机碳密度的影响：5 种温带树种同质园试验 [J]. 植物生态学报，39(11):1033−1043.

魏建兵，梁兵，陆庆轩，等，2023. 土壤有机碳储量及其变化评估的研究方法 [J]. 中国土壤与肥料，(9):224−233.

文丽，王克林，曾馥平，等，2014. 不同林龄尾巨桉人工林碳储量及分配格局 [J]. 西北植物学报，34(8):1676−1684.

徐蒂，廖宝文，朱宁华，等，2014. 海南东寨港红树林退化原因初探 [J]. 生态科学，33(2): 294−300.

徐颂军，许观嫦，廖宝文，2016. 珠江口红树林湿地海水重金属污染评价及分析 [J]. 华南师范大学学报 (自然科学版),48(5):44−51.

颜葵，2015.海南东寨港红树林湿地碳储量及固碳价值评估 [D].海口：海南师范大学 .

昝启杰，王勇军，廖宝文，等，2001. 无瓣海桑、海桑人工林的生物量及生产力研究 [J]. 武汉植物学研究，19(5):391−396.

张法伟，李红琴，李文清，等，2022. 基于增强回归树模型的三江源国家公园表层土壤有机碳及全氮密度的特征评估和等级区划 [J]. 生态学报，42(14):1−11.

张莉，郭志华，李志勇，等，2013.红树林湿地碳储量及碳汇研究进展 [J]. 应用生态学报，24(4):1153−1159.

张乔民，隋淑珍，张叶春，等，2001. 红树林宜林海洋环境指标研究 [J]. 生态学报，21(9):1427−1437.

张乔民，温孝胜，宋朝景，等，1996. 红树林潮滩沉积速率测量与研究 [J]. 热带海洋，(4): 57−62.

赵天舸，于瑞宏，张志磊，等，2016. 湿地植被地上生物量遥感估算方法研究进展 [J]. 生态学杂志，35(7):1936−1946.

朱可峰，廖宝文，章家恩，2011. 广州市南沙红树植物无瓣海桑、木榄人工林生物量的研究 [J]. 林业科学研究，24(4):531−536.

ADELMAN K, LA P A, SANTANGELO T J, et al., 2005. Common allometric equations for estimating the tree weight of mangroves[J]. Journal of Tropical Ecology, 21(4):471−477.

ALONGI D M, 2009. The energetics of mangrove forest[M]. Dordrecht: springer.

ASHTON E C, 2008. The impact of shrimp farming on mangrove ecosystems[J]. CAB Reviews: Perspectives in Agriculture, Veterinary Science, Nutrition and Natural Resources, 3(3).

BANIMAHD M, YASROBI S S, WOODWARD P K, 2005. Artificial neural network for stress-strain behavior of sandy soils: knowledge based verification[J]. Computers and Geotechnics, 32(5): 377−386.

BEN-DOR E, PATKIN K, BANIN A, et al., 2002. Mapping of several soil properties using DAIS-7915 hyperspectral scanner data - a case study over clayey soils in Israel[J]. International Journal of Remote Sensing, 23(6):1043−1062.

BOUILON S, BORGESO A V, CASTANEDA-MOYA E, et al., 2008. Mangrove production and carbon sinks: a revision of global budget estimates [J]. Global biogeochemical cycles, 22(2):GB2013.

CHEN F, KISSEL D E, WEST L T, et al., 2000. Field-scale mapping of surface soil organic carbon using remotely sensed imagery[J]. Soil Science Society of America Journal, 64(2):746−753.

CLOUGH B F, DIXON P, DALHAUS O, 1997. Allometric relationships for estimating biomass in multi-stemmed mangrove trees[J]. Australian Journal of Botany, 45(6): 1023−1031.

DAHDOUH-GUEBAS F, KUEBAS F, KOEDAM N, 2006. Empirical estimate of the reliability of the use of the Point Centred Quarter Method (PCQM): solutions to ambiguous field situations and description of the PCQM + protocol[J]. Forest Ecology and Management, 228(1/3):1−18.

DENIS A, STEVENS A, VAN WESEMAEL B, et al., 2014. Soil organic carbon assessment by field and airborne spectrometry in bare croplands: Accounting for soil surface roughness[J]. Geoderma, 226:94−102.

DONATO D C, KAUFFMAN J B, MURDIYARSO D, et al., 2011. Mangroves among the most carbon-rich forests in the tropics [J]. Nature geoscience, 4(5): 293−297.

DREXLER J Z, 2016. Blue carbon[M]//KENNISH M J. Encyclopedia of Estuaries. Dordrecht: Springer, 109.

DUGUMA L, BAH A, MUTHEE K, et al., 2022. Drivers and threats affecting mangrove Forest dynamics in Ghana and the Gambia. Women Shellfishers and food security project. // World

Agroforestry (ICRAF), Nairobi, Kenya and Coastal Resources Center, Graduate School of Oceanography, vol. WSFS2022_01_CRC. p. 53.

DUKE N C, MERNECKE JO, DITTMANN S, et al., 2007. A world without mangrove?[J]. science, 317: 41−42.

EID E M, SHALTOUT K H, 2016. Distribution of soil organic carbon in the mangrove Avicennia marina (Forssk.) Vierh. along the Egyptian Red Sea Coast[J]. Regional studies in marine science, 3: 76−82.

EZCURRA P, EZCURRA E, GARCILLAN P P, et al., 2016. Coastal landforms and accumulation of mangrove peat increase carbon sequestration and storage [J]. Proceedings of the national academy of sciences of the United States of America, 113(16): 4404−4409.

FAO, 1997. FAO Technical Guidelines for Responsible Fisheries: Aquaculture Development[R].

FAO, 2007. The World's Mangroves 1980−2005[R]. Food and Agriculture Organization of the United Nations.

FRIESS D A, ROGERS K, LOVELOCK C E, et al., 2019. The state of the world's mangrove forests: past, present, and future[J]. Annu. Rev. Environ. Resour, 44, 89−115.

GHASEMI F, MEHRIDEHNAVI A, PÉREZ-GARRIDO A, et al., 2018. Neural network and deep-learning algorithms used in QSAR studies: merits and drawbacks[J]. Drug Discovery Today, 23(10): 1784−1790.

GIRI C, OCHIENG E, TIESZEN L L, et al., 2011. Status and distribution of mangrove forests of the world using earth observation satellite data[J]. Global Ecology and Biogeography, 20: 154−159 .

GOMEZ C, LAGACHERIE P, COULOUMA G, 2008. Continuum removal versus PLSR method for clay and calcium carbonate content estimation from laboratory and airborne hyperspectral measurements[J]. Geoderma, 148(2):141−148.

GRISELDA C B, 2011. Evaluation of carbon sequestration potential in mangrove forest at three estuarine sites in Campeche, Mexico[J]. International Journal of Energy and Environment, 5: 487−494.

HONGXIAO LIU, HAI REN, DAFENG HUI, et al., 2014. Carbon stocks and potential carbon storage in the mangrove forests of China[J]. Journal of Environmental Management, 133:86−93.

HOWARD J, HOYT S, ISENSEE K, et al., 2014. Coastal blue carbon: methods for assessing carbon stocks and emissions factors in mangroves, tidal salt marshes, and seagrass meadows[R]. Conservation International, Intergovernmental Oceanographic Commission of UNESCO, International Union for Conservation of Nature.

HOWARD J, MCLEOD E, SCHIERL T, et al., 2017a. The potential to integrate blue carbon into MPA design and management[J]. Aquat. Conservat.-Marine Freshwater Ecosyst, 27: 100−115.

HOWARD J, SUTTON-GRIER A E, HERR, et al., 2017b. Clarifying the role of coastal and marine systems in climate mitigation[J]. Front. Ecol. Environ, 15: 42−50.

KAUFFMAN J B, HUGHES R F, HEIDER C, 2009. carbon pool and biomass dynamics associated with deforestation, land use, and agricultural abandonment in neotropics[J]. ecological applications, 19: 1211−1222.

KAUFFMAN J B, HEIDER C, COLE T G, et al., 2011. ecosystem carbon stocks of Micronesian mangrove forests [J]. Wetlands, 31: 343−352.

KHAN M N I, REMPEI S, AKIO H, 2007. Carbon and nitrogen pools in a mangrove stand of Kandelia obovata (S., L.) Yong: Vertical distribution in the soil-vegetation system[J]. Wetlands Ecology and Management, 15: 141−153.

KIRUE B, KAIRO J G, KARACHI M, 2007. Allometric equations for estimating above ground biomass of Rhizophora mucronata Lamk. (Rhizophoraceae) mangroves at Gazi Bay, Kenya[J]. Western Indian Ocean Journal of Marine Science, 5: 27−34.

KOMIYAMA A, POUNGPARN A, KATO S, 2005. Common allometric equations for estimating the tree weight of mangrove[J]. Journal of Tropical Ecology, 21: 471−477.

KUENZER C, BLUEMEL A, GEBHARDT S, et al., 2011. Remote sensing of mangrove ecosystems:a review[J]. Remote Sensing, 3: 878−928.

LIAO B W, 2009. Studies on Dongzhai Harbor Mangrove Wetland Ecosystem on Hainan Island in China[M]. Qingdao: China Ocean University Press.

MENG Y C, GOU R, BAI J K, et al., 2022. Spatial patterns and driving factors of carbon stocks in mangrove forests on Hainan Island, China[J]. Global Ecology and Biogeography: geb.13549.

MITRA A, SENGUPTA K, 2011. Standing biomass and carbon storage of above ground structures in dominant mangrove trees in the Sundarbans[J]. Forest Ecology and Management, 261: 1325−1335.

MO Z C, FAN H Q, HE B Y, 2001. Effects of seawater salinity on hypocotyl growth in two mangrove species[J]. Acta Phytoecologica Sinica, 25(2): 235−239.

ONG J E, GONG W K, WONG C H, 2004. Allometry and partitioning of the mangrove, Rhizophora apiculate[J]. Forest Ecology and Management, 188: 395−408.

PROISY C, COUTERON P, FROMARD F, 2007. Predicting and mapping mangrove biomass from canopy grain analysis using Fourier based textural ordination of IKONOS images[J]. Remote Sensing of Enviroment, 109:379−392.

RODRIGUEZ E, RUIZ P L, ROSS M S, et al., 2015. Mapping Height and Biomass of Mangrove Forests in Everglades National Park with SRTM Elevation Data[J]. Photogrammetric Engineering & Remote Sensing, 72(3):299−311.

SETO K C, 2007. Mangrove conversion and aquaculture development in Vietnam: A remote sensing-based approach for evaluating the Ramsar convention on wetlands[J]. Global Environmental Change, 17:486−500.

SIMARD M, ZHANG K Q, RIVERA MONROY V H, et al., 2006. Mapping height and biomass of mangrove forests in Eglades National Park with SRTM elevation data[J]. Photogrammetric Engineering & Remote Sensing, 72: 299−311.

SPALDING M, BLASCO F, FIELD C D, 1997. World mangrove atlas—The international society for mangrove ecosystems[M]. Okinawa: The International Society for Mangrove Ecosystems, 176−178.

STEVENS A, VAN WESEMAEL B, VANDENSCHRICK G, et al., 2006. Detection of carbon stock change in agricultural soils using spectroscopic techniques[J]. Soil Science Society of America Journal, 70(3):844−850.

SURATMAN M N, 2014. Remote Sensing Technology: Recent Advancements for Mangrove Ecosystems[M]//Mangrove Ecosystems of Asia. New York: Springer, 295−317.

TAGHIZADEH-MEHRJARDI R, NABIOLLAHI K, KERRY R, 2016. Digital mapping of soil organic carbon at multiple depths using differentdata mining techniques in Baneh region, Iran[J]. Geoderma, 266:98−110.

TWILLEY R R, CHEN R H, HARGIS T, 1992. Carbon Sinks in Mangroves and Their

Implications to Carbon Budget of Tropical Coastal Ecosystems[J]. Water, Air, and Soil Pollution, 64: 265−288.

WANG B S, LIAO B W, WANG Y J, et al., 2002. Mangrove Forest Ecosystem and Its Sustainable Development in Shenzhen Bay[M]. Beijing: Science Press.

WANG Y S, GU J D, 2021. Ecological responses, adaptation and mechanisms of mangrove wetland ecosystem to global climate change and anthropogenic activities[J]. Int. Biodeterior. Biodegradation, 162:103−112.

ZHENG W J LIN P, 1992. Effect of salinity on the growth and some ecophysiological characteristics of mangrove Bruguiera sexangula seedlings[J]. Chinese Journal of Applied Ecology, 3(1): 9−14.

ZHU K F, LIAO B W, ZHANG J E, 2011. Studies on the biomass of mangrove plantation of Sonneratia apetala and Bruguiera gymnorrhiza in the wetland of Nansha in Guangzhou City[J]. Forest Research, 24(4): 531−536.

由于红树林多分布在我国南方经济较为发达的沿海区域，经济发展和生态保护的冲撞在红树林分布最集中的南海区海岸线上显得尤为突出。红树林生态系统具有的开放性、脆弱性和复杂性的特点构筑了红树林独有的生境威胁因素，其主要划分为自然因素和人为因素两大类。自然因素和人类社会活动（人为因素）均会对其面积、分布产生影响。自 20 世纪 50 年代以来，在自然因素和人为干扰的双重驱动下，红树林遭受了较大的破坏，全球 35% 的红树林已经消失（Blasco et al., 2001；Valiela et al., 2001）。由于红树植物生长、发育受多种因子影响，因此红树林面临各种威胁繁多，包括污染、围垦、海洋工程、过度捕捞和采集、外来物种入侵、气候变化等（但新球等，2016；方发之等，2022）。

7.1 自然因素

7.1.1 病虫害

7.1.1.1 病虫害的威胁分析

红树林病虫害包括真菌病害和昆虫病害。真菌病害包括灰葡萄孢菌、镰孢菌、根霉菌、腐霉菌、胶孢炭疽菌、拟盘多毛孢菌、交链孢菌、小煤炱菌、番荔枝煤炱菌、杜茎山星盾炱、撒播烟霉和盾壳霉。害虫包括红树林豹蠹蛾、棉古毒蛾、广州小斑螟、丝脉蓑蛾、双纹白草螟、吹绵蚧、咖啡豹蠹蛾、胸斑星天牛、潜蛾等（徐家雄等，2008）。

国外危害红树林昆虫方面的研究表明，红树植物的不同部位如繁殖胚、幼苗、叶和树干均受到不同种类昆虫的危害，但虫害发生集中在红树植物幼苗、幼树或树势衰退（受恶劣环境因素如飓风、台风等影响）的时期（丁珌，2010）。

林鹏和韦信敏（1981）最早记述了福建红树林秋茄 + 桐花树群落中卷叶蛾啃食树叶，30% ~ 40% 的红树林树木发生不同程度的虫害，受害严重地区 95% 的叶片遭受危害。随后，在广西、广东、福建、海南、香港等地均开展了红树林虫害的研究，越来越多的红树林虫害物种被发现，共记录红树林害虫 128 种（杨盛昌等，2019）。

正常情况下，红树植物天然具有较强的抗病虫害能力，长期以来红树林病虫害问题并没有引起重视。自 20 世纪 80 年代以来，我国陆续有地方报道红树林病虫害问题，但其规模和危害程度均不大；自 20 世纪 90 年代以来，由于环境恶化，我国红树林的病虫害有逐年加重的趋势。一方面，体现在影响范围上，目前在我国红树林的主要分布区（海南、广西、广东和福建）均发现有病虫害，而且主要的红树物种都受到病虫害的威胁，如白骨壤、桐花树、秋茄、海桑、无瓣海桑、木榄等，之前单宁含量高而不易遭虫害的秋茄也面临虫害问题。最近调查发现，福建厦门海沧人工林的秋茄虫害严重，秋茄遭到红树夜蛾的危害，成片的叶片被吃光。另一方面，体现在影响程度上，危害最为严重并较早引起关注的红树林害虫是广州小斑螟（*Oligochroa cantonella*），1999—2006 年，福建云霄漳江口红树林自然保护区和龙海红树林自然保护区的白骨壤暴发广州小斑螟虫害，严重时受害面积达 130 hm²，被害率达 95% 以上，顶梢被蛀，顶端叶片被取食，远观似被火烧状，威胁红树林的生长发育，极大地影响红树湿地系统各种生态功能的有效发挥（丁珌，2007）；2004 年 5 月，广东和广西发生了 40 年来最大规模的红树林虫害，其罪魁祸首是广州小斑螟，其他的还有双纹白草螟（*Pseudcatharylla duplicella*）和广翅蜡蝉（*Ricania sublimbata*）等。2015 年 9 月，柚木驼蛾（*Hyblaea puera*）在广西红树林大规模暴发，仅 1 个月的时间，受灾面积达 300 hm²，给广西红树林的生态安全带来严重威胁（胡荣等，2016）。

红树林病虫害的种类也在不断增加，不仅原有的病虫害规模急剧扩大，危害越来越大，而且新的病虫害种类不断出现，甚至原来不对红树林构成威胁的病虫害也成了大问题（王友绍，2013）。其中，在对全国红树林害虫统计的文献中，付小勇等（2012）报道了红树林害虫 12 种，而在这之后又陆续有红树林新害虫被发现，如褐袋蛾、柚木驼蛾、报喜斑粉蝶等（刘文爱和范航清，2011；胡荣等，2016；包强等，2014）；近年来，团水虱危害也日益严重，已导致海南和广西部分红树林植物的大面积死亡（范航清等，2014）。

红树林病虫害的主要为害红树植物对象为白骨壤和桐花树，而这两种红树植物又是我国红树林的优势种群。造成红树病虫害暴发的因素是多方面的，但海区污染和海岸原生植被消失、非法捕鸟等造成虫害天敌的减少，以及用单一树种人工林替代陆生天然植被被认为是其中的重要原因（王友绍，2013；范航清和王文卿，2017）。

7.1.1.2 病虫害在南海区分布情况

2004 年 5 月，广东和广西发生了 40 年来最大规模的红树林虫害，其"罪魁祸首"为广州小斑螟，其他还有双纹白草螟和广翅蜡蝉等，受灾红树植物主要为白骨壤，据统计受灾红树林面积为 700 hm²，虫害导致广西山口红树林保护区白骨壤挂果率减少 70%。此后每隔几年均出现区域性虫灾，成灾害虫种数有从单种向多种发展的趋势。病虫害增多和愈发严重的根本原因是红树林生态环境的恶化，直接原因是异常气候和人类活动造成的污染引起的红树林周边环境恶化，如害虫天敌的减少甚至消失。

2015 年 4—10 月，在广西北仑河口红树林保护区内也发生了虫害，害虫主要为蜡彩袋蛾，侵害树种主要为桐花树和秋茄，造成轻度危害。同年 9 月，在保护区暴发了大面积（约 87 hm²）虫害，主要发生于竹山白骨壤纯林区，害虫主要为柚木肖弄蝶夜蛾（*Hyblaea puera*），部分白骨壤的叶子被啃光，呈火烧状，但未出现红树枝条死亡现象。通过喷洒石灰水、高压水枪冲击、人工摘除、灯诱捕及喷洒生物制剂等，虫害得到了有效控制，10 月，严重受害的白骨壤枝条长出了新芽，重新焕发生机，部分新长出枝条长约 3 cm。

2016 年 5 月，广西北仑河口自然保护区受广州小斑螟攻击，危害面积约 67 hm²，同年 8—9 月又受到柚木肖弄蝶夜蛾攻击，危害面积约 87 hm²。

2019 年 3—6 月上旬，广西山口红树林保护区主要的虫害有广州小斑螟和三点广翅蜡蝉，其中，受害最大面积为 5 月的 4.8 hm²。7—8 月虫害消失，该时间段虫害情况并不构成虫灾，属于正常现象。9 月中旬以后，山口保护区出现少见的白骨壤虫害柚木驼蛾，白骨壤受害面积较大，虫害发展速度快，最大受害面积达到 61.6 hm²。虫害发生后，山口保护区实施人工喷洒浓石灰水和灯光诱捕措施来治理害虫。通过一系列的治理，10 月受害白骨壤末梢枝条长出嫩芽，开始慢慢恢复，受害白骨壤林相由之前的枯黄转变成绿色，100% 的受害枝条都长出了新的嫩叶。11 月受害白骨壤林已经全部恢复，虫害得到成功控制。

自 2009 年以来，海南东寨港红树林区团水虱大量暴发，导致部分区域红树林大面积枯死，红树林湿地生态系统退化严重。东寨港红树林可分为河流型红树林群落（演丰东河片区）和前沿型红树林群落（塔市、三江片区）两个类型。经过全面实地踏勘调查及近期高分遥感影像分析显示，东寨港红树林区范围内团水虱危害地理空间分布广泛。从东寨港河流型红树林分布来看，河流中下游红树林群落退化严重，同时，近海湾的前沿地段退化群落有零星分布。由团水虱蛀蚀形成大小不等的林窗斑块共 27 块，总枯死面积约为 40.8 hm²。从空间分布来看，塔市红树林片区出现 4 个斑块（0.738 hm²），分布于靠近陆地一侧，主要危害树种为白骨壤；演丰东河红树林片区出现 21 个斑块（3.17 hm²），分布于河流的中下游区域，主要危害树种为木榄、海莲、尖瓣海莲等处于演替后期的树种；三江红树林片区出现 2 个斑块（0.087 hm²），分布于潮滩前沿，主要危害树种为秋茄。以上结果说明，对于河流型红树林群落，处于地带性演替后期的树种是团水虱危害的主要对象（孙艳伟等，2015）。

7.1.2 外来物种

7.1.2.1 外来物种的威胁分析

红树林生态系统具备高盐、高温、潮汐长时间淹没而底泥缺氧等极为苛刻的生境条件，早期研究者认为，很少有外来物种能适应环境，形成入侵（Lugo，1998；Kathiresan and Bingham，2001）。但在全球气候变化条件下，加上人类活动的干预，大部分生态系统均出现入侵生物。当前红树林生态系统已经发现多种外来入侵种，并造成了明显的危害（Ren et al., 2014）。红树林生态系统由于退化导致植物物种少，群落结构简单，生态系统稳定性差，生物入侵后恢复较难（陈权和马克明，2015）。

外来物种的盲目引进对我国滨海湿地生物多样性造成不同程度的破坏和威胁，目前对红树林造成影响的外来物种主要有互花米草（*Spartina alterniflora*）和无瓣海桑。

互花米草是禾本科米草属（又名绳草属）多年生草本植物，原产于美洲大西洋沿岸和墨西哥湾。近 200 年来，经不同的入侵途径，互花米草的分布区域已经从其原产地扩展到欧洲、北美西海岸、新西兰与中国沿海，且由于外界调节与互花米草自身特性相辅相成，促成了互花米草高效且难以防范的入侵模式，因此，互花米草被公认为是全球海岸滩涂湿地生态系统最成功的入侵植物之一（王文卿等，2006；Xiao et al., 2010）。

我国于 1979 年从美国引进禾本科米草属多年生草本植物，引进初期阶段确实发挥过一定的护岸保滩作用。互花米草具有繁殖力极强、生长快和扩散能力强的特点，近二三十年来，由于管理不到位和米草本身的上述生物学特性，目前已在我国南方地区造成严重的生态入侵。互花米草种群在我国呈现出暴发增长，分布面积疯狂扩张，在广东、广西、香港和福建等红树林保护区均有发现互花米草入侵的现象，主要由于互花米草适宜在海滩高潮带下部至中潮带上部的潮间带生长，而中、高潮带滩涂正好是最适宜红树植物生长的区域，生态位重叠导致它们不可避免地竞争。互花米草的泛滥生长侵占红树林的适林滩涂，挤占红树林生长空间，也影响了鸟类的栖息和觅食环境。有报道指出，互花米草入侵还会引起红树林土壤生境的退化、改变红树林的生物多样性及其栖息生物的行为模式等。生长互花米草的土壤有机碳、土壤微生物生物量，以及土壤蔗糖酶与磷酸酶活性等低于红树林生境（张祥霖等，2008）。另外，互花米草相对较高的根密度显著降低了红树林生态系统中蟹类打洞的深度及洞穴的复杂性（Wang et al., 2014）。目前，在广东、广西、香港和福建的红树林保护区均发现有互花米草的入侵，其中，福建宁德市、广东珠江口以及广西丹兜海等区域已经成为互花米草入侵的重灾区。互花米草不仅使人工造林的红树植物苗木无法正常生长发育，与红树林争夺阳光和养分，甚至一些低矮的成年植株也因互花米草的遮阴而退化死亡。

无瓣海桑是一种海桑科海桑属乔木，天然分布于印度、孟加拉国、马来西亚等国家，具有生长迅速、结实率高、定居容易、适应性广等特点（廖宝文等，2004），因其速生性而被广泛用于海岸滩涂造林。1985 年，我国从孟加拉国引进到海南东寨港红树林自然保护区试种成功，然后从东寨港先后引种到广东湛江、深圳湾、汕头，以及福建九龙江口等地，又从湛江引种至广西钦州等地（陈玉军等，2003），总种植面积达 3800 hm^2（李玫和廖宝文，2008）。但随着引种面积的迅速扩大和林分的快速生长，无瓣海桑对本土红树群落的影响及其是否会造成生态入侵等问题已引起广泛关注。研究发现，本地红树植物难以进入无瓣海桑成林区，几乎没有本土红树植物幼苗能存活于无瓣海桑林下（李玫等，2004）。由于无瓣海桑的扩散，国内本土红树植物的密度急剧下降。低纬度地区的无瓣海桑具有更强的传播能力，即具更强的潜在入侵性（文玉叶，2014）。但是，无瓣海桑是否构成入侵种目前尚未有明确定论。一方面，无瓣海桑具有明显的改良土壤效应，可增加土壤有机质和 N、P、K 含量，有利于后续本土红树植物定植（韩维栋等，2003），同时还能提高群落结构的复杂性与生物多样性，深圳福田红树林保护区，混种无瓣海桑＋海桑人工林，相对于天然红树林，鸟类群落物种多样性得到提高（王勇军和昝启杰，2001）。另一方面，无瓣海桑会抑制其林下本土红树植物生长，同时无瓣海桑抗逆性强、生物量大，相较于重叠生态位的其他红树植物，有更强的竞争力，而且有一定的扩散能力及对本土红树植物的化感作用（李玫等，2004），未来有可能取代本土红树植物群落。在广东、海南、广西、福建、香港和澳门均发现无瓣海桑的自然扩散和传播现象。鉴于无瓣海桑已大量引种至我国，其对本土红树林物种的潜在危害不可忽视。

7.1.2.2　外来物种在南海区分布情况

1998 年，广东珠海淇澳岛的互花米草面积达到 260 hm^2。通过人工种植无瓣海桑和拉关木等速生型红树植物，成功控制了互花米草的疯狂蔓延。目前，珠海淇澳岛互花米草面积控制在 2 hm^2。

2011 年，广西山口红树林保护区调查发现互花米草面积达 481.5 hm^2，通过人工挖除、物理及化学治理和综合治理等方法，互花米草面积得到一定的控制。目前，互花米草主要分布在丹兜海的山角、丹兜村至永安、沙尾至那潭岸段的红树林区外缘和内部，以及英罗港墩仔村至北界段的红树林区边缘、海塘村滩涂上。现场核查在湛江也发现互花米草在红树林适林滩涂大面积分布，挤占了红树生存空间。

广西于 1979 年引种互花米草，在山口海域种植了 0.94 hm^2，2005 年已发展到 167 hm^2（吴敏兰和方志亮，2005），2008 年发展到 381.9 hm^2（莫竹承等，2010），2011 年达到 481.5 hm^2。山口保护区互花米草入侵红树林面积共计 171.5 hm^2，占该区域互花米草面积的 35.6%，占该区域红树林面积的 20.9%。其中，互花米草入侵人工红树林 8.5 hm^2，互花米草入侵天然红树林 163.0 hm^2。入侵树种包括单一种的白骨壤、红海榄和秋茄群落，也有木榄 + 秋茄 + 桐花树、秋茄 + 白骨壤以及秋茄 + 红海榄的混生群落。

据遥感调查，福建沿岸海域互花米草分布面积为 99.24 hm^2，其中，宁德市分布面积达 66.29 hm^2，占福建互花米草总面积的 66.80%（方民杰，2012）。互花米草在广东沿海地区淤泥质潮滩上有分布（彭辉武和郑松发，2009），2015 年，广东沿岸互花米草分布面积达 780.1 hm^2（刘明月，2018），对红树林已造成严重影响。2013 年，广西沿岸互花米草的分布面积为 602.27 hm^2，其在丹兜海的分布面积最大，其分布面积在铁山港湾、北海银滩至营盘镇、廉州湾、英罗港、大风江依次减小，在广西海岸的扩散总体上呈现出由东往西发展的趋势，并且有扩散进入越南的可能性（潘良浩等，2016）。

1993 年，在广东湛江红树林国家级自然保护区开始人工驯化无瓣海桑并在沿海红树林恢复工程中推广应用。1997 年，无瓣海桑随海流从广东进入山口红树林保护区，前期的定居是随机性的，但由于潮滩和生长环境的影响，无瓣海桑主要分布在本土红树林所生长的适合环境中，此后定居并更新繁殖。另外，1995 年，山口红树林保护区由广西红树林研究中心引种两棵无瓣海桑于英罗站，已分别有 15 m 和 14 m 高，保留但未发现有天然更新层。

广西山口红树林保护区管理处在 2012 年对外来物种无瓣海桑进行调查；在此基础上，2013 年对其进行砍伐治理；2014 年继续进行监测和砍伐治理；2015 年摸清无瓣海桑的治理效果：是否有复生，是否有新生的无瓣海桑，如果有，则再次进行砍伐治理。

2015 年，主要巡查山口红树林保护区英罗港区域和丹兜海区域，英罗港海域路线从英罗站景区开始沿着保护区海岸线往上至高坡为止；调查时间为 4 月、6 月和 8 月各进行一次调查，主要统计无瓣海桑数量和位置。至 11 月底，监测的无瓣海桑数量为 326 棵，其主要分布在英罗港的英罗至高坡沿海区和丹兜的山角一带，大部分主要与桐花树、互花米草混生，部分生长到秋茄 + 白骨壤林中。2015 年，山口保护区管理处已经组织人员砍完所发现的无瓣海桑共 326 棵。经过 3 年的砍伐治理，2018 年已取得良好的治理效果，无瓣海桑对本土红树林已不构成威胁。

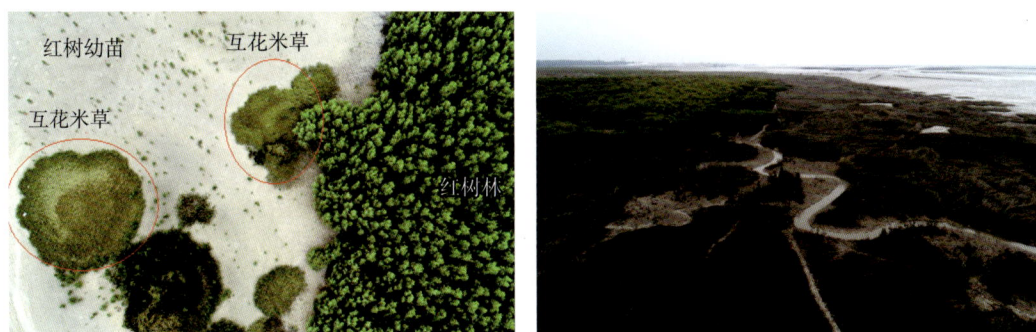

图 7.1　互花米草入侵红树林

左：湛江红树林；右：山口红树林

7.1.3　污损生物

7.1.3.1　污损生物的威胁分析

危害天然和人工红树林的主要海洋污损生物包括固着型和附着型两种。其中，固着后终生不移动的种类有软体动物双壳纲的牡蛎及甲壳动物蔓足类的藤壶；附着后可稍作移动的种类有双壳纲的难解不等蛤、贻贝科。牡蛎以石灰质外壳、藤壶以衣盘、黑荞麦蛤以足丝附着在红树枝干或叶片上。

在我国，以附着或固着形式在红树植物上生活的污损生物有 40 余种，其中藤壶类 9 种，牡蛎 13 种。污损生物（尤其是固着类的藤壶和牡蛎）严重影响红树光合产物的生产和运输，妨碍红树植物的气生根、呼吸根、皮孔等的正常功能；污损生物大量附着使红树植物自重加大，致使枝叶过早掉落、树体弯曲倒伏以致死亡。大量藤壶还会固着于幼苗的茎叶上，造成幼苗呼吸作用和光合作用受阻，生长缓慢。

虽然红树群落的污损生物种类相对贫乏，但优势种的数量相当巨大。相比经常被海水浸泡的其他类型基质而言，红树植物体周期性受海水浸泡和处于饵料缺乏的环境，只有少数的污损生物能耐受，故污损生物群落相对单一。我国红树植物上主要的附着污损生物为藤壶类和牡蛎类。天然红树植物上，白脊藤壶、潮间藤壶和团聚牡蛎等是优势类群；人工红树植物上主要污损生物为白脊藤壶、网纹藤壶、白条藤壶和潮间藤壶等。

红树幼苗极易受到藤壶类的附着，造成红树人工造林的失败（何斌源等，2008；王友绍，2013）。在红树林恢复性造林实践、残次林改造和优良树种驯化研究中，红树林幼苗受到多种海洋底栖污损生物的影响，藤壶是人工红树林幼林最常见的危害生物，甚至在某些地方成为红树幼苗正常生长发育的关键胁迫因子，成为危害红树林面积最大、程度最高的污损生物。

7.1.3.2　污损生物在南海区分布情况

2019 年，广西北仑河口红树林保护区发现污损生物有 2 门 10 种，其中，软体动物种类最多，以双壳类为主；其次为节肢动物，以藤壶为主（图 7.2）。各断面污损生物种类组成和种类数较为相似，不同潮带污损生物种类数差异显著，其中，高潮带污损生物种类最多，其次为中、低潮带。污损生物对红树植物生长存在较大危害，在人工修复时应考虑种植的树种和高程。

图 7.2　红树植株上附着的牡蛎和藤壶（山口红树林区）

2020 年，在广西铁山港红树林区发现污损生物分布较广且密度较大，其中不乏危害较大的藤壶和牡蛎。

2020 年，在广东珠江口红树林区共发现污损生物 4 种，全部为软体动物。其中，淇澳岛红树林区共发现污损生物 4 种，深圳福田红树林区未发现污损生物。发现的污损生物全部为匍匐在红树林枝干或叶片上的螺类，密度很低，对红树植物的危害较小。

7.1.4　海平面上升

7.1.4.1　海平面上升的威胁分析

在全球变化的各种气候效应中，海平面上升是对红树林的最大威胁之一（Jagtap et al., 2007；Gilman et al., 2008）。红树林植物的生长与生存需要海水周期性浸淹和暴露相互交替作用，红树林在海岸带的分布显示了不同种类的红树植物对不同的浸淹时间的适应性（李莎莎，2014）。海平面上升导致潮间带淹没时间延长，潮间带位置向后迁移，极大地改变了红树林生态系统的生境状况，进而改变了红树林生态系统的结构和功能。

根据世界自然保护联盟（IUCN）在 2024 年发布的《生态系统红色名录》报告中的评估，对太平洋地区 16 个国家的红树林调查表明，到 21 世纪末，13% 的红树林都将被淹没，某些岛屿甚至超过 50% 的红树林将逐步消失。

我国红树林分布的沿海省份，海平面上升速率均较高，尤其是广东和海南，这些地区的红树林面临海平面上升的巨大压力。我国大规模的海堤建设，减弱了红树林植被应对海平面上升不利影响的能力，使这些红树林面对海平面上升无路可退。

海平面上升对红树林生态系统的影响与红树林沉积速率有关，两者间的相对数值共同影响红树林生态系统分布。红树林生态系统通过沉积物累积，增加潮滩高程，维持潮间带的淹没时间，在一定程度上抵消了海平面上升的影响（李莎莎，2014）。当红树林生态系统沉积速率大于海平面上升速率时，海滩在红树林生物地貌过程作用下不断堆积，并且随时间的推移，红树林生长的栖息地范围扩大，整个红树林海岸向海方向移动，此时海平面上升不会对红树林生态系统产生明显的影响；当红树林生态系统沉积速率等于海平面上升速率时，红树林栖息地相对海平面不变，潮间带淹没周期、淹没时间维持稳定，红树林海岸表现出一种动态平衡，红树植物生长、分布不受影响；当红树林生态系统沉积速率小于海平面上升速率时，潮间带淹没时间变长，潮间带生境改变，红树林的变化取决于红树林生长环境和红树林群落对海平面上升的综合反应（谭晓林和张乔民，1997；李莎莎，2014）。预测海平面上升对红树林生态系统的影响，首先要确定海平面上升是否会造成红树林海岸地貌的变化及地貌改变的程度。对那些海平面上升不会导致地貌发生较大变化的红树林海岸来说，海平面上升仅使水位发生改变、高潮带浸淹频率的增加和原先受沙丘等障碍物保护的高潮区被淹没。一方面，如果红树林后缘地貌和地层条件适合红树林生长，红树林将大规模向陆地迁移，当红树林后缘底质不适合红树林生长，则红树林甚少向后缘陆地迁移，海平面上升将淹没红树林；另一方面，一些红树林海岸在海平面上升时会改变地貌，如沙丘或沙体的消失、泥滩向陆移动、底泥缺氧等，这些变化将从根本上改变红树林海岸的生境状况，从而显著改变红树林生态系统。因涉及多个不同生态系统，所以后一种情况下，海平面上升对红树林的影响难以预测。与此相反，全球气候变暖，海水浸淹频率增加，原先不适合红树林生长的海岸会变得对红树林生长有利，潮水和海流会把红树林胚胎带到这些地方形成新的红树林（谭晓林和张乔民，1997）。

7.1.4.2　海平面上升对南海区红树林的影响

有研究发现，红树林潮滩沉积速率的研究显示，我国红树林潮滩的沉积速率范围为 4.1 ~ 57 mm/a。通过比较红树林潮滩沉积速率与我国相对海平面上升的速率，研究发现，红树林潮滩的沉积速率基本上可以抵消海平面上升的速率，从而消除或减弱海平面上升对当地所造成的威胁。可以认为，海平面上升对我国大部分地区红树林不会构成严重威胁，但对当地泥沙来源少、红树林潮滩沉积速率较低的地区会造成严重影响。这一发现对理解红树林在应对全球气候变化中的角色具有重要意义，尤其是在海平面上升的背景下，红树林的这种生态功能显得尤为重要（谭晓林和张乔民，1997）。

7.1.5　寒害

7.1.5.1　寒害的威胁分析

寒害是指热带亚热带地区植物在冬季遭受低于 5℃（有时稍低于 0℃）气温作用的一种低温危害现象。寒害往往对红树林等典型热带、亚热带植物造成影响。大多数红树种类对低温敏感，降温、不定期的寒冷或霜冻对其生长有着严重影响（李玫等，2009）。红树林造林树种的受害程度与其所处生境关系较大，林带外缘、风口地段的比林带内、隐蔽处的受寒害更严重，苗圃及裸滩上种植的苗木较林下的苗木受害严重。受害程度还与树龄或生长量大小有关，同一树种在同一生境中，幼龄树或苗木比中、成龄树受寒害更严重。

红树植物人工育苗受寒害影响最大，极端低温导致大量幼苗冻死，也造成红树植物大量落花、落果，降低繁殖体产量，严重影响之后 1 ~ 2 年内的红树林幼苗的自然扩散以及红树林造林工程的实施（朱宏伟等，2015）。

7.1.5.2 寒害对南海区红树林的影响

2006—2007年，广东沿海滩涂种植的人工林（包括试验林）受到寒潮寒害影响几乎全部死亡，受灾面积近5000 hm²，主要集中在湛江以北沿海地区（包括阳江、江门、珠海、深圳、广州、汕头）。

2008年1月10日至2月6日，广东、海南、福建等19个省份先后经历了历史上罕见的持续低温雨雪冷冻天气。这次极端气候给华南沿海各省份红树林带来不同程度的寒害，使红树林出现不同程度的枯黄、落叶，甚至死亡的现象（王友绍，2013）。

相关资料显示，2008年，淇澳岛红树林受寒害较严重的面积逾200 hm²，占整个红树林恢复面积的30%，经济损失估计1200万元以上。此次寒害期间的最低气温为6℃，平均气温为10℃，低温天气持续时间长达1个月。遭受寒害的真红树造林树种主要有海桑（*Sonneratia caseolaris*）、无瓣海桑、拉关木、木榄等，遭受寒害的半红树造林树种主要是杨叶肖槿（*Thespesia populnea*）、水黄皮（*Pongamia pinnata*）。其中，2006—2007年造林地种植的海桑属苗木或幼树受寒害最严重，几近100%冻死。

7.2 人为因素

7.2.1 围海养殖

7.2.1.1 围海养殖的威胁分析

受利益驱动，红树林及周边的养殖屡禁不止。围塘养殖不仅会直接破坏大面积的红树林，而且养殖带来的污染物同样会对红树林造成危害。养殖污染包括养殖尾水、清塘淤泥、农药（抗生素、重金属）等；网箱养殖产生大量的垃圾（如塑料袋、泡沫箱），这些垃圾在潮水的作用下聚集到红树植物根部，影响红树植物根系的呼吸，进而影响红树植物的生长发育。

除围塘养殖以外，海鸭养殖在红树林区域也很常见。鸭群频繁翻动红树林滩涂的泥土觅食，导致泥土松动，在潮水的冲刷作用下，容易造成红树的根裸露，严重的甚至倒伏枯死。此外，海鸭以团水虱的重要天敌——螃蟹和鱼虾为食，而海鸭产生的大量鸭粪会加剧水体的富营养化，增加团水虱的食物来源，团水虱在缺乏天敌又有充分食物的情况下极易大量暴发，可能给红树林带来"灭顶之灾"（黄海萍等，2023）。

海水养殖是热带和亚热带沿海地区最重要的经济活动之一。在全国红树林被占用面积中，挖塘养殖占比高达 97.6%，是红树林被占用的最主要原因（王燕，2008）。20 世纪 50 年代初，我国红树林面积高达 48 266.0 hm²，因挖塘养殖和围垦减少了 26 241.1 hm²，减幅达 54.4%。而 1980 年以来被占红树林面积达 12 923.7 hm²，占现有红树林面积的 58.7%。

沿海渔民在海边红树林带基围养殖，由于围塘养殖自身的生态结构和养殖方式的缺陷，大部分养殖存在着许多环境问题，造成基围内红树林大批死亡。由于大面积红树林被开挖成鱼塘虾池，红树林遭到严重破坏，面积急剧减小，生态系统退化严重（王燕，2008）。

养殖对红树林的另一个重大威胁是养殖废水的排放。我国是海水养殖第一大国，目前，我国主要红树林分布区有近 20×10⁴ hm² 的海水养殖塘。养殖和清塘废水大量排放，对我国红树林生态系统形成了巨大压力，可能改变红树林自然生态系统的平衡。

除养殖过程中排放池塘水外，结束每个养殖周期后，养殖户会进行养殖池清淤，这些清塘废水通常携带着比养殖池塘外排水百倍的营养物质（Wu et al., 2014）。这些养殖池底部的泥浆通过管道被直接排放于红树林中，覆盖林地表面，危害林内的底栖动物和红树幼苗、覆盖植物的呼吸根，长此以往，将造成红树林的退化。近期的研究发现，排放到红树林后刺激了沉积物的温室气体——氧化亚氮排放，纳污区的通量可达到对照区的 30 倍之高（Chen et al., 2020），造成了加剧大气温室效应的负面作用。

除海水养殖外，红树林海鸭养殖是普遍存在的现象，主要有放养和围养两种养殖方式，但是规模化的养殖均是围养，调查发现被围的红树林均存在不同程度的退化，成年红树植物叶片发黄、枝条枯死、倒伏，苗木更新困难，在被围的红树林内几乎没有红树小苗补充。红树林海岸的水产养殖规模大，有些养殖的排灌系统不完善、不规范，养殖污水乱排放，富营养化水体现象明显，另外，有些养殖场消毒用的各种含重金属的消毒液和抗生素等化学药剂大量排放，同时，有些养殖场的海水交换能力弱，水体恶化明显。特别是，陆基海水养殖排放污染具有明显的时空性，集中在每年 1～2 次的清塘期，污染物浓度是自然海水的数十倍至上百倍，往往是生态灾难的导火索。红树林近海缘海水养殖也普遍存在，海水养殖饲料投放会带来大量的营养盐。水体富营养化和重金属（铅、铜和铬等）富集是红树林污染的主要类型（周诗萍等，2002；王友绍，2013；范航清和王文卿，2017）。富营养化导致红树林区大型藻类的过度生长，严重危害红树林，特别对幼苗的威胁最大，常见的因过度生长造成红树林危害的大型藻类有浒苔和鞘丝藻等。

7.2.1.2　围海养殖在南海区分布情况

自 1960 年以来，我国的红树林经历了 3 次较为严重的破坏：第一次是 20 世纪六七十年代的围海造田；第二次是 20 世纪 80 年代以来的围海造塘；第三次是 20 世纪 90 年代以来的城市化、港口码头及开发区的建设。近年来，随着国家对红树林保护法律法规的颁布实施，以及对红树林保护意识的加强，尽管大规模的围海造地占用红树林的现象较少，但小范围、小规模的砍伐红树林、围海造地的现象仍还存在（王文卿和王瑁，2007；王友绍，2013）。"虾塘 – 海堤 – 红树林"已成为我国红树林海岸的主要景观格局（图 7.3）。养殖塘的水质污染也是影响红树林状况的重要因素。现场核查在广东、广西和海南均发现红树林近陆缘普遍存在大量养殖塘。

红树林边的养殖池塘（海口东寨港）　　　　　贝类养殖占用红树林（惠州范和港）

图 7.3　红树林周边的水产养殖

2019 年，对广西北仑河口的卫星遥感监测结果显示，保护区湿地总面积约为 7469.3 hm^2，该区域主要湿地类型为人工滨海湿地、红树林和河口水域。其中，人工滨海湿地面积最大，为 4547.2 hm^2，主要类型为水产养殖区和稻田，人工滨海湿地面积约占区域湿地总面积的 60.88%；其次为红树林湿地面积，共 1182.5 hm^2，约占 15.83%；河口水域面积为 705.5 hm^2，约占 9.45%，淤泥质海滩面积为 480.8 hm^2，约占 6.44%；浅海水域湿地面积为 426.4 hm^2，约占 5.71%；而沙石海滩、沙洲和潮间盐水沼泽湿地面积较少，其所占面积比也相对较小。

红树林主要分布在石角、交东、新基、班埃、佳邦、巫头、竹山、榕树头等区域，其中在珍珠港北部区域（交东和石角等）分布的红树林面积较大。人工湿地（水产养殖区和稻田）主要分布在万尾附近。

2023 年，儋州湾海洋生态修复项目退塘还林还湿近 400 hm²，极大地改善了儋州湾的生态环境，但由于儋州湾红树林分布区周边大都属于人口密集的居民区，原有鱼虾养殖塘体量庞大，仍有大面积的养殖塘还未清退，仍存在一定的生态环境污染风险，需加强环境监测力度。

7.2.2　过度捕捞

7.2.2.1　过度捕捞的威胁分析

在经济利益的驱使下，为获取有价值的海洋生物，红树林周边居民在红树林中进行过度频繁的捕捞、挖掘活动，甚至采用电、炸和毒等毁灭性的捕捞方式，严重破坏红树林生态系统的稳定性，极大地妨碍海洋动物的正常生长发育，影响红树林生态系统正常的能量流动和物质循环。采捕人员在红树林内频繁走动时，常常发生踩踏红树幼苗和繁殖体的情况，同时挖掘活动容易伤及红树植物根系，影响红树植物生长和群落更新，造成林分稀疏化和矮化，生态价值降低（黄海萍等，2023）。

红树林区的大多数大型底栖动物主要以浮游动物、浮游植物和红树林碎屑为食，有的还直接啃食红树林的凋落物。过度捕捞移走了作为游泳动物（主要是鱼类）主要饵料的大型底栖动物和游泳动物本身，使食物网上的物质和能量减少。食物网支持高营养级动物的能力下降，进而影响到近海渔业。

红树林区是许多海洋生物幼体的生长发育地和成体的栖息场所。我国很多红树林区渔民长年不断地进行挖掘活动，严重破坏了滩涂生境的完整性和稳定性，极大地妨碍了海洋动物的正常生长发育，使产量明显下降。

7.2.2.2　过度捕捞对南海区红树林的影响

2015 年，山口红树林保护区管护的海岸线约 53 km，所覆盖的区域辖于山口、沙田和白沙 3 镇，共 19 个村委会，8 万余人。其中，位于保护区，以海堤为界、向陆岸垂直延伸 1 km 范围内的乡村有 17 个，总人口 7 万余人。他们中绝大多数都以农业和渔业为生，人均经济收入偏低，劳动成本较高，且资源分配不均匀，属于我国沿海欠发达的相对贫困的地区。因此，当地对红树林自然资源的依赖／利用程度较高（图7.4）。尽管经过多年来不断强化保护和管理，保护区杜绝了毁林建塘养殖鱼虾蟹的低级利用方式，但社区居民对红树林底栖动物的采捕与挖掘、对近海海洋动物和海产品的捕捞需求行为仍存在，每年在红树林外围区设置网具捕鸟的现象屡有发生。

图 7.4　红树林周边的渔业捕捞和底栖动物挖捕

　　2015 年，北仑河口红树林保护区，随着社会的发展和人口的增加，保护区的生物资源尤其是红树林受到周边社区居民的影响较大，挖沙虫、拔螺等活动打破了红树林生态系统内在平衡机制，干扰破坏红树林幼苗的生长繁殖能力，这很大程度影响了红树林生态系统的再生和自我修复功能。

　　2023 年对东寨港红树林保护区调查时发现，在东寨港北港岛南侧和东侧宽阔的滩涂上，每逢低潮时，大批游客前来赶海，尤其是周末和节假日，最多时北港岛赶海点可达到 1000 余人，滩涂上布满了密密麻麻的赶海游客。该片滩涂属于东寨港红树林保护区缓冲区，紧邻核心区，滩涂北侧的北港岛沿岸分布着约 9 hm² 的红树林，主要树种为红海榄等，滩涂还分布着贝克喜盐草等海草类植物，生长着大量的泥蚶、沙虫、蛏子、螃蟹等潮间带和底栖生物，生物量特别丰富。但大量游客频繁捕捞，大大超过了该片海域的环境承载力，这种"毁灭性"的赶海方式对该片海域的红树林等海洋生态系统造成严重破坏。红树林内也时常有周边居民穿梭于红树林间捕捞，平均 3 ~ 5 人 / hm²，作业方式多为钉耙、铁钩、锄头和铲子等。捕获种类有裸体方格星虫、长竹蛏、台湾朽叶蛤、口虾蛄、美女白樱蛤、青蛤、琴文蛤、伊萨伯雪蛤、鳞杓拿蛤、长腕和尚蟹、纵带滩栖螺、沟纹笋光螺、古氏滩栖螺等。赶海对底栖动物群落有极大的干扰，此外，还对红树植物繁殖体扎根生长以及幼苗、幼树的根系造成破坏。

7.2.3 海岸工程

在过去的半个多世纪里，我国有 60% 以上的天然沿海湿地消失，包括 73% 的红树林和 80% 的珊瑚礁；1990—2010 年，海堤海岸线长度增加了 3.4 倍，2010 年达到 11 000 km，占我国大陆海岸线总长度的 61%，而 20 世纪 80 年代仅占 18%。过去海堤的建设破坏占用了大量的红树林，1949 年前后，广西修建的 498 个海堤中，堤内曾有红树林分布的占 90% 以上。修建海堤毁灭了陆缘高大成熟的红树林，而且常常在堤脚前遗存 30 ~ 50 m 宽的难以恢复红树林的无林带沟。修建海堤还人为地阻断了海陆过渡带红树林动态演替的自然剖面，在全球海平面上升的大背景下，堤前红树林没有后撤之路，总体上红树林将逐渐衰退（图 7.5）。例如，广西大部分海堤建在红树林茂盛区的中潮带，将高潮带滩涂人为压缩为海堤坡面到堤前 0 ~ 5 m 的狭窄地带，结果是适于高潮带滩涂生长的老鼠簕和榄李在广西已无林可言（范航清和黎广钊，1997；王友绍，2013；范航清和王文卿，2017）。

图 7.5　广东湛江堤岸建设阻碍红树林迁移

2001 年全国湿地调查结果表明，我国 80% 的红树林是堤前红树林，广东堤前红树林的比例更是高达 90%。沿海地区修筑和维护海堤对红树林也造成破坏。海堤建设需要占用大量土地，堵截红树林滩涂的自然海岸地貌，限制陆地生态系统和海洋生态系统的物质循环和能量流动，进而影响红树林的自我维持能力。

福田红树林鸟类自然保护区是由红树林、外海滩涂、基围鱼塘、洼地及陆域林地等几部分组成。按照 1984 年深圳市城市规划设计管理局划定的福田红树林保护区红线范围图，保护区的面积为 304 hm²，其中基围鱼塘洼地及乔灌林地等陆域面积为 230 hm²，占保护区总面积的 75.6%。然而保护区建立十几年来，诸如新洲河及凤塘河排洪工程、广深高速公路和滨海大道等建设工程挤占保护区红线范围的土地和毁林现象十分严重（师卫华等，2008）。

7.2.4　生活垃圾

随着沿海地区社会经济的迅猛发展和各种产业的兴起，大量城市和工业污水、垃圾等源源不断地排入大海，严重影响沿岸的红树林生长，也常有红树林区重金属污染和持久性有机污染物等的研究报道。

红树林作为滨海海洋生态的典型生态系统，不仅阻止海洋垃圾扩散入海，而且也能有效地阻止海上来源垃圾进入海岸。但滞留在红树林区域内的海洋垃圾，也会产生一定的危害（图7.6）。红树林区海洋垃圾的危害主要表现在3个方面：一是通过被海洋生物摄食，以及缠绕和窒息海底生物等威胁海洋生物的健康和生命安全；二是部分垃圾缠绕或覆盖在红树植物枝干或茎叶上，影响红树植物的正常生长；三是影响海滨景观，从而对人类健康和海洋经济等都可能造成不利影响。

图 7.6　红树林区的海洋垃圾

7.2.5 污染物排放

近年来，由于沿海城市人口与经济的增长，大量的陆源污染物汇集于河口、近岸海域，使这些地区的污染日趋严重，污染物排放日益成为社会面临的最重要环境问题之一（图 7.7）。大量污染物通过河流水流、大气沉降和地下水渗入等方式输入红树林，可能对红树植物的生长和代谢过程产生不同程度的负面影响，导致环境恶化、植被退化、生物多样性降低等。其中，主要的污染物包括有机污染物、重金属、营养物质和微塑料等无机物颗粒等（杨斌彬等，2024）。

图 7.7 红树林内的排污管道

红树林常见的有机污染物主要包括多环芳烃、多氯联苯、多溴二苯醚等。沿海地区的高度城市化产生了聚集效应，推动了经济发展，但迅速扩张的城市规模也制造了大量的有机污染物。这些有机污染物通过石油污染、化石燃料、生活污水和工业废水的输入等方式进入红树林生态系统，对红树林产生较大的影响。

红树林沉积物属于高腐殖质的还原环境，具有高有机质含量、高黏粒含量的特征，具有较强的吸附重金属的能力。通常来说，红树林生态系统吸附重金属元素的含量不仅取决于自然搬运和人为排放，还取决于沉积物的表面特性、有机物含量、浓度、矿物组分，以及沉积物的沉积环境等多种因素。红树林沉积物的重金属包括 Cr、Ni、Cu、Zn、As 等，这些重金属主要来源于电子产业、纺织工业、除草剂、农药等。另外，微塑料通过陆地或海洋聚集到红树林区域，被红树植物茂密的根系截留，然后其携带的各种添加剂被释放，对红树植物产生毒性；此外，微塑料表面形成生物膜后会吸附其他污染物形成复合效应，对红树林生态系统进一步产生危害。在南海区红树林湿地沉积物样品中，微塑料的主要组成是泡沫、薄膜、碎片和颗粒等。

7.2.5.1 污染物排放的威胁分析

污染物质会影响红树植物生长发育。一些有机物质，如石油，会覆盖在红树植物的根、茎和幼苗上，导致植物窒息和中毒，引起红树植物非致死损害和致死损害（Norman，2016）。重金属和难降解有机物的累积会破坏红树林植物的生理生化过程，包括光合作用、养分吸收和酶活性（He et al.，2013），导致红树植物生长下降、叶片失绿，甚至死亡。微塑料会导致叶片的叶绿素含量和光合作用效率降低。氮、磷等营养元素和有机质过量输入会导致水体富营养化，增加水体中的悬浮物浓度，透光性和溶解氧含量降低，对红树林的根系和整体植物生长产生负面影响，进而影响红树林的碳沉积过程（杨斌彬等，2024）。

污染物质会影响红树林生态系统沉积环境和生物群落。红树林沉积物中污染物的富集主要与沉积物的理化性质、区域深度、污染物浓度等因素有关。如红树林沉积物中大量的 H_2S 易与重金属形成难于溶解的金属硫化物，从而使红树林区成为重金属富集区（李柳强等，2008）。重金属的输入会改变土壤的 pH，并降低细菌群落的多样性和抑制其丰度的恢复（Li et al.，2022）。石油泄漏和高浓度污染物的排放等会直接导致红树林生态系统其他栖息生物窒息中毒，从而直接导致生物疾病和死亡，并可能通过在食物链中的生物累积作用，进一步对其他生物产生威胁。

7.2.5.2 污染物排放对南海区红树林的影响

广东珠江口红树林面临污染的压力较大。珠江口沿岸地势较低，河网密集，加上不合理的工、农业排污和海水养殖，当地的红树林成为污染物的富集区，红树林湿地生物多样性受到破坏（战国强，2008）。深圳湾是深圳城市污水的主要集纳区，大量的生活污水及部分工业废水通过深圳河、新洲河、凤塘河等进入深圳湾，致使福田红树林遭遇严重有机污染。据深圳市福田区环境监测站 1999 年 7 月至 2000 年 3 月的研究表明，福田红树林湿地水质受到严重的有机污染。水质劣于《海水水质标准》第Ⅲ类标准和《地表水环境质量标准》中第Ⅴ类标准，主要包括活性磷酸盐、总磷、氨氮（非离子氨）、总大肠菌群、石油类、生化需氧量、高锰酸盐指数等，这与地表水（深圳河与新洲河）的监测结果基本相同（师卫华等，2008）。

参考文献

包强，陈晓琴，徐华林，等，2014. 红树林新害虫报喜斑粉蝶化蛹场所研究 [J]. 中国森林病虫，33(2):21-23.

陈光程，余丹，叶勇，等，2013. 红树林植被对大型底栖动物群落的影响 [J]. 生态学报，33(2):0327-0336.

陈权，马克明，2015. 红树林生物入侵研究概况与趋势 [J]. 植物生态学报，39(3):283-299.

陈玉军，廖宝文，彭耀强，等，2003. 红树植物无瓣海桑北移引种的研究 [J]. 广东林业科技，(2):9-12.

但新球，廖宝文，吴照柏，等，2016. 中国红树林湿地资源、保护现状和主要威胁 [J]. 生态环境学报，25(07):1237-1243.

丁珌，2007. 福建红树林昆虫群落及主要害虫综合治理技术研究 [D]. 福州：福建农林大学.

丁珌，2010. 红树林害虫研究现状与启示 [J]. 防护林科技，(2):55-58.

范航清，黎广钊，1997. 海堤对广西沿海红树林的数量 / 群落特征和恢复的影响 [J]. 应用生态学报，8:240-244.

范航清，刘文爱，钟才荣，等，2014. 中国红树林蛀木团水虱危害分析研究 [J]. 广西科学，21(02):140-146+152.

范航清，王文卿，2017. 中国红树林保育的若干重要问题 [J]. 厦门大学学报 (自然科学版)，56(3):323-330.

付小勇，秦长生，赵丹阳，2012. 中国红树林湿地昆虫群落及害虫研究进展 [J]. 广东林业科技，28(4):56-61.

方发之，黎肇家，桂慧颖，2022. 海南红树林现状调查与研究 [J]. 热带林业，50(01):42-49.

方民杰，2012. 福建沿岸海域互花米草的分布 [J]. 台湾海峡，31(01):100-104.

韩维栋，凌大炯，李燕，等，2003. 人工无瓣海桑林的土壤动态研究 [J]. 南京林业大学学报 (自然科学版)，27(2):49-54.

何斌源，2002. 红树林污损动物群落生态研究 [J]. 广西科学，9(2): 133-137.

何斌源，赖廷和，王瑁，等，2008. 农药对红海榄幼苗上藤壶的防治及其生理生态效应 [J]. 生态学杂志，(8):1351-1356.

何祥英，苏博，许廷波，等，2012. 河口红树林湿地大型底栖动物多样性的初步研究 [J]. 湿地科学与管理，8(2):45-48.

洪荣标，吕小梅，陈岚，等，2005.九龙江口红树林湿地与米草湿地的底栖生物 [J].台湾海峡，24:189-194.

胡荣，陈河，杨克学，等，2016.中国红树林新害虫柚木驼蛾的研究进展 [J].中国森林病虫，35(5):34-37.

黄海萍，陈克亮，王爱军，等，2023.我国红树林的历史变化、主要问题及保护对策 [J].海洋开发与管理，40(2):125-132.

贾明明，2014.1973—2013 年中国红树林动态变化遥感分析 [D].长春：中国科学院东北地理与农业生态研究所.

李柳强，丁振华，刘金铃，等，2008.中国主要红树林表层沉积物中重金属的分布特征及其影响因素 [J].海洋学报，30(5): 159-164.

李玫，廖宝文，郑松发，2003.无瓣海桑海滩人工林的生态影响 [J].上海环境科学，22:540-543.

李玫，廖宝文，郑松发，等，2004.无瓣海桑对乡土红树植物的化感作用 [J].林业科学研究，(5):641-645.

李玫，廖宝文，2008.无瓣海桑的引种及生态影响 [J].防护林科技，(3):100-102.

李玫，廖宝文，管伟，等，2009.广东省红树林寒害的调查 [J].防护林科技，(2):29-31.

李莎莎，2014.海平面上升影响下广西海岸带红树林生态系统脆弱性评估 [D].上海：华东师范大学.

梁士楚，刘镜法，梁铭忠，2004.北仑河口国家级自然保护区红树植物群落研究 [J].广西师范大学学报 (自然科学版),22(2):70-76.

廖宝文，郑松发，陈玉军，等，2004.外来红树植物无瓣海桑生物学特性与生态环境适应性分析 [J].生态学杂志，(1):10-15.

林鹏，韦信敏，1981.福建亚热带红树林生态学的研究 [J].植物生态学报，(3):177-186.

林鹏，1997.中国红树林生态系统 [M].北京：科学出版社.

刘金玲，李柳强，林慧娜，等，2008.中国主要红树林区沉积物粒度分布特征 [J].厦门大学学报 (自然科学版),47(6): 891-893.

刘明月，2018.中国滨海湿地互花米草入侵遥感监测及变化分析 [D].长春：中国科学院东北地理与农业生态研究所.

刘文爱，范航清，2011.桐花树新害虫褐袋蛾的研究 [J].中国森林病虫，30(04):8-9+25.

马坤，黄渤，刘福欣，2012.东寨港红树林区大型底栖动物多样性研究 [J].生态与农村环境学报，28(6): 675-680.

毛子龙，赖梅东，赵振业，等，2011. 薇甘菊入侵对深圳湾红树林生态系统碳储量的影响
　　[J]. 生态环境，20:1813-1818.

莫竹承，范航清，刘亮，2010. 广西海岸潮间带互花米草调查研究 [J]. 广西科学，17(2):
　　170-174.

潘良浩，史小芳，陶艳成，等，2016. 广西海岸互花米草分布现状及扩散研究 [J]. 湿地科学，
　　14(4):464-470.

彭辉武，郑松发，2009. 海桑林寒害致死后互花米草再次入侵的研究 [J]. 中国森林病虫，
　　28(3):5-8.

师卫华，赵润江，于笑云，2008. 深圳福田红树林面临的威胁及对策 [J]. 现代农业科技，
　　(20):92-94.

孙艳伟，廖宝文，管伟，等，2015. 海南东寨港红树林急速退化的空间分布特征及影响因
　　素分析 [J]. 华南农业大学学报，36(6): 1001-411X.2015.06.018.

谭晓林，张乔民，1997. 红树林潮滩沉积速率及海平面上升对我国红树林的影响 [J]. 海洋
　　通报，16(4):7.

唐以杰，余世孝，2007. 广东湛江红树林保护区大型底栖动物群落的空间分带 [J]. 生态学
　　报，27(5): 1703-1714.

王安安，孙雪，蔡景波，等，2014. 互花米草入侵对红树林湿地潮滩大型底栖动物群落的
　　影响 [J]. 浙江农业科学，(4): 572-577.

王燕，2008. 广东湛江红树林国家级自然保护区管理现状与保护对策 [J]. 湿地科学与管理，
　　(2):54-55.

王文卿，安树青，马志军，等，2006. 入侵植物互花米草——生物学、生态学及管理 [J]. 植
　　物分类学报，44, 559-588.

王文卿，王瑁，2007. 中国红树林 [M]. 北京：科学出版社.

王文卿，2016. 中国珍稀濒危红树植物资源调查报告 [R]. 厦门：厦门大学.

王友绍，2013. 红树林生态系统评价与修复技术 [M]. 北京：科学出版社.

王勇军，昝启杰，2001. 深圳福田无瓣海桑与海桑人工林鸟类群落研究及生态评价 [J]. 生
　　态科学，(Z1):41-46.

文玉叶，2014. 不同纬度无瓣海桑的繁殖和扩散特性研究 [D]. 厦门：厦门大学.

吴敏兰，方志亮，2005. 大米草与外来生物入侵 [J]. 福建水产，(1):56-59.

吴培强，张杰，马毅，等，2013. 近 20 a 来我国红树林资源变化遥感监测与分析 [J]. 海洋科学进展，31(3):406−414.

徐家雄，林明生，陈瑞屏，等，2008. 粤港地区红树林害虫种类调查 [J]. 广东林业科技，(02):46−49.

杨斌彬，王晓静，陈方舟，等，2024. 污染物排放对红树林碳汇影响的研究进展及展望——以福田红树林为例 [J]. 广东化工，51(7):123−126.

杨盛昌，彭建，薛云红，等，2019. 中国红树林的害虫种类及其综合防治 [J]. 中国森林病虫，39(01):32−41.

战国强，2008. 珠江口红树林湿地保护与修复的基本思路 [J]. 广东林业科技，24(06):70−74.

张乔民，2011. 海平面上升对红树林的影响 [C]. 中国红树林学术会议论文集摘要集.

张祥霖，石盛莉，潘根兴，等，2008. 互花米草入侵下福建漳江口红树林湿地土壤生态化学变化 [J]. 地球科学进展，23:974−981.

周诗萍，戴垂武，唐真正，等，2002. 儋州市沿海基围湿地红树林现状及发展对策 [J]. 热带林业，30(4): 29−31.

朱宏伟，郑松发，陈燕，等，2015. 珠海淇澳岛主要红树林树种抗寒性研究 [J]. 广东林业科技，31(02):41−46.

BLASCO F, AIZPURU M, GERS C, 2001. Depletion of the mangroves of Continental Asia [J]. Wetlands Ecology and Management, 9(3): 255−266.

CHEN Z, LI R, TAM N F Y, et al., 2020. Mangrove plants improve predominant microbiota in constructed wetlands for wastewater treatment[J]. BMC Microbiology, (01):1−21.

HE B, LI R, CHAI M, et al., 2013. Threat of heavy metal contamination in eight mangrove plants from the Futian mangrove forest, China[J]. Environmental Geochemistry and Health, 36:467−476.

GILMAN E L, ELLISON J, DUKE N C, et al., 2008. Threats to mangroves from climate change and adaptation options: A review[J].Aquatic Botany, 89(2):237−250.

JAGTAP T, NAGLE V, 刘媛，2007 . 印度次大陆红树林生境对气候变化的响应与适应 [J]. AMBIO− 人类环境杂志，36(04):310−316, 347.

KATHIRESAN K, BINGHAM B L, 2001. Biology of mangroves and mangrove ecosystems[J]. Advances in Marine Biology, 40: 81−251.

LI W, WANG Z, LI W, et al., 2022. Impacts of microplastics addition on sediment environmental properties, enzymatic activities and bacterial diversity [J]. Chemosphere, 307:135836.

Lugo A E, 1998. Mangrove forests: A tough system to invade but an easy one to rehabilitate[J]. Marine Pollution Bulletin, 37: 427−430.

MAJA W, ZERBE S, KUO Y L, 2008. Distribution and ecological range of the alien plant species Mikania micrantha Kunth (Asteraceae) in Taiwan[J]. Journal of Ecology and Environment, 31:277−290.

NORMAN C D, 2016. Oil spill impacts on mangroves: Recommendations for perational planning and action based on a global review[J]. Marine Pollution Bulletin, 109:700−715.

REN H, GUO Q F, LIU H, et al., 2014. Patterns of alien plant invasion across coastal bay areas in southern China[J]. Journal of Coastal Research, 30: 448−455.

REN H, JIAN S G, LU H F, et al., 2008. Restoration of mangrove plantations and colonisation by native species in Leizhou Bay, South China[J]. Ecological Research, 23: 401−407.

VALIELA I, BOWEN J L, YORK J K, 2001. Mangrove forests: one of the world's threatened major tropical environments [J]. BioScience, 51(10): 807−815.

WANG M, GAO X, WANG W, 2014. Differences in burrow morphology of crabs between Spartina alterniflora marsh and mangrove habitats[J]. Ecological Engineering, 69:213−219.

WU Q, TAM N F Y, LEUNG J Y S, et al., 2014. Ecological risk and pollution history of heavy metals in Nansha mangrove, South China[J]. Ecotoxicol Environ Saf, 104(1):143−151.

XIAO D R, ZHANG L Q, ZHU Z C, 2010. The range expansion patterns of Spartina alterniflora on salt marshes in the Yangtze Estuary, China[J]. Estuarine, Coastal and Shelf Science, 88: 99−104.

8.1 南海区红树林保护修复存在的主要问题

8.1.1 红树林保护修复的宜林地空间不足

一方面，红树林营造面临"空间落地难"。经过数十年的红树林营造工程，目前南海区适宜红树林种植的宜林地空间所剩不多，绝大部分位于红树林自然保护地内的养殖塘，这些区域原来分布有红树林，自然条件适合红树林生长，是红树林营造修复的主阵地。另一方面，红树林营造面临"红线制约"。当前地方政府对新营造红树林普遍存在顾虑，新营造的红树林需按照《中华人民共和国湿地保护法》和生态保护红线等要求进行严格管理，一定程度上会对地方开发利用海域资源造成限制，特别是对港口、公路等关系地方未来发展的基础设施建设和目前尚无法预料的沿海大型工业项目落地造成障碍。

8.1.2 红树林保护修复后续任务重

一是南海区相关省份后续营造修复任务较重，广东承担红树林营造任务占全国营造任务面积总数的 60.8%。目前，适合红树林营造的区域多数位于粤西、粤东等地区，这些地区经济相对落后，资金投入方面难以保障。二是营造管护成本高，营造红树林及其后期抚育、经营、管护的资金投入压力较大。不同于陆地造林，红树林营造成本高（普遍为 45 万～60 万元 / hm^2），成活率、保存率低，生长缓慢，造林后需要两年以上的补植补造或抚育管护。三是养殖塘清退难度大。现位于自然保护地内的部分养殖塘，在《中华人民共和国海域使用管理法》实施前和自然保护地设立前就已形成，属历史遗留问题。这些养殖区域虽然未获得海域使用权等权属，但已被视为"祖宗塘"或集体所有。

8.1.3　红树林保护修复和后期管护力度有待加强

红树林营造是一项多工种协同、多学科交叉的系统性工程，具有较高的技术难度和较强的专业性。红树林营造后通常需要 3～5 年才能形成较稳定的植被群落，而形成稳定的生态系统则需要更长时间，在此期间，还需开展补植、封滩育林、外来入侵物种清理和病虫害防治等管护工作，特别是在互花米草入侵的区域，需要长期防治。部分地区重营造、轻管护，造成造林成活率、保存率较低，严重影响红树林保护修复成效。在部分造林存活率较低的地块可发现疏于管护的迹象；部分造林地块浒苔频发，但未及时清除，使得苗木叶片被覆盖，因光合作用受阻而枯死等。因此，各地对红树林保护修复后期管护工作的重视程度和专业性亟待进一步加强。

8.1.4　无瓣海桑、拉关木等外来红树植物有扩散入侵趋势

无瓣海桑和拉关木等外来红树植物因其速生特性，曾被引进用于红树林湿地生态修复。但近年来发现，相较于生长缓慢的乡土红树植物，无瓣海桑和拉关木具有种子发芽率高、幼苗生长快等特性，抢占部分本地红树植物优势生态位，郁闭成林后使乡土红树树种难以存活，导致生物多样性降低。目前，无瓣海桑和拉关木已在广东、广西、海南等地呈扩散态势。截至 2023 年，广东以无瓣海桑和拉关木等外来红树植物为主的红树林面积已达 31.03%。

8.2　加强南海区红树林保护修复的对策建议

8.2.1　因地制宜探索红树林保护修复新模式

对于生态保护红线或自然保护地内的养殖塘清退难度大的区域，在符合管控规则的前提下，鼓励相关地区借鉴"桑基鱼塘"模式，因地制宜在宜林养殖塘内种植红树林，形成红树林、水域（潮沟）、光滩交错的生态种养耦合布局，打造海洋"桑基鱼塘"，探索建立"红树林营造＋生态养殖"耦合新模式，挖掘红树林经济价值，发展林下经济，推动生态产业化、产业生态化，有效平衡红树林保护修复与地方经济社会发展之间的关系，切实保护养殖群众的合法权益，特别是保障群众的长远生计。

8.2.2　完善红树林保护修复多元化资金投入机制

一是自然资源部、国家林业和草原局配合财政部继续通过现有中央财政资金渠道，支持地方开展红树林营造和现有红树林修复等工作。二是研究制定海洋生态保护补偿制度，进一步加大对红树林的生态补偿力度。三是切实落实《国务院办公厅关于鼓励和支持社会资本参与生态保护修复的意见》，充分发挥社会资本、企业优势，建立多元化生态保护修复资金投入机制。四是通过开发"蓝碳"碳汇项目，探索建立红树林生态产品价值实现机制，为后续红树林管护提供新的资金渠道。

8.2.3　建立健全红树林保护修复后期管护长效机制

根据《自然资源部办公厅 国家林业和草原局办公室关于印发〈红树林造林合格面积认定及成果应用规则（试行）〉的通知》，充分发挥政策激励作用，指导地方落实红树林保护修复激励机制。同时督促指导地方进一步加强红树林营造项目的后期管护与跟踪监测工作，利用现场调查、无人机和遥感影像等多技术手段建立健全红树林监测网络，及时掌握红树林生长情况，并开展适应性管理。项目验收时要明确后期管护主体、管护期限和资金来源，鼓励地方吸收红树林周边社区群众参与红树林后期管护，探索社区共建共管模式，建立行之有效的后期管护机制，巩固和提升红树林生态系统碳汇能力。

8.2.4　制定并完善红树林外来物种管理办法

各地要加强对无瓣海桑和拉关木等外来红树植物扩散趋势的监测，新营造的红树林不得使用外来红树植物。加快制定红树林区外来物种管理办法，对已对乡土红树植物生长造成不利影响的无瓣海桑和拉关木，督促指导地方制定处置方案，依法依规进行间伐、改造，逐步用乡土树种代替等方式提升红树林生态系统质量和稳定性。同时，加大对红树林区互花米草的防治力度。

附图

附图 1　南海区部分红树林区航拍

海口东寨港

湛江特呈岛

潮州饶平县

广东深汕合作区

广西北仑河口

深圳福田

附图 2　南海区红树林常见大型底栖动物

蓝额拟相手蟹 *Parasesarma eumolpe*

黑口滨螺 *Littorina melanostoma*

珠带拟蟹守螺 *Cerithidea cingulata*

扁平拟闭口蟹 *Paracleistostoma depressum*

沟纹笋光螺 *Terebralia suleata*

核冠耳螺 *Cassidula nucleus*

紫游螺 *Neritina violacea*

难解不等蛤 *Anomia aenigmatica*

弧边管招潮 *Tubuca arcuate*

长足长方蟹 *Metaplax longipes*

角眼切腹蟹 *Tmethypocoelis ceratophora*

明秀大眼蟹 *Macrophthalmus definitus*

弓形革囊星虫 *Phascolosoma arcuatum*

弹涂鱼 *Periophthalmus cantonensis*

附图 3　南海区红树林常见鸟类

灰背椋鸟 *Sturnia sinensis*

白头鹎 *Pycnonotus sinensis*

白鹭 *Egretta garzetta*

棕背伯劳 *Lanius schach*

小鸦鹃 *Centropus bengalensis*

白胸翡翠 *Halcyon smyrnensis*

中杓鹬 Numenius phaeopus

铁嘴沙鸻 Charadrius leschenaultii

黄苇鳽 Ixobrychus sinensis

池鹭 Ardeola bacchus

黑翅长脚鹬 Himantopus himantopus

红脚鹬 Tringa totanus

附图 4　东寨港红树林部分害虫

麻四线跳甲 *Nisotra gemella*

黄毒蛾属（幼虫）*Euproctis* sp.

灰象属 *Sympiezomias* sp.

叉带棉红蝽（若虫）*Dysdercus decussatus*

斑点广翅蜡蝉 *Ricania guttata*

海南禾斑蛾 *Artona hainana*

疣蝗 *Trilophidia annulata*

角蝉科 Membracidae sp.

附图5　东寨港红树林部分藤本植物

鱼藤 *Derris trifoliata*

厚藤 *Ipomoea pes-caprae*

龙珠果 *Passiflora foetida*

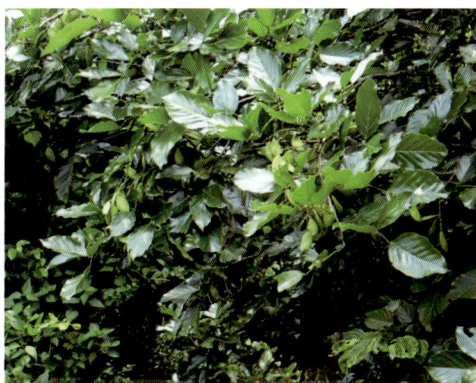

华南云实 *Caesalpinia crista*

附图 6　红树林现场调查照片